Pontryagin 对偶与代数量子超群

王栓宏　著

科学出版社

北京

内 容 简 介

本书介绍乘子 Hopf 代数、有界型量子群、代数量子超群、有界型代数量子超群及其弱乘子 Hopf 代数的基本概念和理论，重点讨论这些代数上的 Pontryagin 对偶理论、Fourier 变换与 Radford 公式及其应用等. 本书内容由浅入深，既有理论又有新的应用，反映了近 20 年来代数量子群理论研究的最新成果.

本书可供大学数学和数学物理专业的高年级大学生、研究生、教师以及科研工作者阅读和参考.

图书在版编目(CIP)数据

Pontryagin 对偶与代数量子超群/王栓宏著. —北京：科学出版社，2011
(现代数学基础丛书)
ISBN 978-7-03-029638-2
Ⅰ. ①P… Ⅱ. ①王… Ⅲ. ①代数群：量子群 Ⅳ. ①O187.2 ②O152.5
中国版本图书馆 CIP 数据核字(2010) 第 231763 号

责任编辑：赵彦超／责任校对：林青梅
责任印制：徐晓晨／封面设计：陈 敬

科 学 出 版 社 出版
北京东黄城根北街 16 号
邮政编码：100717
http://www.sciencep.com
北京凌奇印刷有限责任公司 印刷
科学出版社发行 各地新华书店经销
*
2011 年 1 月第 一 版 开本：B5(720 × 1000)
2019 年 9 月第四次印刷 印张：11
字数：273 000
定价：68.00 元
(如有印装质量问题，我社负责调换)

前　　言

用算子代数的方法来逼近量子群的历史比现在人们所理解的量子群的历史要早, 这一方法主要产生于人们对著名的 Pontryagin 对偶定理向非交换局部紧群的各种推广.

如果已知一个局部紧交换群 G, 它的对偶群 $\widehat{G}$ (即由 G 上的连续特征函数构成的群) 也是局部紧交换群，那么 Pontryagin 对偶定理是说对偶群 $\widehat{G}$ 的对偶自然同构于原来的群 G. 这一定理是抽象的调和分析 (即扩充了的 Fourier 级数与 Fourier 积分理论) 的基础.

从代数和分析的角度, 量子群首次出现在 Kac [53–55] 关于群环的研究工作中, 解决的问题是 Pontryagin 对偶扩张到非交换群的情况. 因为一般的非交换群的对偶不再是群, 所以需要一个包含局部紧群及其对偶的类. 例如，无限维 Hopf 代数或量子群的对偶不再是 Hopf 代数或量子群, 那么无限维群代数的对偶是什么？

为了解决以上问题, 1994 年, 比利时著名的数学物理学家 van Daele 引进了乘子 Hopf 代数的概念[109]，从而推广了一般的 Hopf 代数. 1996 年, van Daele 用代数的方法定义了一类特殊的量子群, 称为代数量子群[111], 它包含了所有的紧型和离散型量子群. 粗略地说, 一个代数量子群就是一个带有正的不变函数 (Haar 测度) 的乘子 Hopf $*$ 代数. 这样一类代数体系的双对偶仍然在该类中, 而且与原来的代数体系同构，也就是说, Pontryagin 对偶定理成立. 随后, 为了寻求 Pontryagin 对偶定理成立的其他范畴, 相继出现了广义余 Frobenius 代数[144]、代数量子超群[31]和有界型量子超群理论[127].

2004 年, 作者在比利时鲁汶天主教大学做博士后研究工作时, 曾向 van Daele 教授研习乘子 Hopf 代数理论, 2006 年和 2009 年又进一步进行合作交流, 在代数量子群方面取得了一些国际领先的研究成果. 此外, 作为博士后期间的一个课题, 从 2004 年到 2009 年, 作者对无限群胚 (groupoid) 代数及其对偶作了研究, 但远远超过我们的预料, 研究工作非常困难, 因为涉及弱 Hopf 代数、乘子代数和李理论, 幸运的是，6 年之后终于得到了一个比较满意的定义, 暂且称为“弱乘子 Hopf 代数”, 也编写在本书中. 我们主要阐述了研究这一理论的动机、思想方法和如何分析一些假设条件的来源. 在得到弱乘子 Hopf 代数的一个好的定义过程中, 读者可以体会到我们的研究思路和如何发展一个新理论的方法, 但这方面研究也只是一个开始.

本书的目的是介绍代数学领域的一个国际前沿研究方向：代数量子 (超) 群. 读者可以从书中领略到这一理论具有很强的概括性、处理问题简明、涉及面广的特点. 本书的取材具有很深的数学分析、算子代数及其物理背景, 建立在近年来作者与同行专家合作研究的基础之上. 在写作方面, 本书尽量做到自成体系, 当然也假定读者熟知 Hopf 代数的基本概念.

在完成这本书稿时, 作者首先要感谢导师许永华教授在硕士与博士阶段对作者的谆谆教导. 尤其要感谢 van Daele 教授, 感谢他在作者做博士后期间以及多年来的合作访问中所给予的各种帮助. 还要感谢比利时 Hasselt 大学数学系的合作者 Delvaux 教授, 她与作者进行了多次深入的讨论. 作者也借此机会感谢博士生杨涛、周璇、王伟的认真阅读和打印工作, 尤其感谢杨涛和王伟对全书的统一校对. 最后, 作者要感谢他的妻子这么多年来无怨无悔的大力支持.

本书得到了东南大学数学系"江苏省应用数学重点学科"项目和国家自然科学基金项目:"Galois 群余环、等变 K0 理论和扭结量子不变量 (No. 10871042)" 以及江苏省基础研究计划项目:"交叉辫子张量范畴及其在量子杨 -Baxter 方程中的应用 (No. BK2009258)" 的资助.

书中难免有不足甚至错误之处, 恳请读者批评指正.

作 者

2010 年 9 月

目　录

前言
第 1 章　乘子 Hopf 代数及其对偶 …… 1
1.1　乘子 Hopf 代数的基本概念与例子 …… 1
1.2　余单位的建立 …… 4
1.3　对极的建立 …… 7
1.4　正则乘子 Hopf 代数 …… 9
1.5　对偶代数 …… 13
1.6　左不变函数和右不变函数 …… 16
1.7　代数量子群的 Pontryagin 对偶定理 …… 24
1.8　特殊情况和例子 …… 31
第 2 章　有界型量子群 …… 42
2.1　有界型向量空间 …… 42
2.2　乘子代数 …… 44
2.3　有界型量子群 …… 46
2.4　积分的模性质 …… 56
2.5　模和余模 …… 57
2.6　Pontryagin 对偶 …… 59
2.7　模与余模的对偶 …… 68
2.8　与李群相关的有界型量子群 …… 72
2.9　Schwartz 代数和离散群 …… 73
2.10　Rieffel 形变 …… 75
第 3 章　代数量子超群 …… 77
3.1　代数量子超群的定义 …… 77
3.2　代数量子超群的基本性质 …… 84
3.3　Pontryagin 对偶 …… 90
3.4　代数量子超群的更多性质及其对偶 …… 99
3.5　结论和进一步的研究 …… 103
第 4 章　有界型量子超群的 Pontryagin 对偶 …… 105
4.1　有界型向量空间和乘子代数 …… 105

4.2 模的扩张 ······ 107
4.3 有界型量子超群 ······ 108
4.4 在有界型量子超群结构中的模元素 ······ 112
4.5 Fourier 变换和 Pontryagin 对偶 ······ 113
4.6 对极的四次方 ······ 117
第 5 章 弱乘子 Hopf 代数 ······ 119
5.1 余乘和余单位 ······ 119
5.2 对极 ······ 124
5.2.1 对极 S_1 ······ 126
5.2.2 其他对极 S_2, S_3 和 S_4 ······ 127
5.2.3 对极的联系和性质 ······ 128
5.3 $M(A \otimes A)$ 中的幂等元 E 和相关元素 F_1 和 F_2 ······ 132
5.3.1 幂等元 E 及其相关性质 ······ 133
5.3.2 幂等映射 R_1T_1 和 R_2T_2 中的条件 ······ 137
5.3.3 E, F_1 和 F_2 之间的关系 ······ 141
5.4 (正则) 弱乘子 Hopf 代数的定义 ······ 143
5.4.1 弱乘子 Hopf 代数的定义 ······ 143
5.4.2 正则弱乘子 Hopf 代数 ······ 146
参考文献 ······ 151
附录 ······ 160
A.1 非退化扩张 ······ 160
A.2 余积到乘子代数的扩张 ······ 162

第 1 章　乘子 Hopf 代数及其对偶

本章首先推广了关于 Hopf 代数的一些概念. 考虑代数 A(不一定存在单位元) 和一个从 A 到 $A\otimes A$ 乘子代数 $M(A\otimes A)$ 的代数同态 Δ. 在 Δ 上限制确定的条件 (如余结合性), 则称 (A,Δ) 为一个乘子 Hopf 代数. 启发性的例子是群 G 上的有限支撑复函数代数 A, 其中, 对任意的 $s,t\in G$ 和 $f\in A$, $\Delta(f)(s,t)=f(st)$. 我们将证明余单位和对极的存在性. 如果 A 含有单位元, 则 A 即为通常意义下的 Hopf 代数. 同时考虑 $*$ 代数的情形, 证明对偶空间的 (足够大) 子空间也可以成为 $*$ 代数.

其次考虑代数量子群的对偶. 代数量子群是带有左 (右) 不变函数的正则乘子 Hopf 代数 (不变函数也称为积分 (integral)). 如果不变函数存在, 那么它就是 (在标量意义下) 唯一的. 对于代数量子群 A, 可以构造其对偶 $\widehat{A}$, $\widehat{A}$ 也是代数量子群, 且 $\widehat{\widehat{A}}\cong A$.

本章除非有其他说明, 总是假设 A 是 $\mathbb{C}$ 上带有非退化的乘积的代数, 即当 $a\in A$ 时, 对任意的 $b\in A$, $ab=0$ 或 $ba=0$ 可以得到 $a=0$, 且可能没有单位元.

1.1　乘子 Hopf 代数的基本概念与例子

本节主要给出乘子 Hopf 代数的概念和例子. 先来回顾什么是一个代数的乘子代数 (multiplier algebra)[14,52].

已知一个代数 A, 考虑向量空间 $L(A)=\mathrm{End}_A(A), R(A)={}_A\mathrm{End}(A)$ 和 $H(A)={}_A\mathrm{Hom}_A(A\otimes A,A)$. 有自然线性映射

$$L: A\longrightarrow L(A),\quad L(b)(a)=\lambda_b(a)=ba;$$
$$R: A\longrightarrow R(A),\quad R(b)(a)=\rho_b(a)=ab.$$

现在考虑如下的两个线性映射:

$$\overline{L}: L(A)\longrightarrow H(A),\quad \lambda(a\otimes b)=a\lambda(b),\ \text{对}\ \lambda\in L(A);$$
$$\overline{R}: R(A)\longrightarrow H(A),\quad \rho(a\otimes b)=\rho(a)b,\ \text{对}\ \rho\in R(A).$$

定义 A 的乘子代数 $M(A)$ 为 $\overline{L}$ 和 $\overline{R}$ 在向量空间范畴中的拉回, 即下图的拉回:

$$\begin{array}{ccc} M(A) & \longrightarrow & R(A) \\ \big\downarrow & & \big\downarrow \overline{R} \\ L(A) & \xrightarrow{\overline{L}} & H(A) \end{array}$$

如果 A 有单位元, 那么 $A \cong L(A) \cong R(A) \cong H(A)$, 因此 $M(A) \cong A$. 可以把 $M(A)$ 理解为对 (λ, ρ) 的集合, 这里 $\lambda \in L(A)$ 和 $\rho \in R(A)$ 使得对 $a, b \in A$ 满足 $a\lambda(b) = \rho(a)b$. 那么 $M(A)$ 中的元素称为乘子; 那些 $L(A)$ 和 $R(A)$ 中的元素分别称为左乘子和右乘子. 事实上, 代数 A 的乘子代数 $M(A)$ 是带有单位元的最大的一个代数, 使得 A 为 $M(A)$ 的一个稠密理想 (dense ideal), 即 A 在 $M(A)$ 中没有左和右零化子 (annihilator). 进一步, 考虑张量代数 $A \otimes A$, 它依然是非退化的且有乘子代数 $M(A \otimes A)$. 于是有自然的嵌入

$$A \otimes A \subseteq M(A) \otimes M(A) \subseteq M(A \otimes A).$$

一般的情况下, 当 A 没有单位元时上述的包含是严格的. 关于乘子代数上扩张和基本性质见附录.

下面的结果将诱导出本节的一个重要定义.

命题 1.1.1　如果 A 是一个 Hopf 代数带有对极 S, 那么线性映射 $T_1, T_2 : A \otimes A \to A \otimes A$ 是双射, 其中 T_1, T_2 定义如下:

$$T_1(a \otimes b) = \Delta(a)(1 \otimes b), \quad T_2(a \otimes b) = (a \otimes 1)\Delta(b).$$

证明　定义线性映射 $R_1, R_2 : A \otimes A \to A \otimes A$ 如下:

$$R_1(a \otimes b) = ((\iota \otimes S)\Delta(a))(1 \otimes b),$$
$$R_2(a \otimes b) = (a \otimes 1)((S \otimes \iota)\Delta(b)).$$

通过对 S 和 Δ 性质的直接应用可知, R_1 是 T_1 的逆, R_2 是 T_2 的逆. 例如, 如果用 Sweedler 记号[2,97], 有

$$\begin{aligned}(T_1 R_1)(a \otimes b) &= T_1 \sum_{(a)} a_{(1)} \otimes S(a_{(2)})b = \sum_{(a)} a_{(1)} \otimes a_{(2)} S(a_{(3)})b \\ &= \sum_{(a)} a_{(1)} \otimes \varepsilon(a_{(2)})b = a \otimes b.\end{aligned}$$ □

如果对极有逆, 则如下定义的线性映射 $T_3, T_4 : A \otimes A \to A \otimes A$:

$$T_3(a \otimes b) = \Delta(a)(b \otimes 1), \quad T_4(a \otimes b) = (1 \otimes a)\Delta(b)$$

也是双射. 这是由于将 Δ 替换为反 (opposite) 余乘 Δ' 后, S^{-1} 是对极.

在下一节中将看到, 如果 A 是复数域 $\mathbb{C}$ 上的含有单位元和余乘的代数且使得 T_1 和 T_2 是双射, 那么 A 就是一个 Hopf 代数 (见定理 1.3.7). 这就引出了下面讨论的乘子 Hopf 代数的定义.

定义 1.1.2 A 上的余乘是一个代数同态 $\Delta : A \to M(A \otimes A)$, 使得

(i) 对所有的 $a, b \in A$, 有 $\Delta(a)(1 \otimes b) \in A \otimes A$ 和 $(a \otimes 1)\Delta(b) \in A \otimes A$;

(ii) Δ 是余结合的: 对所有的 $a, b, c \in A$,

$$(a \otimes 1 \otimes 1)(\Delta \otimes \iota)(\Delta(b)(1 \otimes c)) = (\iota \otimes \Delta)((a \otimes 1)\Delta(b))(1 \otimes 1 \otimes c).$$

注 条件 (i) 成立是因为 $A \otimes A \subseteq M(A) \otimes M(A) \subseteq M(A \otimes A)$.

定义 1.1.3 设 A 是 $\mathbb{C}$ 上的代数, 存在或不存在单位元, 令 Δ 是 A 上的余乘. 称 A 为乘子 Hopf 代数 (multiplier Hopf algebra)[109], 如果线性映射 T_1, $T_2 : A \otimes A \to A \otimes A$ 定义为

$$T_1(a \otimes b) = \Delta(a)(1 \otimes b), \quad T_2(a \otimes b) = (a \otimes 1)\Delta(b),$$

是双射. 称 A 是正则的, 如果 $\tau\Delta$ 同样是余乘, 使得 $(A, \tau\Delta)$ 也是乘子 Hopf 代数, 这里 τ 是换位映射 (flip map).

这些情况事实上说明 Δ 是非退化的同态. 由附录 A.1 节可知, 同态 $\iota \otimes \Delta$ 和 $\Delta \otimes \iota$ 具有到 $M(A \otimes A)$ 上的唯一扩张. 定义 1.1.2 中条件 (ii) 仅意味着 $(\Delta \otimes \iota)\Delta = (\iota \otimes \Delta)\Delta$. 但常常应用定义 1.1.2 中的余结合性公式.

如果 A 含有单位元, 这个新的乘子 Hopf 代数定义与原来的 Hopf 代数定义是一样的 (见 1.3 节), 在这种情况下 $\tau\Delta$ 就是一个余乘. 代数正则当且仅当 S 存在逆. 一般地, 若 A 是交换代数, 则 A 自动是正则的 (见 1.4 节).

我们对 $*$ 代数的情况同样感兴趣.

定义 1.1.4 若 A 是 $*$ 代数, 则称 Δ 是一个余乘, 如果它是一个 $*$ 同态. 一个乘子 Hopf $*$ 代数是一个带有余乘的 $*$ 代数, 使得它成为一个乘子 Hopf 代数.

同样地, 乘子 Hopf$*$ 代数自动是正则的. 下面给出引出乘子 Hopf 代数定义的启发性例子.

例 1.1.5 设 G 是任意的群, A 是 G 上的有限支撑复函数构成的 $*$ 代数. 这种情况下 $M(A)$ 由 G 上所有的复函数构成. 此外, $A \otimes A$ 可以自然地定义为 $G \times G$ 上的有限支撑复函数, 使得 $M(A \otimes A)$ 是 $G \times G$ 上的所有复函数构成的向量空间. 如果定义 $\Delta : A \to M(A \otimes A)$ 如下:

$$(\Delta f)(s, t) = f(st),$$

那么可清楚地得到一个 $*$ 同态. 如果 $f, g \in A$, 则 $(s, t) \to f(st)g(t)$ 和 $(s, t) \to g(s)f(st)$ 有有限支撑, 故它们属于 $A \otimes A$. 这就给出了定义 1.1.2 中条件 (i), 余结合性 (ii) 也立即可以由 G 中乘法结合性得到, 所以 Δ 是余乘.

映射 T_1 是双射, 它的逆 R_1 是 $(R_1f)(s,t) = f(st^{-1},t)$, 其中 $f \in A\otimes A, s,t \in G$. 类似地, T_2 是双射, 它的逆 R_2 是由 $(R_2f)(s,t) = f(s,s^{-1}t)$ 给出.

这是一个很简单的例子, 它可以与一些 Hopf 代数例子相结合产生更复杂的例子. 但是给出一个不太直接的例子是不太容易的. 在文献 [107] 中, 乘子 Hopf 代数提供了研究离散量子群的自然框架. 因此, 乘子 Hopf 代数的一些有趣的例子是建立在离散量子群的基础上的 (紧量子群的对偶亦是如此).

定义 1.1.6　设 G 是一个群, 一个 G 余分次乘子 Hopf(∗) 代数[1] 是一个乘子 Hopf(∗) 代数 B, 若满足下面条件:

(1) $B = \bigoplus_{p\in G} B_p$, 这里 $\{B_p\}_{p\in G}$ 是一簇 (∗) 子代数, 满足: 如果 $p \neq q$, 则 $B_pB_q = 0$;

(2) $\Delta(B_{pq})(1\otimes B_q) = B_p \otimes B_q$ 且 $(B_p\otimes 1)\Delta(B_{pq}) = B_p\otimes B_q$, $p,q\in G$.

例 1.1.7　Turaev 群余代数[99] 是群余分次乘子 Hopf 代数. 这方面相关的研究工作见文献 [9, 10, 25, 29, 30, 70, 84, 85, 94, 96, 100–102, 121, 135, 136, 139–142, 158, 159].

1.2　余单位的建立

设 (A,Δ) 是乘子 Hopf 代数. 本节将建立一个同态 $\varepsilon: A\to \mathbb{C}$, 它具有 Hopf 代数中余单位的性质.

定义 1.2.1　定义一个映射 $E: A \to L(A)$(这里, $L(A)$ 为 A 的左乘子代数) 如下:

$$E(a)b = mT_1^{-1}(a\otimes b),$$

其中 m 表示乘法, 被考虑成 $A\otimes A$ 到 A 上的线性映射, T_1 如前定义为 $T_1(a\otimes b) = \Delta(a)(1\otimes b)$.

因为对所有的 $x\in A\otimes A$ 和 $c\in A$ 有 $T_1(x(1\otimes c)) = T_1(x)(1\otimes c)$, 所以对 T_1^{-1} 也有同样的结论. 由 $m(x(1\otimes c)) = m(x)c$ 知, 对所有的 $a\in A$, $E(a)$ 是 A 的左乘子.

下面将看到 $E(A)\subseteq \mathbb{C}1$ 且它能给出映射 ε, 这需要下面的引理.

引理 1.2.2　对所有的 $a,b\in A$, 有

$$(\iota\otimes E)((a\otimes 1)\Delta(b)) = ab\otimes 1.$$

证明　设 $a,b\in A$, 且令

$$a\otimes b = \sum_{i=1}^{n} \Delta(a_i)(1\otimes b_i),$$

应用 $(\Delta\otimes\iota)$ 作用, 再左乘 $c\otimes 1\otimes 1$, 再利用余结合性, 那么得

$$\begin{aligned}((c\otimes 1)\Delta(a))\otimes b &= \sum(c\otimes 1\otimes 1)(\Delta\otimes\iota)(\Delta(a_i)(1\otimes b_i))\\ &= \sum(\iota\otimes\Delta)((c\otimes 1)\Delta(a_i))(1\otimes 1\otimes b_i).\end{aligned}$$

现令 φ 为 A 的任一线性函数, 将 $\varphi\otimes\iota\otimes\iota$ 作用于上面式两边, 得

$$\begin{aligned}(\varphi\otimes\iota)((c\otimes 1)\Delta(a)\otimes b) &= \sum\Delta((\varphi\otimes\iota)((c\otimes 1)\Delta(a_i)))(1\otimes b_i)\\ &= T_1\left(\sum(\varphi\otimes\iota)((c\otimes 1)\Delta(a_i))\otimes b_i\right).\end{aligned}$$

通过 E 的定义得到

$$E((\varphi\otimes\iota)((c\otimes 1)\Delta(a)))b = \sum(\varphi\otimes\iota)((c\otimes 1)\Delta(a_i)b_i),$$

所以

$$\begin{aligned}(\varphi\otimes\iota)((\iota\otimes E)((c\otimes 1)\Delta(a))(1\otimes b)) &= (\varphi\otimes\iota)\left((c\otimes 1)\sum\Delta(a_i)(1\otimes b_i)\right)\\ &= (\varphi\otimes\iota)((c\otimes 1)(a\otimes b)).\end{aligned}$$

因为上式对所有的 φ 都成立, 故可得

$$(\iota\otimes E)((c\otimes 1)\Delta(a))(1\otimes b) = (ca\otimes 1)(1\otimes b).$$

这给出了乘子代数中所需要的公式. □

引理 1.2.3 $E(A)\subseteq\mathbb{C}1$.

证明 因为 T_2 是满的, 而 $T_2(a\otimes b) = (a\otimes 1)\Delta(b)$, 故对所有的 $a,b\in A$, 有 $a\otimes E(b)\in A\otimes 1$, 结论成立. □

下面定义余单位.

定义 1.2.4 定义余单位 $\varepsilon: A\to\mathbb{C}$ 为 $\varepsilon(a)1 = E(a)$.

下面将会看到 ε 满足 Hopf 代数中余单位的一般性质.

引理 1.2.5 ε 是代数同态.

证明 由引理 1.2.2 知, 对所有的 $a,b,c\in A$, 有

$$(\iota\otimes\varepsilon)((a\otimes 1)\Delta(bc)) = abc,$$

那么

$$(\iota\otimes\varepsilon)((a\otimes 1)\Delta(b)\Delta(c)) = (ab)c = (\iota\otimes\varepsilon)((a\otimes 1)\Delta(b)c).$$

因为 T_2 是满的, 故对所有的 $a,b,c\in A$, 有

$$\begin{aligned}(\iota\otimes\varepsilon)((a\otimes b)\Delta(c)) &= (\iota\otimes\varepsilon)(a\otimes b)c = a\varepsilon(b)c = \varepsilon(b)ac\\ &= \varepsilon(b)(\iota\otimes\varepsilon)((a\otimes 1)\Delta(c)),\end{aligned}$$

再使用 T_2 的满性质, 得

$$(\iota\otimes\varepsilon)(a\otimes bc)=\varepsilon(b)(\iota\otimes\varepsilon)(a\otimes c).$$

这说明

$$a\varepsilon(bc)=a\varepsilon(b)\varepsilon(c). \qquad \square$$

注　以上用 T_1 的双射性质定义 E, 用 T_2 的满性质来得到 $E(A)\subseteq\mathbb{C}1$ 和 E 是同态. 例如, 若 A 是一个含 1 的代数且设 $\Delta: A\to A\otimes A$ 定义为 $\Delta(a)=a\otimes 1$, 则 Δ 是余乘, 使得 $T_1=\iota$. 则 E 可以被定义为：对所有的 $a\in A$, $E(a)=a$. 显然, T_2 不再是满射.

引理 2.2 的公式可以写成

$$(\iota\otimes\varepsilon)((a\otimes 1)\Delta(b))=ab.$$

通过 ε 的定义可以得到

$$(\varepsilon\otimes\iota)(a\otimes b)=mT_1^{-1}(a\otimes b).$$

因此

$$(\varepsilon\otimes\iota)(\Delta(a)(1\otimes b))=ab.$$

这个公式的意思是

$$(\iota\otimes\varepsilon)\Delta=(\varepsilon\otimes\iota)\Delta=\iota.$$

现在 $\varepsilon\otimes\iota$ 和 $\iota\otimes\varepsilon$ 是到 $M(A\otimes A)$ 的唯一扩张 (见附录). 综上所述, 可以得到如下结论：

定理 1.2.6　设 A 是乘子 Hopf 代数, 则存在一个代数同态 $\varepsilon: A\to\mathbb{C}$ 使得对所有 $a,b\in A$,

$$(\iota\otimes\varepsilon)((a\otimes 1)\Delta(b))=ab,\quad (\varepsilon\otimes\iota)(\Delta(a)(1\otimes b))=ab.$$

明显地, 因为 T_1,T_2 是双射, 上述公式决定了 ε. 如果 A 含有单位元, 则 ε 是一般意义的余单位. 在 1.4 节中, 关于正则 Hopf 代数, 我们同样考虑 $*$ 代数, 下面将会看到 ε 也是一个 $*$ 同态.

如例 1.1.5, 当 $f,g\in A, t\in G$ 时,

$$\varepsilon(f)g(t)=(mT_1^{-1}(f\otimes g))(t)=(T_1^{-1}(f\otimes g))(t,t)=(f\otimes g)(tt^{-1},t)=f(e)g(t).$$

因此 (当然地)$\varepsilon(f)=f(e)$.

1.3 对极的建立

这一节建立一个反同态 $S: A \to M(A)$, 使得它满足 Hopf 代数中对极的性质.

定义 1.3.1 定义映射 $S: A \to L(A)$ 如下:

$$S(a)b = (\varepsilon \otimes \iota)T_1^{-1}(a \otimes b).$$

与上节相同, 对所有的 $a \in A$, $S(a)$ 是左乘子.

引理 1.3.2 $(\iota \otimes S)((c \otimes 1)\Delta(a))(1 \otimes b) = (c \otimes 1)T_1^{-1}(a \otimes b)$.

证明 如引理 1.2.2 中证明一样, 对 $\varphi \in A'$, $a, b, c \in A$,

$$(\varphi \otimes \iota)((c \otimes 1)\Delta(a)) \otimes b = T_1\left(\sum (\varphi \otimes \iota)((c \otimes 1)\Delta(a_i) \otimes b_i\right).$$

如果 $a \otimes b = \sum \Delta(a_i)(1 \otimes b_i)$, 那么由 S 的定义得到

$$\begin{aligned} S((\varphi \otimes \iota)((c \otimes 1)\Delta(a)))b &= (\varepsilon \otimes \iota)\left(\sum (\varphi \otimes \iota)((c \otimes 1)\Delta(a_i)) \otimes b_i\right) \\ &= (\varphi \otimes \iota)\left(\sum (\iota \otimes \varepsilon)((c \otimes 1)\Delta(a_i)) \otimes b_i\right) \\ &= (\varphi \otimes \iota)\left(\sum c a_i \otimes b_i\right) = (\varphi \otimes \iota)((c \otimes 1)T_1^{-1}(a \otimes b)). \end{aligned}$$

因此, 对所有的 $\varphi \in A'$, 有 (这里 A' 表示 A 上的所有线性函数空间, 以后相同)

$$(\varphi \otimes \iota)((\iota \otimes S)((c \otimes 1)\Delta(a))(1 \otimes b)) = (\varphi \otimes \iota)((c \otimes 1)T_1^{-1}(a \otimes b)), \qquad \square$$

因此引理成立.

引理 1.3.3 对所有的 $a, b, c \in A$, 有

$$m((\iota \otimes S)((c \otimes 1)\Delta(a))(1 \otimes b)) = c\varepsilon(a)b.$$

证明 将 m 应用到引理 1.3.2 中的等式, 即可得到上面等式. 因为

$$m((c \otimes 1)T_1^{-1}(a \otimes b) = cmT_1^{-1}(a \otimes b) = c\varepsilon(a)b. \qquad \square$$

引理 1.3.4 对所有的 $a, b \in A$, $S(ab) = S(b)S(a)$.

证明 对所有的 $a, b, c, d \in A$, 有

$$\begin{aligned} m((\iota \otimes S)((c \otimes 1)\Delta(a)\Delta(b))(1 \otimes d)) &= c\varepsilon(ab)d = c\varepsilon(a)d\varepsilon(b) \\ &= m((\iota \otimes S)((c \otimes 1)\Delta(a))(1 \otimes d))\varepsilon(b). \end{aligned}$$

由 T_2 的满性质得, 对所有的 $a,b,c,d\in A$, 有

$$\begin{aligned} m((\iota\otimes S)((c\otimes a)\Delta(b))(1\otimes d)) &= m((\iota\otimes S)(c\otimes a)(1\otimes d))\varepsilon(b) \\ &= cS(a)d\varepsilon(b) = c\varepsilon(b)S(a)d \\ &= m((\iota\otimes S)((c\otimes 1)\Delta(b))(1\otimes S(a)d)). \end{aligned}$$

再次利用 T_2 的满性质, 有

$$m((\iota\otimes S)(c\otimes ab)(1\otimes d)) = m((\iota\otimes S)(c\otimes b)(1\otimes S(a)d))$$

或

$$cS(ab)d = cS(b)S(a)d. \qquad \square$$

引理 1.3.5　对所有的 $a\in A$, $S(a)$ 也是右乘子, 且

$$m((c\otimes 1)(S\otimes\iota)(\Delta(a)(1\otimes b))) = c\varepsilon(a)b.$$

证明　定义 $S' : A\to R(A)$ 如下 (其中 $R(A)$ 是 A 的右乘子代数):

$$aS'(b) = (\iota\otimes\varepsilon)T_2^{-1}(a\otimes b).$$

因为对所有的 $a\in A$ 和 $x\in A\otimes A$, 有 $T_2((a\otimes 1)x) = (a\otimes 1)T_2(x)$. 所以事实上得到一个右乘子. 与引理 1.3.2 中完全类似地, 得到

$$(c\otimes 1)(S'\otimes\iota)(\Delta(a)(1\otimes b)) = (T_2^{-1}(c\otimes a))(1\otimes b).$$

应用乘法 m 到上式两边, 将会得到引理中的叙述, 只是公式中将 S 换成 S', 因为

$$m(T_2^{-1}(c\otimes a)) = c\varepsilon(a).$$

现在证明 $S = S'$. 事实上, 通过定义, 如果 $a\otimes b = \sum(a_i\otimes 1)\Delta(b_i)$, 那么

$$aS'(b) = \sum a_i\varepsilon(b_i).$$

应用 $\iota\otimes S$, 并乘以 $1\otimes c$, 那么得到

$$a\otimes S(b)c = \sum(\iota\otimes S)((a_i\otimes 1)\Delta(b_i))(1\otimes c).$$

应用乘法 m 和引理 1.3.3, 那么得

$$aS(b)c = \sum a_i\varepsilon(b_i)c = aS'(b)c.$$

所以 $S(b) = S'(b)$, 这样引理得证. □

在证明中, 同样看到, 对所有的 $a, b, c \in A$, 有

$$(c \otimes 1)(S \otimes \iota)(\Delta(a)(1 \otimes b)) = (T_2^{-1}(c \otimes a))(1 \otimes b).$$

这与引理 1.3.2 中公式类似. 在下一节中将用到这两个公式. 要注意这个公式与性质 1.1.1 的结论非常相似.

定理 1.3.6 如果 A 是一个乘子 Hopf 代数, 那么存在反同态 $S : A \to M(A)$, 使得对所有 $a, b, c \in A$, 有

$$m((\iota \otimes S)((c \otimes 1)\Delta(a))(1 \otimes b)) = c\varepsilon(a)b,$$
$$m((c \otimes 1)(S \otimes \iota)(\Delta(a)(1 \otimes b))) = c\varepsilon(a)b.$$

不难看出, 与余单位的情况相同, 上述公式决定了 S. 设 A 含有单位元, 那么 S 是 A 中的反同态且有

$$m(\iota \otimes S)\Delta(a) = \varepsilon(a)1, \quad m(S \otimes \iota)\Delta(a) = \varepsilon(a)1.$$

把这个公式和 ε 的有关结论相结合后得到如下定理:

定理 1.3.7 设 A 是一个乘子 Hopf 代数且含有单位元, 那么 A 一定是 Hopf 代数.

下一节中将讨论 $*$ 代数的情况, 在那种情况下 S 是 A 到 A 的映射, 且对所有 $a \in A$, $S(S(a)^*)^* = a$.

同样, 再考虑例 1.1.5, 当 $f, g \in A, t \in G$ 时, 有

$$\begin{aligned}(S(f)g)(t) &= ((\varepsilon \otimes \iota)T_1^{-1}(f \otimes g))(t) = T_1^{-1}(f \otimes g)(e, t) \\ &= (f \otimes g)(t^{-1}, t) = f(t^{-1})g(t).\end{aligned}$$

因此 $S(f)(t) = f(t^{-1})$.

1.4 正则乘子 Hopf 代数

此节中, 设 (A, Δ) 是一个正则乘子 Hopf 代数. Δ' 表示反余乘. 那么 (A, Δ') 也是一个乘子 Hopf 代数. 令 ε', S' 分别是它的余单位和对极.

引理 1.4.1 $\varepsilon = \varepsilon'$.

证明 如果对于 ε', 重新写定理 1.2.6 中的第一个公式, 那么有

$$(\varepsilon' \otimes \iota)((1 \otimes a)\Delta(b)) = ab.$$

另一方面

$$(\varepsilon\otimes\iota)((1\otimes a)\Delta(b))c=a(\varepsilon\otimes\iota)(\Delta(b)(1\otimes c))=abc.$$

因此也有

$$(\varepsilon\otimes\iota)((1\otimes a)\Delta(b))=ab.$$

而 $a\otimes b\to(1\otimes a)\Delta(b)$ 是满的, 故 $\varepsilon=\varepsilon'$. □

在一个正则乘子 Hopf 代数中, 有以下结论: 对所有的 $a,b\in A$, 有

$$(\varepsilon\otimes\iota)((1\otimes a)\Delta(b))=ab,\quad(\varepsilon\otimes\iota)(\Delta(a)(1\otimes b))=ab,$$
$$(\iota\otimes\varepsilon)((a\otimes 1)\Delta(b))=ab,\quad(\iota\otimes\varepsilon)(\Delta(a)(b\otimes 1))=ab.$$

对极的情况要困难一点.

命题 1.4.2　$S(A)\subseteq A$, $S'(A)\subseteq A$ 且 S 与 S' 互逆.

证明　设 $a\otimes b=\sum\Delta(a_i)(1\otimes b_i)$, 由定义知 $S(a)b=\sum\varepsilon(a_i)b_i$, 则

$$b\otimes a=\sum\Delta'(a_i)(b_i\otimes 1),$$
$$b\otimes ac=\sum\Delta'(a_i)(b_i\otimes c).$$

用 $S'\otimes\iota$ 作用且乘以 $d\otimes 1$, 得

$$\begin{aligned}dS'(b)\otimes ac&=\sum_i(d\otimes 1)(S'\otimes\iota)(\Delta'(a_i)(b_i\otimes c))\\&=\sum_i(d\otimes 1)(S'(b_i)\otimes 1)(S'\otimes\iota)(\Delta'(a_i)(1\otimes c)).\end{aligned}$$

使用乘法及对 Δ' 应用引理 1.3.5, 得

$$dS'(b)ac=\sum_i dS'(b_i)\varepsilon(a_i)c=dS'\left(\sum\varepsilon(a_i)b_i\right)c=dS'(S(a)b)c.$$

这说明

$$S'(b)a=S'(S(a)b).$$

由定义 1.3.1 知 A 是由具有形式 $S(a)b$ 的元素张成. 因此, 以上的公式说明 $S'(A)\subseteq A$. 类似地, 有 $S(A)\subseteq A$, 且由上述公式可得

$$S'(b)a=S'(b)S'(S(a)).$$

如果左乘 c, 且利用 A 也是具有形式 $cS'(b)$ 的元素张成的事实, 则有 $a=S'(S(a))$. 类似地, $S(S'(a))=a$. □

如果 A 是余交换的, 即 $\Delta = \Delta'$, 则 A 是自动正则的且 $S = S'$, 所以 $S^2 = id$, 这里 id 表示 A 上的恒等映射. 这个结论在 A 是交换的情况下依旧成立.

命题 1.4.3 如果 A 是交换的乘子 Hopf 代数, 那么 A 是正则的且 $S^2 = id$.

证明 这里的正则是自动的, 只证 $S^2 = id$. 对 Δ' 考虑定理 1.3.6 中第二个公式. 使用 A 的交换性, 得

$$\begin{aligned} c\varepsilon(a)b &= m((c\otimes 1)(S'\otimes \iota)(\Delta'(a)(1\otimes b))) \\ &= m((S'\otimes \iota)((1\otimes b)\Delta'(a))(c\otimes 1)) \\ &= m\tau((\iota\otimes S')((b\otimes 1)\Delta(a))(1\otimes c)) \\ &= m((\iota\otimes S')((b\otimes 1)\Delta(a))(1\otimes c)). \end{aligned}$$

另一方面, 对 Δ 使用定理 1.3.6 中第一个公式和使用 A 的交换性, 得

$$m((\iota\otimes S)((b\otimes 1)\Delta(a))(1\otimes c)) = b\varepsilon(a)c = c\varepsilon(a)b.$$

这两个表达式是相等的, 如果用 $b\otimes a$ 代替 $(b\otimes 1)\Delta(a)$, 则得

$$m((\iota\otimes S')(b\otimes a)(1\otimes c)) = m((\iota\otimes S)(b\otimes a)(1\otimes c)).$$

因此 $bS'(a)c = bS(a)c$. 故 $S = S'$. □

现在要证明 $\Delta(S(a)) = \tau(S\otimes S)\Delta(a)$, 这对 Hopf 代数是成立的, 其相应的形式在乘子 Hopf 代数中依然成立.

引理 1.4.4 设 $a, b, a_i, b_i \in A$, 则

$$a\otimes Sb = \sum \Delta(a_i)(1\otimes b_i) \text{ 当且仅当 } (1\otimes b)\Delta(a) = \sum a_i \otimes S^{-1}(b_i),$$

$$Sb\otimes a = \sum (b_i\otimes 1)\Delta(a_i) \text{ 当且仅当 } \Delta(a)(b\otimes 1) = \sum S^{-1}(b_i)\otimes a_i.$$

证明 假设 $a\otimes Sb = \sum \Delta(a_i)(1\otimes b_i)$, 由引理 1.3.2 知, 对所有的 $c\in A$, 有

$$\sum ca_i\otimes b_i = (\iota\otimes S)((c\otimes 1)\Delta(a))(1\otimes Sb) = (\iota\otimes S)((c\otimes b)\Delta(a)).$$

如果用 $\iota\otimes S^{-1}$ 作用且消去 c, 则得到所需的第一个公式. 现假设 $Sb\otimes a = \sum (b_i\otimes 1)\Delta(a_i)$. 根据引理 1.3.5 后的公式知, 对所有的 $c\in A$, 有

$$\sum b_i\otimes a_i c = (Sb\otimes 1)(S\otimes \iota)(\Delta(a)(1\otimes c)) = (S\otimes \iota)(\Delta(a)(b\otimes c)).$$

如果用 $S^{-1}\otimes \iota$ 作用并消去 c, 则得到第二个公式. □

引理 1.4.5 设 $a, b, a_i, b_i \in A$, 则以下三条是等价的:

(i) $\Delta(a)(1\otimes b) = \sum \Delta(a_i)(b_i\otimes 1)$;

(ii) $a\otimes S^{-1}b=\sum(a_i\otimes 1)\Delta(b_i)$;

(iii) $(1\otimes a)\Delta(b)=\sum S(b_i)\otimes a_i$.

证明 设 $\Delta(a)(1\otimes b)=\sum\Delta(a_i)(b_i\otimes 1)$, 且令 $c\in A$, 对所有的 i, 有

$$b_i\otimes Sc=\sum_k\Delta(p_{ik})(1\otimes q_{ik}).$$

则

$$\Delta(a)(1\otimes bSc)=\sum_{i,k}\Delta(a_ip_{ik})(1\otimes q_{ik}).$$

再由 T_1 是单射, 得

$$a\otimes bSc=\sum_{i,k}a_ip_{ik}\otimes q_{ik}.$$

另一方面, 由引理 1.4.4 则知

$$(1\otimes c)\Delta(b_i)=\sum_k p_{ik}\otimes S^{-1}q_{ik}.$$

因此 $a\otimes cS^{-1}b=\sum\limits_{i,k}a_ip_{ik}\otimes S^{-1}q_{ik}=\sum\limits_{i,k}(a_i\otimes c)\Delta(b_i)$, 消去 c 即得 (ii).

现设 $\Delta(a)(b\otimes 1)=\sum\Delta(a_i)(1\otimes b_i)$. 如果对于 Δ' 应用第一个等式且交换张量积的次序, 得 $Sb\otimes A=\sum(1\otimes a_i)\Delta(b_i)$. 所以本质上, (i) 和 (iii) 等价. □

命题 1.4.6 对所有的 $a,b\in A$, 有

$$(1\otimes Sb)\Delta(Sa)=(S\otimes S)(\Delta'(a)(1\otimes b)).$$

证明 记 $\Delta(Sb)(1\otimes Sa)=\sum\Delta(a_i)(b_i\otimes 1)$, 根据引理 1.4.5, 有

$$Sb\otimes a=\sum(a_i\otimes 1)\Delta(b_i),\quad (1\otimes Sb)\Delta(Sa)=\sum Sb_i\otimes a_i.$$

将引理 1.4.4 中第二个等式代入上述第一个式子, 得

$$\Delta(a)(b\otimes 1)=\sum S^{-1}a_i\otimes b_i.$$

综合上述结果有

$$\begin{aligned}(1\otimes Sb)(\Delta(Sa))&=(S\otimes S)\left(\sum b_i\otimes S^{-1}a_i\right)\\&=(S\otimes S)\tau(\Delta(a)(b\otimes 1))=(S\otimes S)(\Delta'(a)(1\otimes b)).\end{aligned}$$ □

现在考虑 $*$ 代数, 在这种情况下同样是自动正则的. 关于余单位和对极有以下结论:

命题 1.4.7 若 A 是一个乘子 Hopf $*$ 代数, 则 ε 是 $*$ 同态.

证明 定义 $\varepsilon^*(a) = \varepsilon(a^*)^-$,

$$(\varepsilon^* \otimes \iota)((1 \otimes a)\Delta(b)) = ((\varepsilon \otimes \iota)(\Delta(b^*)(1 \otimes a^*)))^* = (b^*a^*)^* = ab$$
$$= (\varepsilon \otimes \iota)((1 \otimes a)\Delta(b)).$$

这就说明 $\varepsilon^* = \varepsilon$. □

命题 1.4.8 若 A 是乘子 Hopf $*$ 代数, 则对所有的 a, 有 $S(A) \subseteq A$ 和 $S(S(a)^*)^* = a$.

证明 设 $a \otimes b = \sum \Delta(a_i)(1 \otimes b_i)$, 则 $S(a)b = \sum \varepsilon(a_i)b_i$, 取其对合且用换位映射作用, 得

$$b^* \otimes a^* = \sum (b_i^* \otimes 1)\Delta'(a_i^*).$$

用 $(\iota \otimes S')$ 作用且右乘 $1 \otimes c^*$, 对 Δ' 使用引理 1.3.3, 得

$$b^* S'(a^*)c^* = \sum b_i^* \varepsilon(a_i^*)c^*.$$

取其对合会有

$$cS'(a^*)^*b = cS(a)b.$$

这样就有 $S'(a^*) = S(a)^*$ 且 S' 是 S 的逆, 故得到所需的公式. □

1.5 对偶代数

我们知道, 如果 A 是一般的 Hopf $*$ 代数, 那么 A 上所有线性函数的集合 A' 可以构成一个 $*$ 代数. 但是, 这对乘子 Hopf 代数情况不再成立, 因为对所有的 $f, g \in A'$, $(f \otimes g)(\Delta(a))$ 不能被定义, 需要对对偶空间加以限制.

定义 1.5.1 令 A^* 是由 A 上形如 $a \to f(bac)$ 的线性函数张成的向量空间, 其中 $b, c \in A, f \in A'$.

下面证明 A^* 是一个代数.

命题 1.5.2 可以定义 A^* 上的乘法为 $(fg)(a) = (f \otimes g)(\Delta(a))$, 这使得 A^* 构成一个结合代数.

证明 首先要证乘法定义的合理性. 设 $f(a) = f'(bac)$ 和 $g(a) = g'(dae)$, 其中 $a, b, c, d, e \in A, f', g' \in A'$, 则有

$$(b \otimes d)\Delta(a)(c \otimes e) \in A \otimes A,$$

用 $f'\otimes g'$ 作用, 得

$$(f'\otimes g')((b\otimes d)\Delta(a)(c\otimes e))=f(x),$$

其中 $x=(\iota\otimes g')((1\otimes d)\Delta(a)(1\otimes e)), x\in A$. 这说明上面的描述可以线性扩张到所有的 $f,g\in A^*$, 结果仍然是 A 上的线性函数, 记为 fg.

现在证明当 $f,g\in A^*$ 时, 有 $fg\in A^*$. 再一次假设 $f(a)=f'(bac)$ 和 $g(a)=g'(dae)$, 使得

$$(fg)(a)=(f'\otimes g')((b\otimes d)\Delta(a)(c\otimes e)).$$

已知 $A\otimes A$ 是由形如 $(p\otimes 1)\Delta(q)$ 的元素张成, 将 $b\otimes d$ 看成其中元素的线性组合, 则 fg 也是下一映射的线性组合:

$$a\to(f'\otimes g')((p\otimes 1)\Delta(qa)(c\otimes e)).$$

类似地, 用 $\Delta(r)(1\otimes s)$ 替换 $(c\otimes e)$ 可得 fg 是如下映射的线性组合:

$$a\to(f'\otimes g')((p\otimes 1)\Delta(qar)(1\otimes s)),$$

如果令 $h(a)=(f'\otimes g')((p\otimes 1)\Delta(a)(1\otimes s))$, 则 fg 是由形如

$$a\to h(qar),\quad 其中\ h\in A', q,r\in A$$

的函数张成的. 因此 $fg\in A^*$.

现在证明乘积是结合的. 令 $f,g,h\in A^*$, 假设 $f(a)=f'(bac), g(a)=g'(dae)$, $h(a)=h'(paq)$, 则有

$$\begin{aligned}((fg)h)(a)&=(fg\otimes h')((1\otimes p)\Delta(a)(1\otimes q))\\&=(f'\otimes g'\otimes h')((b\otimes d\otimes 1)(\Delta\otimes\iota)((1\otimes p)\Delta(a)(1\otimes q))(c\otimes e\otimes 1))\\&=(f'\otimes g'\otimes h')((b\otimes d\otimes p)(\Delta\otimes\iota)(\Delta(a)(1\otimes q))(c\otimes e\otimes 1))\\&=(f'\otimes g'\otimes h')((1\otimes d\otimes p)(\iota\otimes\Delta)((b\otimes 1)\Delta(a))(c\otimes e\otimes q))\\&=(f'\otimes g'\otimes h')((1\otimes d\otimes p)(\iota\otimes\Delta)((b\otimes 1)\Delta(a)(c\otimes 1))(1\otimes e\otimes q))\\&=(f'\otimes gh)((b\otimes 1)\Delta(a)(c\otimes 1))\\&=(f(gh))(a).\end{aligned}$$

和定义 1.1.2 一样, 这里使用了 Δ 的余结合性. □

设 $f(a)=f'(bac)$ 且 ε 是 A 的余单位, 有

$$(\varepsilon\otimes f')((1\otimes b)\Delta(a)(1\otimes c))=f'(b(\varepsilon\otimes\iota)(\Delta(a)(1\otimes c)))=f'(bac)=f(a).$$

这说明 $(\varepsilon\otimes f)\Delta(a)=f(a)$, 类似地, $(f\otimes\varepsilon)\Delta(a)=f(a)$, 故 ε 与乘子代数 A^* 中单位相吻合.

如果 A 是正则乘子 Hopf 代数, 则可以定义 S 在 A' 上的伴随作用.

定义 1.5.3 设 A 是正则乘子 Hopf 代数且 S 是对极, 对 $f \in A', a \in A$, 定义 $(Sf)(a) = f(S(a))$. 显然, 对所有 $f \in A'$, 有 $Sf \in A'$. 更进一步, 有

引理 1.5.4 如果 $f \in A^*$, 则 $Sf \in A^*$.

证明 令 $f(a) = f'(bac), f' \in A', b, c \in A$. 取 $d \in A$ 使得 $\varepsilon(d) = 1$. 则由引理 1.3.3 得

$$\begin{aligned}(Sf)(a) = f(S(a)) &= f'(bS(a)c) = f'(b\varepsilon(d)S(a)c) \\ &= f'(m((\iota \otimes S)((b \otimes 1)\Delta(d))(1 \otimes S(a)c))).\end{aligned}$$

有 $(b \otimes 1)\Delta(d) \in A \otimes A$. 故 Sf 是形如如下函数的线性组合:

$$a \to f'(m((\iota \otimes S)(b \otimes d)(1 \otimes S(a)c))) = f'(bS(d)S(a)c) = f'(bS(ad)c).$$

一个类似的论证给出函数 $a \to f'(bS(ead)c)$ 的线性组合, 这就证明了引理. □

现在证 S 是 A^* 上的反代数同态. 自然地, 可应用命题 1.4.6.

命题 1.5.5 设 A 是正则乘子 Hopf 代数, 则 S 是 A^* 上的反代数同态.

证明 令 $f, g \in A^*$, 则存在 $g' \in A^*, b \in A$, 使得 $g(a) = g'(S(b)a)$, 则

$$\begin{aligned}(S(fg))(a) &= (fg)(S(a)) = (f \otimes g')(1 \otimes S(b))\Delta(S(a)) \\ &= (f \otimes g')((S \otimes S)(\Delta'(a)(1 \otimes b))) \\ &= (Sg' \otimes Sf)(\Delta(a)(b \otimes 1)).\end{aligned}$$

显然

$$(Sg')(ab) = g'(S(b)S(a)) = g(S(a)) = (Sg)(a).$$

因此 $(S(fg))(a) = ((Sg)(Sf))(a)$. □

对一个 $*$ 代数 A, 通过定义, 可以使得 A^* 也是 $*$ 代数.

命题 1.5.6 如果定义 $f^* \in A'$ 如下:

$$f^*(a) = f(S(a)^*)^-,$$

则当 $f \in A^*$ 时 $f^* \in A^*$, 且 A^* 是 $*$ 代数时.

证明 如果 $f \in A'$, 定义 $\bar{f}(a) = f(a^*)^-$. 如果 $f(a) = f'(bac)$, 那么 $f(a^*)^- = f'(ba^*c)^- = f'((c^*ab^*)^*)^-$. 对 $\bar{f} \in A^*$, 由定义可知 $f^*(a) = \bar{f}(S(a))$, 故 $f^* \in A^*$. 因对所有的 a, 有 $S(S(a)^*)^* = a$. 故对所有的 f, 有 $f^{**} = f$. 更进一步地,

$$\begin{aligned}(\overline{fg})(a) &= (fg)(a^*)^- = (f \otimes g)(\Delta(a^*))^- = (f \otimes g)(\Delta(a)^*)^- \\ &= (\bar{f} \otimes \bar{g})(\Delta(a)) = (\bar{f} \cdot \bar{g})(a).\end{aligned}$$

故 $(fg)^* = S(\overline{fg}) = S(\bar{f}\bar{g}) = (S\bar{g})(S\bar{f}) = g^*f^*$. □

1.6 左不变函数和右不变函数

设 (A, Δ) 是正则乘子 Hopf 代数.

定义 1.6.1 设 $a \in A$ 且设 ω 是 A 上的任一线性函数. 可以定义 $x \in M(A)$ 为

$$\begin{aligned} xb &= (\omega \otimes \iota)(\Delta(a)(1 \otimes b)), \\ bx &= (\omega \otimes \iota)((1 \otimes b)\Delta(a)). \end{aligned}$$

记 $x = (\omega \otimes \iota)\Delta(a)$. 类似地, 可定义 $(\iota \otimes \omega)\Delta(a)$.

利用这个记号, 下面可以定义左不变函数和右不变函数.

定义 1.6.2 A 上的一个线性函数 φ 称为左不变的, 如果对所有的 $a \in A$, $(\iota \otimes \varphi)\Delta(a) = \varphi(a)1$. A 上的一个线性函数 ψ 称为右不变的, 如果对所有的 $a \in A$, $(\psi \otimes \iota)\Delta(a) = \psi(a)1$.

下面来看在一个离散群例子中这个定义是什么意思.

例 1.6.3 设 $A = K(G)$ 为一个离散群上的有限支撑复函数代数且令 $\Delta(f)(p, q) = f(pq)$. 定义 $\varphi(f) = \sum f(p)$. 则对所有的 $f, g \in A$ 和 $q \in A$,

$$\begin{aligned} ((\iota \otimes \varphi)((f \otimes 1)\Delta(g)))(q) &= \sum_p f(q)g(qp) \\ &= \sum_p f(q)g(p) = f(q)\varphi(g). \end{aligned}$$

所以 $(\iota \otimes \varphi)\Delta(g) = \varphi(g)1$, 这就说明 φ 是左不变的. 此处, φ 也是右不变的, 因为对所有的 $f \in A$ 和 $q \in G$, 同样有

$$\sum_p f(pq) = \sum_p f(p).$$

但一般情况下不是这样的.

如果 φ 是一个左不变函数且 $\psi = \varphi \circ S$, 则 ψ 是右不变的. 确实, 如果 $a, b \in A$, 则有

$$\begin{aligned} ((\varphi \circ S) \otimes \iota)((1 \otimes b)\Delta(a)) &= (\varphi \otimes \iota)((S \otimes \iota)((1 \otimes b)\Delta(a))) \\ &= S^{-1}((\varphi \otimes \iota)(\Delta'(S(a))(1 \otimes S(b)))) \\ &= S^{-1}((\iota \otimes \varphi)(\Delta(S(a))(S(b) \otimes 1))) \\ &= S^{-1}(\varphi(S(a))S(b)) \\ &= b\varphi(S(a))1, \end{aligned}$$

这使得 $(\psi \otimes \iota)\Delta(a) = \psi(a)1$.

不变函数不总是存在的. 容易给出一个没有非零不变函数的 Hopf 代数的例子. 然而在一些特定的情况下, 可以对 (A, Δ) 作一些额外的假设和证明非零不变函数的存在[40,110,111,130,149–151], 但在有限维的情况下, 非零不变函数总是存在的. 正如本书开始介绍的那样, 这种函数的唯一性是很重要的. 这是本节讨论的主要的问题.

首先看到非零不变函数总是忠实的. 设 ω 是一个 $*$ 代数上的正 (positive) 函数称 ω 是忠实的, 如果 $\omega(a^*a) = 0$ 能推出 $a = 0$. 由 Cauchy-Schwarz 不等式, 这等价于: 如果对所有的 b, $\omega(ba) = 0$, 则 $a = 0$. 所以, 如果 φ 满足下面命题中的两个性质, 则称 φ 为忠实的是有意义的.

命题 1.6.4 设 φ 是一个非零左不变函数. 如果 $a \in A$ 且使得对所有的 $b \in A$,$\varphi(ba) = 0$, 则 $a = 0$. 类似地, 如果对所有的 b, $\varphi(ab) = 0$, 则 $a = 0$.

证明 设 φ 是左不变的和非零的. 令 $a \in A$ 且假设对所有的 $b \in A$, $\varphi(ba) = 0$. 对所有的 $b, c \in A$ 则有

$$(\iota \otimes \varphi)((c \otimes 1)\Delta(b)\Delta(a)) = \varphi(ba)c = 0.$$

因为形式为 $(c \otimes 1)\Delta(b)$ 的元素张成 $A \otimes A$, 所以对 $b, c \in A$, 又有

$$(\iota \otimes \varphi)((b \otimes c)\Delta(a)) = 0.$$

用 Δ 作用再左乘以 d, 对所有的 b, c, d, 可得

$$(\iota \otimes \iota \otimes \varphi)(((d \otimes 1)\Delta(b) \otimes c)(\Delta \otimes \iota)\Delta(a)) = 0.$$

再一次用 $d \otimes b$ 来替换 $(d \otimes 1)\Delta(b)$, 得

$$(\iota \otimes \iota \otimes \varphi)((d \otimes b \otimes c)(\Delta \otimes \iota)\Delta(a)) = 0.$$

可以消去 b 写成

$$(\iota \otimes \iota \otimes \varphi)((1 \otimes 1 \otimes c)(\iota \otimes \Delta)((d \otimes 1)\Delta(a))) = 0.$$

如果用线性函数 ω 作用且令 $p = (\omega \otimes \iota)((d \otimes 1)\Delta(a))$, 有

$$(\iota \otimes \varphi)((1 \otimes c)\Delta(p)) = 0.$$

任取 q 且 $\Delta(p)(q \otimes 1) = \sum a_i \otimes b_i$, a_i 是线性无关的, 则对所有的 c 和 i, $\varphi(cb_i) = 0$. 用 $cS(a_i)$ 来替换 c 且求和, 就得到对所有的 c, $\varphi\left(c \sum S(a_i)b_i\right) = 0$. 但是

$$\sum S(a_i)b_i = m(S \otimes \iota)(\Delta(p)(q \otimes 1)) = S(q)\varepsilon(p),$$

所以对所有的 c, q, 有 $\varphi(cS(q))\varepsilon(p) = 0$.

这样就不难看出 cq 张成 A(例如使用 $cq = (\iota\otimes\varepsilon)((c\otimes 1)\Delta(q))$ 和元素 $(c\otimes 1)\Delta(q)$ 张成 $A\otimes A$). 由于 S 是双射,$\varphi = 0$, 得到 $\varepsilon(p) = 0$. 这说明对所有的 ω 和 d, $\omega(da) = 0$. 这说明 $a = 0$. 第二个结论的讨论是类似的 (将使用 S^{-1} 来证明). □

显然地, 通过对极的作用可知, 任何的非零右不变函数也是忠实的. 这个结论可以用相同的方法证明.

在本节后面证明命题 1.6.11 时, 将看到对所有的 a 和 b, 有

$$S(\iota\otimes\varphi)(\Delta(b)(1\otimes a)) = (\iota\otimes\varphi)((1\otimes b)\Delta(a)).$$

所以, 如果 a 给定且对所有的 b, $\varphi(ba) = 0$, 则说明对所有的 b, $(\iota\otimes\varphi)((1\otimes b)\Delta(a)) = 0$. 这就是在命题 1.6.4 证明一开始所看到的. 剩余的证明其实给出了如下一个推广的结论: 如果 ω 是 A 上的任一线性函数, a 为 A 中任意的元素, 若对所有的 b, $(\iota\otimes\omega)((1\otimes b)\Delta(a)) = 0$ 成立, 则有 $\omega = 0$, 或者 $a = 0$. 这个结论在使用 Hopf 代数中 Sweelder 记号后容易证明. 事实上, 用 Δ 和 S 作用后得到, 对所有的 b, 有

$$\sum \omega(ba_{(3)})a_{(1)}\otimes Sa_{(2)} = 0,$$

用 $bSa_{(2)}$ 来代替 b 得到

$$\sum \omega(bS(a_{(2)})a_{(3)})a_{(1)} = 0.$$

因此对所有的 b, 同样有 $\omega(b)a = 0$.

以上是关于忠实性及其性质的证明. 下面的引理是关于唯一性的第一步.

引理 1.6.5　设 φ 是左不变的, ψ 是右不变的和非零的. 如果 $a\in A$, 则存在一个 $b\in A$ 使得对所有的 $x\in A$, $\varphi(xa) = \psi(xb)$. 类似地, 如果 φ 是非零的, $b\in A$, 有一个 $a\in A$ 使得对所有的 $x\in A$, $\varphi(xa) = \psi(xb)$.

证明　取 $c\in A$ 且

$$\Delta(a)(c\otimes 1) = \sum \Delta(p_i)(1\otimes q_i).$$

左乘以 $\Delta(x)$ 且用 $\psi\otimes\varphi$ 作用, 再应用不变性, 有

$$\psi(c)\varphi(xa) = \sum \psi(xp_i)\varphi(q_i).$$

选择 c 使得 $\psi(c) = 1$ 且令 $b = \sum \varphi(q_i)p_i$. 则得到对所有的 x, 有 $\varphi(xa) = \psi(xb)$.

第二个结论类似可得. □

通过这个结论就可得到如下重要的引理.

引理 1.6.6　如果 φ_1 和 φ_2 是两个非零左不变函数, 则函数空间

$$\{\varphi_1(\cdot a)|a\in A\} \quad 和 \quad \{\varphi_2(\cdot a)|a\in A\}$$

是相等的.

证明 取非零右不变函数 ψ(例如取 $\varphi_1 \circ S$). 由前面的引理知, 上面两个空间都是和空间 $\{\psi(\cdot b)|b \in A\}$ 相等. □

这个结论对于唯一性是一种强烈的暗示. 事实上, 下面将使用它来证明唯一性.

定理 1.6.7 设 (A, Δ) 是一个正则乘子 Hopf 代数. 如果 A 存在一个非零左不变函数, 则它是唯一的 (纯量意义下), 且存在唯一的右不变函数. 进一步, 这两个函数都是忠实的.

证明 取两个非零左不变函数 φ_1 和 φ_2, 再取非零右不变函数 ψ. 选择 $a_1, y \in A$ 使得 $\psi(ya_1) = 1$. 由引理 1.6.6, 同样可以取 $a_2 \in A$ 使得对所有的 $q \in A$, $\varphi_1(qa_1) = \varphi_2(qa_2)$.

现在任取 $x \in A$. 记 $(1 \otimes x)\Delta(y) = \sum(p_i \otimes 1)\Delta(q_i)$. 如果右乘以 $\Delta(a_1)(\Delta(a_2))$ 且用 $\psi \otimes \varphi_1(\psi \otimes \varphi_2)$ 作用得

$$\psi(ya_1)\varphi_1(x) = \sum \varphi_1(q_i a_1)\psi(p_i),$$
$$\psi(ya_2)\varphi_2(x) = \sum \varphi_2(q_i a_2)\psi(p_i).$$

由于对所有的 i, $\psi(ya_1) = 1$, $\varphi_1(q_i a_1) = \varphi_2(q_i a_2)$, 则对所有的 x, 有

$$\varphi_1(x) = \psi(ya_2)\varphi_2(x).$$

所以 φ_1 是 φ_2 的纯量乘法.

用 S 作用, 可以得到右不变函数的唯一性. □

通常情况下, 不变函数在 Hopf 代数理论中成为积分, 而在量子群中称为 Haar 测度, 或称之为不变函数. 同样, 当陈述其存在性时, 经常假设非零不变函数的存在性. 以后, 将使用 φ 表示左不变函数, 用 ψ 表示右不变函数.

如果 (A, Δ) 是 Hopf 代数, φ 是左不变函数且 $\varphi(1) = 1$, 则利用不变性和 $\Delta(1) = 1 \otimes 1$ 立刻得到任意右不变函数 ψ 是 φ 的纯量乘法. 这就得到了唯一性. 所以在这种情况下, 左不变函数和右不变函数是一样的. 同样的结论在 $A = K(G)$ 的情况下也成立 (其中 G 是离散群). 如果左右不变函数相同, 称 (A, Δ) 为幺模的 (unimodular).

在一般情况下, 左右不变函数由一个乘子 (称为“模函数”(modular function)) 相关联. 这是命题 1.6.10 的内容. 首先证明模函数的存在性.

命题 1.6.8 设 φ 是左不变的, 则存在一个乘子 $\delta \in M(A)$ 使得

$$(\varphi \otimes \iota)\Delta(a) = \varphi(a)\delta.$$

证明 设 φ 是非零左不变函数. 对所有的 a, 有乘子 δ_a, 定义为 $(\varphi \otimes \iota)\Delta(a) = \delta_a$. 取任意的 $b \in A$ 和线性函数 ω. 定义 $\varphi_1(a) = (\varphi \otimes \omega)((1 \otimes b)\Delta(a)) = \omega(b\delta_a)$.

不难验证 φ_1 也是左不变函数. 所以存在纯量 λ, 依赖于 ω 和 b, 使得对所有的 a, 有 $\varphi_1(a) = \lambda\varphi(a)$. 所以对所有的 a, b, c 和 ω, 有 $\omega(b\delta_a)\varphi(c) = \omega(b\delta_c)\varphi(a)$, 因此 $\varphi(c)\delta_a = \varphi(a)\delta_c$. 取 c 使得 $\varphi(c) = 1$ 且令 $\delta = \delta_c$, 则 $\delta_a = \varphi(a)\delta$. □

以后, 称 δ 为模函数 (modular function) 或模元素 (modular element).

不难找到 Δ, ε 和 S 在 δ 上的作用.

命题 1.6.9　δ 是可逆的, 且

$$\Delta(\delta) = \delta \otimes \delta, \quad \varepsilon(\delta) = 1, \quad S(\delta) = \delta^{-1}.$$

证明　由前面所述, 已经将 Δ, ε 和 S 扩张到乘子上使得这些公式有意义.

为了证明第一个公式, 用 Δ 作用在命题 1.6.8 中定义的公式上, 得到

$$\begin{aligned}
\varphi(a)\Delta(\delta) &= (\varphi \otimes \iota \otimes \iota)((\iota \otimes \Delta)\Delta(a)) \\
&= (\varphi \otimes \iota \otimes \iota)((\Delta \otimes \iota)\Delta(a)) \\
&= \delta \otimes (\varphi \otimes \iota)\Delta(a) \\
&= \varphi(a)\delta \otimes \delta.
\end{aligned}$$

为了证明 $\varepsilon(\delta) = 1$, 用 ε 作用命题 1.6.8 中的公式.

最后, 为了证明最后一个公式, 需要有一点注意. 取 a, b, 有

$$\Delta(a\delta)(1 \otimes b) = \Delta(a)(\delta \otimes \delta b).$$

如果用 $S \otimes \iota$ 作用再作乘法, 得到 $\varepsilon(a\delta)b = S(\delta)\varepsilon(a)\delta b$. 所以 $b = S(\delta)\delta b$. 类似地, 得到对所有的 b, 有 $b = b\delta S(\delta)$. 这说明 δ 是可逆的且 $S(\delta) = \delta^{-1}$. □

可以对右不变函数 ψ 做类似的讨论, 但是, 如果用 S 作用在 $(\varphi\otimes\iota)\Delta(a) = \varphi(a)\delta$ 上, 可立刻得到

$$(\iota \otimes \psi)\Delta(a) = \psi(a)\delta^{-1}.$$

乘子 δ 与 φ 和 ψ 也通过如下命题相联系.

命题 1.6.10　如果 φ 是左不变函数, 则对所有的 $a \in A$, 有 $\varphi(S(a)) = \varphi(a\delta)$.

证明　利用前面已有结论. 如果 $a, b \in A$ 和

$$\Delta(a)(1 \otimes b) = \sum \Delta(a_i)(b_i \otimes 1),$$

则

$$(1 \otimes a)\Delta(b) = \sum Sb_i \otimes a_i.$$

用 $\varphi \otimes \varphi$ 作用在第二个等式上, 得

$$\varphi(b)\varphi(a\delta) = \sum \varphi(Sb_i)\varphi(a_i).$$

如果用 $\varphi \circ S \otimes \varphi$ 作用在第一个等式上, 得

$$\varphi(Sa)\varphi(b) = \sum \varphi(Sb_i)\varphi(a_i).$$

所以对所有的 a, 有 $\varphi(S(a)) = \varphi(a\delta)$. □

注 以上结论意味着引理 1.6.5 的成立性. 事实上, 如果 $\psi = \varphi \circ S$, 且在公式中用 xa 替换 a, 那么得到 $\psi(xa) = \varphi(xa\delta)$. 所以, 通过 $b = a\delta$, 得到引理 1.6.5 中的结论. 事实上, 此引理中也可包含 δ.

由上面的公式, 对所有的 a, 有

$$\varphi(S^2(a)) = \varphi(S(a)\delta) = \varphi(S(\delta^{-1}a)) = \varphi(\delta^{-1}a\delta).$$

由唯一性, 存在复数 τ 使得 $\varphi \circ S^2 = \tau\varphi$. 所以 $\varphi(\delta^{-1}a\delta) = \tau\varphi(a)$. 一般情况下 $\tau \neq 1$. 如果 A 是可交换的, 显然有 $\tau = 1$. 在 A 是余可交换的情况下也成立. 此时有 $\delta = 1$. 这在交换的情况下不成立.

注 大部分关于 δ 的性质与局部紧群的模函数性质类似, 和左右 Haar 测度相关. 然而在这种情况下, 因为 A 可能不是交换的, 有一些新的现象, 将在 1.8 节举例论证.

现在要证明一些 K.M.S. 性质. 之后解释这些术语. 这个结论将帮助我们处理在非交换代数的情况下的问题.

命题 1.6.11 设 φ 是 A 上的左不变函数. 则对所有的 $x \in A$, 存在一 $b \in A$ 使得对所有的 $x \in A$, 有 $\varphi(xa) = \varphi(bx)$.

证明 取两个元素 p, q. 首先写

$$\Delta(p)(1 \otimes q) = \sum \Delta(p_i)(q_i \otimes 1),$$

则有

$$(1 \otimes p)\Delta(q) = \sum Sq_i \otimes p_i.$$

如果用 $\iota \otimes \varphi$ 作用在这些公式上, 得

$$S(\iota \otimes \varphi)(\Delta(p)(1 \otimes q)) = (\iota \otimes \varphi)((1 \otimes p)\Delta(q)).$$

现在写

$$\Delta(p)(q \otimes 1) = \sum \Delta(p_i)(1 \otimes q_i),$$

则有

$$(p \otimes 1)\Delta(q) = \sum p_i \otimes S^{-1}q_i.$$

用 $\psi\otimes\iota$ 作用在公式上, 其中 ψ 是右不变函数. 则有

$$S(\psi\otimes\iota)((p\otimes 1)\Delta(q))=(\psi\otimes\iota)(\Delta(p)(q\otimes 1)).$$

下一步, 任取 x. 使用上面的两个结论, 得到

$$\begin{aligned}(\psi\otimes\varphi)((x\otimes p)(\iota\otimes S)\Delta(q))&=\varphi(pS(\cdot))(\psi\otimes\iota)((x\otimes 1)\Delta(q))\\&=\varphi(p\cdot)(\psi\otimes\iota)(\Delta(x)(q\otimes 1))\\&=(\psi\otimes\varphi)((1\otimes p)\Delta(x)(q\otimes 1))\\&=\psi(\cdot q)(\iota\otimes\varphi)((1\otimes p)\Delta(x))\\&=\psi(S(\cdot)q)(\iota\otimes\varphi)(\Delta(p)(1\otimes x))\\&=(\psi\otimes\varphi)((S\otimes\iota)\Delta(p)(q\otimes x)).\end{aligned}$$

如果设

$$\begin{aligned}a&=(\iota\otimes\varphi)((1\otimes p)(\iota\otimes S)\Delta(q)),\\b&=(\psi\otimes\iota)((S\otimes\iota)\Delta(p)(q\otimes 1)),\end{aligned}$$

那么对所有的 x, 有 $\psi(xa)=\varphi(bx)$.

现在给定 a, 取 c 使得 $\varphi(Sc)=1$ 且写成

$$a\otimes c=\sum\Delta(q_i)(1\otimes S^{-1}p_i).$$

用 $\iota\otimes\varphi\circ S$ 作用, 得

$$a=\sum(\iota\otimes\varphi)((1\otimes p_i)(\iota\otimes S)\Delta(q_i)).$$

如果再令

$$b=\sum(\psi\otimes\iota)((S\otimes\iota)\Delta(p_i)(q_i\otimes 1)),$$

那么再一次得到对所有的 x, $\psi(xa)=\varphi(bx)$. 现在可以与引理 1.6.5 结合得到命题. □

注 由 φ 的忠实性, b 是唯一的. 如果用 S 作用, 那么得到关于 ψ 的类似的结论. 对所有的 a, 有一 b 使得对所有的 x, 有 $\psi(ax)=\psi(xb)$. 再和引理 1.6.5 相结合, 有对所有的 a, 存在一 b 使得 $\varphi(ax)=\varphi(xb)$. 由以上讨论, 则得到如下函数集合的等价:

$$\begin{aligned}&\{\varphi(a\cdot)|a\in A\},\\&\{\varphi(\cdot a)|a\in A\},\\&\{\psi(a\cdot)|a\in A\},\\&\{\psi(\cdot a)|a\in A\}.\end{aligned}$$

下节将定义这些集合为 $\widehat{A}$. 下面再阐述一些关于上述结论的推广.

命题 1.6.12 存在 A 的自同构 σ 使得对所有的 $a, b \in A$, 有 $\varphi(ab) = \varphi(b\sigma(a))$. 同样有 φ 是 σ 不变的.

证明 我们可以用这个公式定义 σ. 则对所有的 a, b, c, 有

$$\varphi(abc) = \varphi(c\sigma(ab)).$$

但是同样有

$$\varphi(abc) = \varphi(bc\sigma(a)) = \varphi(c\sigma(a)\sigma(b)).$$

由 φ 的忠实性, 有 $\sigma(ab) = \sigma(a)\sigma(b)$. 注意由前面的观察, σ 是满的.

现在, $\varphi(ab) = \varphi(b\sigma(a)) = \varphi(\sigma(a)\sigma(b)) = \varphi(\sigma(ab))$, 且由于 $A^2 = A$, 得到 φ 是 σ 不变的. □

注意, 在有限维的情况下, 这个结论对所有的忠实的线性函数成立 (见 1.8 节).

称 φ 满足弱 K.M.S. 条件.

K.M.S.(Kubo Martin Schwinger) 的概念是从物理学中而来, 且一直是代数上的自同构单参数群上的线性函数[74]. 我们的概念条件更弱, 但是显然是相关的.

设 σ 和 σ' 分别为与 φ 和 ψ 相关的自同构. 有如下结论:

命题 1.6.13 自同构 σ 和 σ' 满足 $S\sigma' = \sigma^{-1}S$.

证明 对所有的 a 和 b, 有 $\varphi(ab) = \varphi(b\sigma(a))$ 和 $\varphi(S(ab)) = \varphi(S(b\sigma'(a)))$. 则

$$\varphi(S(b)(\sigma S\sigma')(a)) = \varphi(S(\sigma'(a))S(b)) = \varphi(S(b)S(a)),$$

所以 $\sigma S\sigma' = S$. □

有如下关于 Δ 的关系:

命题 1.6.14 对所有的 $a \in A$, 有

$$\Delta(\sigma(a)) = (S^2 \otimes \sigma)\Delta(a),$$
$$\Delta(\sigma'(a)) = (\sigma' \otimes S^{-2})\Delta(a).$$

证明 取 $a, b \in A$. 如证明命题 1.6.11 时所述, 有

$$S(\iota \otimes \varphi)(\Delta(a)(1 \otimes b)) = (\iota \otimes \varphi)((1 \otimes a)\Delta(b)).$$

所以

$$\begin{aligned}(\iota \otimes \varphi)((1 \otimes b)(S^2 \otimes \sigma)\Delta(a)) &= S^2(\iota \otimes \varphi)(\Delta(a)(1 \otimes b)) \\ &= S(\iota \otimes \varphi)((1 \otimes a)\Delta(b)) \\ &= S(\iota \otimes \varphi)(\Delta(b)(1 \otimes \sigma(a))).\end{aligned}$$

运用相同的公式, 将 a 替换为 b, b 替换为 $\sigma(a)$, 得到

$$(\iota\otimes\varphi)((1\otimes b)(S^2\otimes\sigma)\Delta(a)) = (\iota\otimes\varphi)((1\otimes b)\Delta(\sigma(a))).$$

这对所有的 b 都是成立的, 且由 φ 是忠实的, 得到

$$\Delta(\sigma(a)) = (S^2\otimes\sigma)\Delta(a).$$

类似地, 利用 $S\sigma' = \sigma^{-1}S$, 得到另一个公式. □

同样注意 σ 和 S^2 可交换. 事实上, 对所有的 a, b, 有

$$\varphi(S^2(a)b) = \varphi(b\sigma(S^2(a))).$$

另一方面, 同样有

$$\begin{aligned}\varphi(S^2(a)b) &= \varphi(S^2(aS^{-2}(b))) = \tau\varphi(aS^{-2}(b))\\ &= \tau\varphi(S^{-2}(b)\sigma(a)) = \varphi(S^2(S^{-2}(b)\sigma(a)))\\ &= \varphi(bS^2(\sigma(a))).\end{aligned}$$

这对所有的 b 满足, 所以 $\sigma(S^2(a)) = S^2(\sigma(a))$. 类似地, S^2 和 σ' 交换.

现在有 σ 和模元素 δ 的如下关系.

命题 1.6.15 对所有的 $a\in A$, 有 $\sigma(\delta) = \sigma'(\delta) = (1/\tau)\delta$ 和 $\delta\sigma(a) = \sigma'(a)\delta$.

证明 因为

$$\tau\varphi(a) = \varphi(S^2(a)) = \varphi(\delta^{-1}a\delta) = \varphi(\sigma^{-1}(a\delta)\delta^{-1}) = \varphi(a\delta\sigma(\delta^{-1})),$$

所以必有 $\delta\sigma(\delta^{-1}) = \tau 1$ 和 $\sigma(\delta) = (1/\tau)\delta$.

另一方面, 有

$$\varphi(ab\delta) = \varphi(S(ab)) = \varphi(S(b\sigma'(a))) = \varphi(b\sigma'(a)\delta),$$

使得 $\delta\sigma(a) = \sigma'(a)\delta$. □

除了 $\varepsilon\sigma = \varepsilon\sigma'$, 似乎 σ 和 ε 没有什么明显的关系. 用 ε 作用在上述命题中的最后一个关系上可以得到.

1.7 代数量子群的 Pontryagin 对偶定理

和前面一样, 设 (A,Δ) 是一个正则乘子 Hopf 代数且假设存在非平凡的不变函数. 下面将定义对偶 $(\widehat{A},\widehat{\Delta})$, 它同样是一个带有非平凡不变函数的正则乘子 Hopf

代数. 故对偶 $(\widehat{A},\widehat{\Delta})$ 属于同一个范畴. 考虑双对偶, 即 $(\widehat{A},\widehat{\Delta})$ 的对偶. 我们将证明 Pontryagin 对偶, 即 $(\widehat{A},\widehat{\Delta})$ 的双对偶同构与 (A,Δ). 这个对偶包含了离散量子群和紧量子群之间的对偶, 将在下一部分讨论这些.

定义 1.7.1 (1) 称 A 为一个代数量子群, 如果 A 是一个正则乘子 Hopf 代数且带有一个非平凡的不变函数.

(2) 设 φ 是一个 A 上的不变函数. 则定义 $\widehat{A}$ 为 A 上的形如 $\varphi(\cdot a)$ 的线性函数构成的空间, 其中 $a\in A$.

$\widehat{A}$ 中元素也会有形式 $\varphi(b\cdot)$, 对一些 b. 如果 ψ 是 A 的一个右不变函数, $\widehat{A}$ 中的元素也可写成 $\psi(\cdot c)$ 和 $\psi(d\cdot)$, 对一些 $c,d\in A$.

现在使 $\widehat{A}$ 成为一般意义下的结合代数.

命题 1.7.2 设 $\omega_1,\omega_2\in\widehat{A}$, 则可以定义一个 A 上的线性函数 $\omega_1\omega_2$ 如下:

$$(\omega_1\omega_2)(x)=(\omega_1\otimes\omega_2)\Delta(x),$$

则 $\omega_1\omega_2\in\widehat{A}$. 这个乘积是非退化的且使得 $\widehat{A}$ 为 $\mathbb{C}$ 上的结合代数.

证明 设 $\omega_1=\varphi(\cdot a_1)$, $\omega_2=\varphi(\cdot a_2)$. 则

$$(\omega_1\otimes\omega_2)\Delta(x)=(\varphi\otimes\varphi)(\Delta(x)(a_1\otimes a_2)),$$

可以看到这对所有的 $x\in A$ 是良定义的, 且给出了一个 A 上的线性函数 $\omega_1\omega_2$. 记

$$a_1\otimes a_2=\sum\Delta(p_i)(q_i\otimes 1).$$

接下来发现

$$(\omega_1\omega_2)(x)=\sum\varphi(q_i)\varphi(xp_i)$$

对所有的 x 成立. 故再次有 $\omega_1\omega_2\in\widehat{A}$.

$\widehat{A}$ 中乘法的结合性可以由 Δ 的余结合性简单得到.

为了证明乘积的非退化性, 假设 $\omega_1\omega_2=0$, 对所有的 ω_2. 则

$$(\varphi\otimes\varphi)(\Delta(x)(a_1\otimes a_2))=0$$

对所有的 x 和 a_2. 这说明

$$(\varphi\otimes\varphi)(pa_1\otimes q)=0$$

对所有的 p,q. 选择 q 使得 $\varphi(q)=1$. 则可得 $\omega_1=0$. 类似地, 对所有的 ω_1, 由 $\omega_1\omega_2=0$ 可得 $\omega_2=0$. □

如果定义 A 中元素 a 的 Fourier 变换 $\widehat{a}$ 为 $\widehat{a}=\varphi(\cdot a)$, 则从前面性质的证明可以看到, A 中两个元素 a_1 和 a_2 的卷积 a_1*a_2 定义为: 当 $a_1\otimes a_2=\sum\Delta(p_i)(q_i\otimes 1)$

时, $a_1 * a_2 = \sum \varphi(q_i)p_i$. 于是就可以使用 $\widehat{A}$ 中的一般公式 $(\widehat{a_1 * a_2}) = \widehat{a}_1\widehat{a}_2$. 显然, 上述定义和交换的情况下是一样的 (离散量子群的情况).

同样希望当 ω_1 或 ω_2 在 $\widehat{A}$ 中时, $\omega_1\omega_2$ 可以被定义. 事实上, 可以证明 $\widehat{A}$ 的乘子代数 $M(\widehat{A})$ 等于空间

$$\{\omega \in A' | (\omega \otimes \iota)\Delta(a) \in A \text{ 且 } (\iota \otimes \omega)\Delta(a) \in A, \text{对所有的 } a \in A\}.$$

这个命题由 Kustermans 给出, 也见文献 [61].

现在同样考虑 $*$ 代数的情况.

命题 1.7.3　如果 (A, Δ) 是一个乘子 Hopf $*$ 代数, 则对所有的 $\omega \in \widehat{A}$, 定义 $\omega^* \in \widehat{A}$ 如下:

$$\omega^*(x) = \omega(S(x)^*)^-.$$

则 $\widehat{A}$ 是一个 $*$ 代数.

证明　设 $\omega = \varphi(\cdot a)$. 则

$$\omega^*(x) = \varphi(S(x)^* a)^- = \varphi(S(xS(a)^*)^*)^- = \psi(xS(a)^*),$$

其中 $\psi(y) = \varphi(S(y)^*)^-$. 不难看出 ψ 是右不变的. 故 $\omega^* \in \widehat{A}$.

因为对所有的 x, $S(S(x)^*)^* = x$, 所以显然有 $\omega^{**} = \omega$. 自然地, 由 Δ 是 $*$ 同态和 $(S \otimes S)\Delta = \Delta' S$ 可得 $(\omega_1\omega_2)^* = \omega_2^*\omega_1^*$. □

现在定义 $\widehat{A}$ 上的余乘 $\widehat{\Delta}$, 可以利用公式 $\widehat{\Delta}(\omega)(x \otimes y) = \omega(xy)$. 则首先可以得到一个从 $\widehat{A}$ 到 $(A \otimes A)'$ 的映射. 采用一不同的方法定义: 通过定义 $\widehat{A} \otimes \widehat{A}$ 中元素 $\widehat{\Delta}(\omega_1)(1 \otimes \omega_2)$ 和 $(\omega_1 \otimes 1)\widehat{\Delta}(\omega_2)$ 来定义 $\widehat{\Delta}$, 其中 $\omega_1, \omega_2 \in \widehat{A}$.

定义 1.7.4　设 $\omega_1, \omega_2 \in \widehat{A}$. 定义

$$\begin{aligned}((\omega_1 \otimes 1)\widehat{\Delta}(\omega_2))(x \otimes y) &= (\omega_1 \otimes \omega_2)(\Delta(x)(1 \otimes y)),\\ (\widehat{\Delta}(\omega_1)(1 \otimes \omega_2))(x \otimes y) &= (\omega_1 \otimes \omega_2)((x \otimes 1)\Delta(y)).\end{aligned}$$

这事实上就是我们期待的公式: 如果 $\varepsilon \in \widehat{A}$, 则这等价于 $\widehat{\Delta}(\omega)(x \otimes y) = \omega(xy)$. 首先指出这些公式是良定义, 且它属于 $\widehat{A} \otimes \widehat{A}$.

引理 1.7.5　如果 $\omega_1, \omega_2 \in \widehat{A}$, 则 $\widehat{\Delta}(\omega_1)(1 \otimes \omega_2)$, $(\omega_1 \otimes 1)\widehat{\Delta}(\omega_2)$ 都属于 $\widehat{A} \otimes \widehat{A}$.

证明　设 $\omega_1 = \psi(a_1 \cdot)$ 和 $\omega_2 = \psi(a_2 \cdot)$, 其中 ψ 是右不变的. 记

$$a_1 \otimes a_2 = \sum (1 \otimes p_i)\Delta(q_i).$$

则

$$\begin{aligned}(\omega_1 \otimes \omega_2)(\Delta(x)(1 \otimes y)) &= \sum (\psi \otimes \psi)((1 \otimes p_i)\Delta(q_i x)(1 \otimes y))\\ &= \sum \psi(q_i x)\psi(p_i y)\end{aligned}$$

对所有的 $x, y \in A$. 因此 $(\omega_1 \otimes 1)\widehat{\Delta}(\omega_2)$ 是 $\widehat{A} \otimes \widehat{A}$ 中良定义的元素. 类似地, $\widehat{\Delta}(\omega_1)(1 \otimes \omega_2) \in \widehat{A} \otimes \widehat{A}$, 但是此时使用 $\omega_1 = \varphi(\cdot a_1)$ 和 $\omega_2 = \varphi(\cdot a_2)$, 其中 φ 是左不变的. □

为了证明对所有的 $\omega \in \widehat{A}$, 我们的确定义了一个乘子 $\widehat{\Delta}(\omega) \in M(\widehat{A} \otimes \widehat{A})$, 必须证明: 对所有的 $\omega_1, \omega_2, \omega_3 \in \widehat{A}$, 有

$$((\omega_1 \otimes 1)\widehat{\Delta}(\omega_2))(1 \otimes \omega_3) = (\omega_1 \otimes 1)(\widehat{\Delta}(\omega_2)(1 \otimes \omega_3)),$$

故 $\widehat{\Delta}$ 是从 $\widehat{A}$ 到 $M(\widehat{A} \otimes \widehat{A})$ 的良定义映射.

命题 1.7.6 $\widehat{\Delta}$ 是代数同态.

证明 取 $\omega_1, \omega_2, \omega_3 \in \widehat{A}$, $x, y \in A$. 一方面, 有

$$\begin{aligned}(\widehat{\Delta}(\omega_1\omega_2)(1 \otimes \omega_3))(x \otimes y) &= (\omega_1\omega_2 \otimes \omega_3)((x \otimes 1)\Delta(y)) \\ &= (\omega_1 \otimes \omega_2 \otimes \omega_3)((\Delta(x) \otimes 1)\Delta^{(2)}(y)).\end{aligned}$$

另一方面

$$\widehat{\Delta}(\omega_2)(1 \otimes \omega_3) = \sum \omega_i' \otimes \omega_i''.$$

则

$$\begin{aligned}&\widehat{\Delta}(\omega_1)(\widehat{\Delta}(\omega_2)(1 \otimes \omega_3))(x \otimes y) \\ =&\sum (\widehat{\Delta}(\omega_1)(\omega_i' \otimes \omega_i''))(x \otimes y) \\ =&\sum (\omega_i' \otimes (\widehat{\Delta}(\omega_1)(1 \otimes \omega_i'')))(\Delta'(x) \otimes y) \\ =&\sum (\omega_i' \otimes \omega_1 \otimes \omega_i'')((\Delta'(x) \otimes 1)(1 \otimes \Delta(y))).\end{aligned}$$

现在, 用 $\Delta_{13}(y)$ 表示 $\Delta(y)$ 在映射 $a \otimes b \to a \otimes 1 \otimes b$ 下的象. 则表达式变成

$$\begin{aligned}&\sum (\omega_1 \otimes \omega_i' \otimes \omega_i'')((\Delta(x) \otimes 1)\Delta_{13}(y)) \\ =&(\omega_1 \otimes (\widehat{\Delta}(\omega_2)(1 \otimes \omega_3)))((\Delta(x) \otimes 1)\Delta_{13}(y)) \\ =&(\omega_1 \otimes \omega_2 \otimes \omega_3)((\Delta(x) \otimes 1)\Delta^{(2)}(y)).\end{aligned}$$

因此 $\widehat{\Delta}(\omega_1\omega_2)(1 \otimes \omega_3) = \widehat{\Delta}(\omega_1)\widehat{\Delta}(\omega_2)(1 \otimes \omega_3)$, 且 $\widehat{\Delta}$ 是同态. □

下一步将要证明 $(\widehat{A}, \widehat{\Delta})$ 是正则乘子 Hopf 代数.

命题 1.7.7 $(\widehat{A}, \widehat{\Delta})$ 是一个正则乘子 Hopf 代数. 对极 $\widehat{S}$ 是 S 的对偶, 且余单位 $\widehat{\varepsilon}$ 由元素在 1 上的赋值给出.

证明 与引理 1.7.5 的证明很类似, 同样有 $(1 \otimes \omega_1)\widehat{\Delta}(\omega_2)$ 和 $\widehat{\Delta}(\omega_1)(\omega_2 \otimes 1)$ 属于 $\widehat{A} \otimes \widehat{A}$. 只要选择 ω_1 和 ω_2 的一个适当的表示.

为了证明 $(\widehat{A},\widehat{\Delta})$ 是一个正则乘子 Hopf 代数, 必须说明那四个映射 $T_i, i=1,2,3,4$ 是双射. 只证其中之一, 比如 T_1, 其余的完全类似.

假设 $\omega_i', \omega_i'' \in \widehat{A}$, 且

$$\sum \widehat{\Delta}(\omega_i')(1\otimes \omega_i'')=0.$$

则对所有的 $x,y\in A$, 有

$$\sum (\omega_i'\otimes \omega_i'')((x\otimes 1)\Delta(y))=0.$$

这可推出

$$\sum (\omega_i'\otimes \omega_i'')(u\otimes v)=0$$

对所有的 $u,v\in A$. 因此 $\sum \omega_i'\otimes \omega_i''=0$. 这就证明了 T_1 是单射.

另一方面, 设 $\omega_1=\varphi(\cdot a_1)$, $\omega_2=\varphi(\cdot a_2)$, 且

$$\Delta(a_2)(a_1\otimes 1)=\sum p_i\otimes q_i.$$

则对所有的 x,y, 有

$$\begin{aligned}(\omega_1\otimes\omega_2)(x\otimes y)&=\varphi(xa_1)\varphi(ya_2)\\&=(\varphi\otimes\varphi)((x\otimes 1)\Delta(ya_2)(a_1\otimes 1))\\&=\sum(\varphi\otimes\varphi)((x\otimes 1)\Delta(y)(p_i\otimes q_i)).\end{aligned}$$

设 $\omega_i'=\varphi(\cdot p_i)$ 和 $\omega_i''=\varphi(\cdot q_i)$, 则

$$\begin{aligned}(\omega_1\otimes\omega_2)(x\otimes y)&=\sum(\omega_i'\otimes\omega_i'')((x\otimes 1)\Delta(y))\\&=\sum(\widehat{\Delta}(\omega_i')(1\otimes\omega_i''))(x\otimes y).\end{aligned}$$

故映射 T_1 :

$$\sum \omega_i'\otimes\omega_i''\to\sum\widehat{\Delta}(\omega_i')(1\otimes\omega_i'')$$

也是满射.

明显地, 有

$$(\widehat{\Delta}(\omega_1)(1\otimes\omega_2))(1\otimes x)=(\omega_1\otimes\omega_2)(\Delta(x))=(\omega_1\omega_2)(x).$$

故 $\widehat{\varepsilon}$ 是在 1 上的赋值.

对于对极, 考虑表达式

$$m(\widehat{S}\otimes\iota)(\widehat{\Delta}(\omega_1)(1\otimes\omega_2)),$$

其中 $\widehat{S}$ 是 S 的对偶. 对 $x \in A$, 计算得出

$$\begin{aligned}&(\widehat{\Delta}(\omega_1)(1 \otimes \omega_2))((S \otimes \iota)\Delta(x))\\ =&(\omega_1 \otimes \omega_2)((m \otimes \iota)(S \otimes \iota \otimes \iota)\Delta^{(2)}(x))\\ =&\omega_1(1)\omega_2(x) = \widehat{\varepsilon}(\omega_1)\omega_2(x).\end{aligned}$$

故 $(\widehat{A}, \widehat{\Delta})$ 也是一个乘子 Hopf 代数且也是正则的. □

如果 (A, Δ) 是一个乘子 Hopf* 代数, 则 $(\widehat{A}, \widehat{\Delta})$ 也是一个乘子 Hopf* 代数. 必然有 $\widehat{\Delta}$ 是一个 $*$ 同态. 这是容易验证的.

对偶的下一步是说明 $(\widehat{A}, \widehat{\Delta})$ 上存在非平凡的不变函数.

命题 1.7.8 如果 φ 是 A 的一个左不变函数, ψ 是 A 的右不变函数, 则

$$\begin{aligned}\widehat{\psi}(\omega) = \varepsilon(a), \quad &\text{当 } \omega = \varphi(\cdot a),\\ \widehat{\varphi}(\omega) = \varepsilon(a), \quad &\text{当 } \omega = \psi(a\cdot)\end{aligned}$$

分别定义了 $(\widehat{A}, \widehat{\Delta})$ 的一个右不变函数和一个左不变函数.

证明 设 $\omega_1 = \varphi(\cdot a_1)$, $\omega_2 = \varphi(\cdot a_2)$, 且记 $a_1 \otimes a_2 = \sum \Delta(p_i)(q_i \otimes 1)$. 和前面类似

$$\begin{aligned}(\widehat{\Delta}(\omega_1)(1 \otimes \omega_2))(x \otimes y) &= (\omega_1 \otimes \omega_2)((x \otimes 1)\Delta(y))\\ &= \sum (\varphi \otimes \varphi)((x \otimes 1)\Delta(yp_i)(q_i \otimes 1))\\ &= \sum \varphi(xq_i)\varphi(yp_i).\end{aligned}$$

因此

$$(\widehat{\psi} \otimes \iota)(\widehat{\Delta}(\omega_1)(1 \otimes \omega_2)) = \varphi(\cdot c),$$

其中 $c = \sum \varepsilon(q_i)p_i$. 但是 $\sum \varepsilon(q_i)p_i = \varepsilon(a_1)a_2$. 所以

$$(\widehat{\psi} \otimes \iota)(\widehat{\Delta}(\omega_1)(1 \otimes \omega_2)) = \varepsilon(a_1)\omega_2 = \widehat{\psi}(\omega_1)\omega_2.$$

这说明 $\widehat{\psi}$ 是右不变的.

类似的论证可以得出 $\widehat{\varphi}$ 是左不变的. □

在此情况下, 也可以看到对一个带有正不变线性函数的乘子 Hopf* 代数 (A, Δ) 会有什么结论. 首先要注意, 如果存在一个正的左不变函数, 则必有一个正的右不变函数, 这在文献 [66] 中已证明. 当 $S^2 = id$ 时, 这是明显的, 因为此时 S 是一个 $*$ 反同态, 所以 $\varphi(S(x^*x)) = \varphi(S(x)S(x)^*)$, 对所有的 x 都成立. 然而一般情况下, 这个结论很不明显, 见文献 [63]. 我们不会在本书中使用这个结论.

命题 1.7.9 如果 φ 是一个乘子 Hopf* 代数上的一个正的左不变函数, 则 $\widehat{\psi}$ 是 $(\widehat{A},\widehat{\Delta})$ 上的一个正的右不变函数. 类似地, 如果 ψ 是正的右不变的, 则 $\widehat{\varphi}$ 是正的左不变的.

证明 设 $\omega=\varphi(\cdot a)$. 则

$$\begin{aligned}\omega^*(x)&=\omega(S(x)^*)^-=\varphi(S(x)^*a)^-\\&=\varphi(S(xS(a)^*)^*)^-=\varphi(S(xS(a)^*)).\end{aligned}$$

令 $\psi=\varphi\circ S$, 则

$$(\omega^*\omega)(x)=(\omega^*\otimes\omega)\Delta(x)=(\psi\otimes\varphi)(\Delta(x)(S(a)^*\otimes a)).$$

记 $S(a)^*\otimes a=\sum\Delta(p_i)(q_i\otimes 1)$, 则 $(\omega^*\omega)(x)=\sum\psi(q_i)\varphi(xp_i)$. 所以 $\widehat{\psi}(\omega^*\omega)=\sum\varepsilon(p_i)\psi(q_i)=\sum\varepsilon(p_i)\varphi(S(q_i))$. 则现在有

$$\begin{aligned}\sum\varepsilon(p_i)S(q_i)&=\sum m(S\otimes\iota)(\Delta(p_i)(q_i\otimes 1))\\&=S(S(a)^*)a=a^*a.\end{aligned}$$

因此 $\widehat{\psi}(\omega^*\omega)=\varphi(a^*a)$. 类似地可得其他结论. □

注 此处得到 Plancherel 公式. 我们看到, 有一个 (A,Δ) 上的左不变函数和对偶上的右不变函数. 将此与命题 1.7.8 中的 $\widehat{\varphi}$ 和 $\widehat{\psi}$ 的定义相比较. 这里同样地, $\widehat{\psi}$ 是由 φ 对偶定义的. 如果在 $\widehat{A}$ 上定义反余乘, 将有一个两边都带有左不变函数的 Plancherel 公式.

不管怎么说, 需要注意的是可以做不同的选择. 我们的选择是根据 Plancherel 公式和双对偶定理的形式.

综上所述, 有如下定理:

定理 1.7.10 (正则乘子 Hopf 代数对偶定理) 如果 (A,Δ) 是一个代数量子群, 则它的对偶 $(\widehat{A},\widehat{\Delta})$, 如前定义的, 也是一个代数量子群. 如果 (A,Δ) 是一个带有正左不变函数的乘子 Hopf* 代数, 则 $(\widehat{A},\widehat{\Delta})$ 是一个带有正右不变函数的乘子 Hopf* 代数.

从一般理论中可知, $\widehat{\varphi}$ 和 $\widehat{\psi}$ 必满足弱 K.M.S. 性质. 事实上, 这是下述引理的一个简单结果, 需要这个引理来证明定理 1.7.12 中的 Pontryagin 对偶定理.

引理 1.7.11 设 $\omega=\varphi(\cdot a)$ 且设 ω_1 是 $\widehat{A}$ 中其他任一元素. 则 $\widehat{\psi}(\omega_1\omega)=\omega_1(S^{-1}(a))$.

证明 设 $\omega_1=\varphi(\cdot a_1)$. 记 $a_1\otimes a=\sum\Delta(p_i)(q_i\otimes 1)$. 则

$$(\omega_1\omega)(x)=\sum\varphi(q_i)\varphi(xp_i).$$

因此 $\widehat{\psi}(\omega_1\omega) = \sum \varepsilon(p_i)\varphi(q_i)$. 如证明, 有

$$\sum \varepsilon(p_i)q_i = S^{-1}(S(a_1a)) = S^{-1}(a)a_1.$$

所以 $\widehat{\psi}(\omega_1\omega) = \varphi(S^{-1}(a)a_1) = \omega_1(S^{-1}(a))$. □

定理 1.7.12 (Pontryagin 对偶) 设 (A, Δ) 是一个代数量子群. 令 $(\widehat{A}, \widehat{\Delta})$ 是其对偶. 对任意的 $a \in A$ 和 $w \in \widehat{A}$, 定义 $\Gamma(a)(\omega) = \omega(a)$. 则 $\Gamma(a) \in \hat{\hat{A}}$, 且 Γ 是一个 (A, Δ) 和 $(\widehat{A}, \widehat{\Delta})$ 的对偶 $(\hat{\hat{A}}, \widehat{\widehat{\Delta}})$ 的同构. 如果 (A, Δ) 是一个乘子 Hopf$*$ 代数, 则 Γ 是一个 $*$ 同构.

证明 取 $a \in A$ 且定义 $\omega = \varphi(\cdot S(a))$. 则从前面的引理, 有 $\widehat{\psi}(\cdot\omega) = \Gamma(a)$. 所以 $\Gamma(a) \in \hat{\hat{A}}$. 同样, 每一个 $\hat{\hat{A}}$ 中的元素都具有这样的形式. 如果 $\Gamma(a) = 0$, 则对所有的 $\omega \in \widehat{A}$ 和 $a = 0$, $\omega(a) = 0$. 所以 Γ 是 A 和 $\hat{\hat{A}}$ 的一个线性空间同构.

从乘积和余乘积的定义来对偶命题 1.7.2 和定义 1.7.4, 同时注意到定义 1.7.4 中的对称性, 得到 Γ 是一个乘子 Hopf 代数同构.

为了证明最后一句话, 任取 $a \in A$ 和 $\omega \in \widehat{A}$, 注意到

$$\begin{aligned}\Gamma(a)^*(\omega) &= \Gamma(a)(S(\omega)^*)^- = S(\omega)^*(a)^- \\ &= S(\omega)(S(a)^*) = \omega(S(S(a)^*)) \\ &= \omega(a^*) = \Gamma(a^*)(\omega).\end{aligned}$$

这里有另外一个从 A 到 $\hat{\hat{A}}$ 的映射成为重复 Fourier 变换 $a \to \hat{\hat{a}}$. 这需要选择合适的 ψ(就是我们需要的 $\widehat{\varphi}$). 如果取 $\psi = \varphi \circ S^{-1}$, 则得到 $\hat{\hat{a}} = S(\sigma^{-1}(a))$, 其中 σ 是 φ 模自同构 (在 1.5 节介绍). □

注 1.7.13 有了乘子 Hopf 代数的对偶, 我们就可以建立 Drinfeld 量子偶及其相应的理论, 见文献 [16–28, 36, 105, 112–120].

1.8 特殊情况和例子

首先考虑有限维的情况. 不难看出, 一个有限维乘子 Hopf 代数必含有单位. 因此, 它是一个 Hopf 代数. 在这种情况下, 对极是双射, 所以自动是正则的.

同样地, 有限维 Hopf 代数有一个唯一的非零不变函数[1,81]. 下面将给出一个简单直接的证明. 使用与前面类似的方法, 同样包含其对偶情况也含有不变函数.

命题 1.8.1 设 (A, Δ) 是一个有限维 Hopf 代数. 则存在唯一的非零左不变函数和右不变函数. 同样存在唯一的非零元 h 和 k 使得 $ah = \varepsilon(a)h$ 和 $ka = \varepsilon(a)k$, 对所有的 $a \in A$ 成立 (其中 ε 是余单位).

证明 对任意的 $a \in A$ 和对偶空间 A' 中的 ω, 定义 A 上的线性映射 $\pi(a)$ 和 $\pi(\omega)$ 为 $\pi(a)x = ax$, $\pi(\omega)x = (\omega \otimes \iota)\Delta(x)$, 对任意的 $x \in A$. 显然 $\pi(ab) = \pi(a)\pi(b)$

且 $\pi(\omega\rho) = \pi(\rho)\pi(\omega)$, 对所有的 $a, b \in A$ 和 $\omega, \rho \in A'$. 现在定义一个线性映射 $\Gamma : (A' \otimes A) \to L(A)$ 为 $\Gamma(\omega \otimes a) = \pi(\omega)\pi(a)$, 其中 $L(A)$ 为 $A \to A$ 的线性映射.

首先证明 Γ 是双射. 因为 $A' \otimes A$ 和 $L(A)$ 具有相同的维数, 则这足够说明 Γ 是单射.

因此, 假设 $\sum \pi(\omega_i)\pi(a_i) = 0$. 则对所有的 $x, y \in A$, 有

$$\sum (\omega_i \otimes \iota)(\Delta(a_i)(\Delta(x)(1 \otimes y))) = 0.$$

且因此对所有的 $z \in A$, 有

$$\sum (\omega_i \otimes \iota)(\Delta(a_i)(z \otimes 1)) = 0.$$

类似于性质 1.6.4 中的证明, 用 Δ 和 S 作用后, 得到

$$\sum \omega_i(a_{i(1)}z)S(a_{i(2)}) \otimes a_{i(3)} = 0.$$

这对所有的 z 都成立且可以用 $S(a_{i(2)})z$ 来代替 z, 可得 $\sum \omega_i(z)a_i = 0$, 对所有的 z 成立. 这就证明出 Γ 是双射.

现在考虑映射 $x \to \varepsilon(x)1$. 写成 $\Gamma\left(\sum \omega_i \otimes a_i\right) = \sum \pi(\omega_i)\pi(a_i)$. 因为 $\varepsilon(ax) = \varepsilon(a)\varepsilon(x)$ 和 $\pi(\omega)1 = \omega(1)1$, 得到

$$\Gamma\left(\sum \omega_i\omega \otimes a_i a\right) = \omega(1)\varepsilon(a)\left(\sum \omega_i \otimes a_i\right).$$

由 Γ 的单射性质, 必有

$$\sum \omega_i\omega \otimes a_i a = \sum \omega(1)\omega_i \otimes \varepsilon(a)a_i$$

对所有的 $a \in A$ 和 $\omega \in A'$ 成立.

首先, 取 $a = 1$, 选择 ρ 且定义 $\psi = \sum \omega_i\rho(a_i)$. 则 $\psi\omega = \omega(1)\psi$. 对一些 ρ, 必有 $\psi \neq 0$. 这就说明了非零右不变函数的存在性. 接下来, 在上面公式中, 取 $\omega = \varepsilon$, 选择 b 定义 $k = \sum \omega_i(b)a_i$. 则 $ka = \varepsilon(a)k$. 一样地, 对一些 b 必有 $k \neq 0$.

为了证明 ψ 和 k 的唯一性, 利用对所有的 $\pi(\psi)\pi(k)x = \varepsilon(x)\psi(k)1$ 且使用 Γ 的单射性质. 同样有 $\psi(k) \neq 0$.

类似地, 用 S 作用后, 得到一个唯一的非零左不变函数 φ 和唯一的非零元素 h 使得 $ah = \varepsilon(a)h$, 对所有的 $a \in A$. □

这些函数 φ 和 ψ 必定是忠实的. 如果对所有的 x, $\psi(ax) = 0$, 则对所有的 x, $\pi(\psi)\pi(a)x = 0$ 且由 Γ 的单射性质有 $a = 0$. Γ 单射性质和不变函数的忠实性都可以同样得出.

由上面的证明可以写出 $\psi \otimes k$ 的另一个表示. 设 (e_i) 是 A 的一组基, 设 (f_i) 是 A' 中它的对偶基. 有

$$\psi \otimes k = \sum (S(f_i))(S(e_{i(1)}\cdot) \otimes e_{i(2)}.$$

事实上, 如果用 Γ 去作用在右边且这些都作用在 x 上, 可得

$$\begin{aligned}\sum (S(f_i))(S(e_{i(1)})e_{i(2)}x_{(1)})e_{i(3)}x_{(2)} &= \sum (S(f_i))(x_{(1)})e_i x_{(2)} \\ &= \sum S(x_{(1)})x_{(2)} = \varepsilon(x)1,\end{aligned}$$

当假设 $\psi(k) = 1$ 时, 这就是 $\Gamma(\psi \otimes k)(x)$.

在文献 [113] 中, 直接使用了这个公式来证明 A 上不变函数的存在性和其对偶.

命题 1.6.11 也说明了不变函数自动满足弱 K.M.S. 性质. 在有限维的情况下, 这已经说明了忠实性. 事实上, 若 ω 是一个有限维代数上的忠实函数, 由维数自然地有

$$A' = \{\omega(a\cdot) | a \in A\} = \{\omega(\cdot a) | a \in A\}.$$

所以所有的有限维 Hopf 代数都在我们考虑之中. 自然地, 在 1.6 节定义的它的对偶, 确切地说就是 Hopf 代数 A'.

文献 [113] 中给出了一个简单的、非平凡的有限维 Hopf 代数的例子, 可以举例说明在理论中使用各种不同的对象 $\psi, \varphi, \delta, \sigma, \tau$. 这一节将给出另外的一些与有限维相关的例子, 这些例子说明了两个特殊情况.

定义 1.8.2 设 (A, Δ) 是一个代数量子群. 称 (A, Δ) 是*紧型的*, 如果 A 含有单位元 (即 A 是 Hopf 代数). 称 (A, Δ) 是*离散型的*, 如果 A 中存在非零元 h 使得 $ah = \varepsilon(a)h$, 对所有的 $a \in A$. 这里的元素 h 以后也称为 A 的*左余积分*.

从定义来看, 紧量子群, 如文献 [36], [150] 中所定义的, 是属于紧型的. 因为在这种情况下, $\varphi = \psi$, 称其为幺模的.

注 对一个离散型的代数来说, h 是唯一的. 如果假设 $k = S(h)$, 则 $ka = \varepsilon(a)k$. 必有 $h = k$ 或者 $\varepsilon(h) = \varepsilon(k) = 0$, 因为 $kh = \varepsilon(k)h = \varepsilon(h)k$. 如果 $h = k$, 则称 (A, Δ) 是*余幺模的*. 离散量子群, 如文献 [42, 111] 中所定义的, 是乘子 Hopf 代数, 其底代数是全矩阵代数的直和. 它们是离散型和余幺模的.

离散交换群和紧交换群之间的对偶可以推广到如下结论:

命题 1.8.3 设 (A, Δ) 是一个代数量子群. 如果 (A, Δ) 是离散型的, 则其对偶 $(\widehat{A}, \widehat{\Delta})$ 是紧型的. 如果 (A, Δ) 是紧型的, 则其对偶 $(\widehat{A}, \widehat{\Delta})$ 是离散型的.

证明 首先假设 (A, Δ) 是离散型的. 令 h 是一个非零元且使得 $ah = \varepsilon(a)h$ 对所有的 a 成立. 令 φ 是一个 A 上的左不变函数. 则 $\varphi(xh) = \varepsilon(x)\varphi(h)$ 对所有的

x 都成立. 如同前面已经看到的, 由于 φ 是忠实的, 必有 $\varphi(h) \neq 0$. 这样, $\varepsilon \in \widehat{A}$ 且 $\widehat{A}$ 含有单位元. 因此 $(\widehat{A}, \widehat{\Delta})$ 是紧型的.

现在假设 (A, Δ) 是紧型的. 令 φ 是一个非零的左不变函数. 由于 A 含有单位元, $\varphi \in \widehat{A}$. 但是由于左不变函数意味着 $\omega\varphi = \omega(1)\varphi$, 同样地, $\omega(1) = \widehat{\varepsilon}(\omega)$. 所以, $(\widehat{A}, \widehat{\Delta})$ 是离散型的. □

现在将这两个概念和有限维的情况联系起来. 这就是命题 1.8.1 的结果, 如果 A 是有限维的, 则 (A, Δ) 既是紧型的又是离散型的. 反之, 有

命题 1.8.4 如果 (A, Δ) 既是紧型的又是离散型的, 则 A 是有限维的.

证明 取定义中元素 h 和左不变函数 φ 使得 $\varphi(h) = 1$. 与前面类似, 有 $(a \otimes 1)\Delta(h) = (1 \otimes S^{-1}(a))\Delta(h)$ 对所有的 a 成立. 现在用 $\iota \otimes \varphi$ 作用得

$$a = \sum h_{(1)}\varphi(S^{-1}(a)h_{(2)})$$

对所有的 a 成立. 这说明 A 是由有限个元素张成的, 所以它是有限维的. □

在另一个例子之前, 注意离散型的乘子 Hopf 代数可以在文献 [130] 中有更系统的学习. 在那篇文章中可以看到, 如果一个正则乘子 Hopf 代数含有一个非零元 h 使得 $ah = \varepsilon(a)h$ 对所有的 a 成立, 则不变函数的存在就是显然的. 所以, 余积分的存在性对积分的存在性是充分的.

在文献 [130] 中也包含了使得以 A 为底代数的乘子 Hopf 代数 (A, Δ) 是离散型的充分条件. 一种条件是 A 没有本质非平凡理想. 这是 A 为矩阵代数直和的情况. 所以, 特别地, 文献 [130] 中有如下结论:

命题 1.8.5 如果 (A, Δ) 是一个正则乘子 Hopf 代数且 A 是矩阵代数的直和, 则 A 含有不变函数且是离散型的.

这个结论的证明可以在文献 [111] 中找到. 在文献 [130] 中稍微做了推广, 这里是一个简略的证明.

ε 的核是一个双边理想. 由 A 的结构, 存在非零元 h 使得 $ah = ha = \varepsilon(a)h$ 对所有的 $a \in A$ 成立. 对这个元素 h, 有

$$\Delta(h)(a \otimes 1) = \Delta(h)(1 \otimes S(a)),$$
$$(1 \otimes a)\Delta(h) = (S(a) \otimes 1)\Delta(h).$$

利用上述公式, 可看到任意 $a \in A$ 可以唯一地写成 $(\omega \otimes \iota)\Delta(h)$, 其中 ω 是建立在 A 的有限支撑上的线性函数. 这就说明了像这种形式的元素是双边理想. 如果这不对所有的 A 中的元素成立, 则有非零元素 b 使得

$$(\omega \otimes \iota)(\Delta(h)(1 \otimes b)) = ((\omega \otimes \iota)\Delta(h))b = 0$$

对所有这样的 ω. 这说明 $\Delta(h)(1\otimes b)=0$ 和 $b=0$. 类似地, 任意元素 a 具有形式 $(\iota\otimes\omega)\Delta(h)$. 结合这两个结论, 于是这些表示的唯一性成立.

接下来, 左不变函数定义为 $\varphi((\omega\otimes\iota)\Delta(h))=\omega(1)$, 其中有意义的 ω 只是在有限分支上. 不难看出 φ 是左不变的. 对于右不变函数是类似的.

在文献 [111] 中, 只有 * 代数的情况被考虑到了. 在那种情况下, 在一个好的 * 代数中有 $h^*=\varepsilon(h^*)h$, 这说明 $\varepsilon(h)\neq 0$, 所以这是余幺模的情况. 文献 [130] 中做了更进一步推广.

现在考虑一个特例, 这是一对紧型的和离散型的乘子 Hopf 代数.

命题 1.8.6 设 $\lambda\in\mathbb{C}$ 且假设 λ 是 1 的根, 但是 $\lambda\neq\pm1$. 令 n 是使得 $\lambda^{2n}=1$ 的最小自然数. 设 A 是 $\mathbb{C}$ 上含有单位元的代数, 它是由 a,b 生成的且使得 a 是可逆的 $ab=\lambda ba$, $b^n=0$. 则 A 如果满足

$$\Delta(a)=a\otimes a,$$
$$\Delta(b)=a\otimes b+b\otimes a^{-1},$$

则 A 是一个 Hopf 代数.

证明[112] 为了证明余乘的存在性, 充分证明了元素 $a\otimes a$ 和 $a\otimes b+b\otimes a^{-1}$ 与 a 和 b 满足一些关系. 明显地有 $a\otimes a$ 是可逆的且有这些元素和 a 与 b 满足相同的交换性. 所以, 要验证 $(a\otimes b+b\otimes a^{-1})^n=0$.

当 $q=1,2,\cdots,n$ 时,

$$(a\otimes b+b\otimes a^{-1})^q=\sum_{k=0}^{q}C_k^q a^k b^{q-k}\otimes a^{k-q}b^k,$$

其中 $C_0^q=C_q^q=1$,

$$C_k^q=\frac{r_1r_2\cdots r_q}{r_1\cdots r_k r_1\cdots r_{q-k}}.$$

当 $k=1,2,\cdots,q-1$ 时, 且其中

$$r_j=\frac{\lambda^j-\lambda^{-j}}{\lambda-\lambda^{-1}},$$

对 $j=1,2,\cdots,n$.

通过 n 的定义知道, 除了 $j=n$ 的情况, $r_j\neq 0$. 这就意味着 $C_k^n=0$ 对任意的 $k\neq 0$ 和 $k\neq n$. 所以

$$(a\otimes b+b\otimes a^{-1})^n=a^nb^n\otimes a^{-1}b^n=0.$$

这说明 Δ 是 A 到 $A \otimes A$ 的良定义的同态. 它的余结合性是由于在 a, a^{-1} 和 b 上有 $(\Delta \otimes \iota)\Delta = (\iota \otimes \Delta)\Delta$.

如果设 $\varepsilon(a) = 1$ 和 $\varepsilon(b) = 0$, 证明得到一个余单位, 而且如果令 $S(a) = a^{-1}$ 和 $S(b) = -\lambda^{-1}b$, 则得到一个对极. □

接下来不再详细说明指标的范围. 这些通过上下文是显然的. 例如写 $a^p b^q$, 这就说明 $p \in \mathbb{Z}$ 且 $q = 0, 1, \cdots, n-1$. 这在接下来引理中会用到.

引理 1.8.7 形式为 $a^p b^q$ 的元素是 A 的基.

证明 首先注意的是这些元素可以张成 A. 所以只要证明它们是线性无关的. 考虑线性空间 V, 由基 $\{e_{pq} | p \in \mathbb{Z}, q = 0, 1, \cdots, n-1\}$. 设 A 如下作用在 V 上:

$$
\begin{aligned}
ae_{pq} &= e_{p+1,q}, \\
be_{pq} &= \lambda^{-p} e_{p,q+1},
\end{aligned}
$$

其中 $e_{pn} = 0$, 则现在可以确定作用是良定义的. 假设 $\sum c_{rs} a^r b^s = 0$. 如果将其用在 $e_{0,0}$ 上, 可得 $\sum c_{rs} e_{rs} = 0$. 这说明对所有的 r, s, 有 $c_{rs} = 0$. □

注意, 在引理 1.8.7 中, 可以看到, 事实上用 A 的表示来给出左乘子的. 现在来建立左右不变函数.

命题 1.8.8 定义 A 上的一个线性函数 φ 为: 除 $p = -n+1$ 且 $q = n-1$ 外, $\varphi(a^p b^q) = 0$, 其中取 $\varphi(a^{-n+1} b^{n-1}) = 1$. 类似地, 定义 A 上的另一个线性函数 ψ 为: 除 $\psi(a^{n-1} b^{n-1}) = 1$ 外, 其余 $\psi(a^p b^q) = 0$, 则 φ 是左不变的且 ψ 是右不变的.

证明 任取 $p \in \mathbb{Z}$, 则有 $(\iota \otimes \varphi)\Delta(a^p) = \varphi(a^p)a^p = 0 = \varphi(a^p)1$. 同样令 $q = 1, 2, \cdots, n-2$. 则 $\Delta(a^p b^q)$ 不再包含 b 的超过 $n-2$ 次幂的项, 所以同样有 $(\iota \otimes \varphi)\Delta(a^p b^q) = 0 = \varphi(a^p b^q)1$. 现在

$$
\begin{aligned}
(\iota \otimes \varphi)\Delta(a^p b^{n-1}) &= \sum_{k=0}^{n-1} C_k^{n-1} \varphi(a^{k+1+p-n} b^k) a^{p+k} b^{n-1-k} \\
&= C_{n-1}^{n-1} \varphi(a^p b^{n-1}) a^{p+n-1}.
\end{aligned}
$$

如果 $p \neq -n+1$, 则得到 0, 而如果 $p = -n+1$, 则得到 1. 所以在所有的情况下可再次得到

$$
(\iota \otimes \varphi)\Delta(a^p b^{n-1}) = \varphi(a^p b^{n-1})1,
$$

这说明 φ 是左不变的. 类似可得 ψ 是右不变的. 但是也可以用 S 作用在 φ 来得到 ψ(的纯量乘法). □

不难验证所有的左右不变函数都有这种形式.

φ 和 ψ 是不同的 $(\varphi(1) = \psi(1) = 0)$, 于是得到一个非幺模 (乘子)Hopf 代数 (是紧型的).

由下面的性质可以得到模元素 δ.

命题 1.8.9 如果设 $\delta = a^{-2n+2}$, 则对所有的 $x \in A$, 有 $(\varphi \otimes \iota)\Delta(x) = \varphi(x)\delta$.

证明 同样地, 只考虑形式为 $a^p b^{n-1}$ 的元素 x, 则有

$$\begin{aligned}(\varphi \otimes \iota)\Delta(a^p b^{n-1}) &= \sum_{k=0}^{n-1} C_k^{n-1} \varphi(a^{p+k} b^{n-1-k}) a^{k+1+p-n} b^k \\ &= C_0^{n-1} \varphi(a^p b^{n-1}) a^{p+1-n}.\end{aligned}$$

当 $p \neq -n+1$ 时为 0, 而当 $p = -n+1$ 时为 a^{-2n+2}. □

对所有的 x 验证公式 $\varphi(S(x)) = \varphi(x\delta)$. 只要验证形式为 $a^p b^{n-1}$ 的 x 即可. 得

$$\begin{aligned}a^p b^{n-1} \delta &= a^p b^{n-1} a^{-2n+2} \\ &= \lambda^{(2n-2)(n-1)} a^{p-2n+2} b^{n-1}, \\ S(a^p b^{n-1}) &= (-\lambda^{-1})^{n-1} b^{n-1} a^{-p} \\ &= (-1)^{n-1} \lambda^{-n+1} \lambda^{p(n-1)} a^{-p} b^{n-1}.\end{aligned}$$

如果 $p \neq n-1$, 两边都作用 φ 得 0. 所以令 $p = n-1$. 则要验证

$$\lambda^{2(n-1)^2} = (-1)^{n-1} \lambda^{(n-1)^2-(n-1)}.$$

通过选择 n, 如果 n 是偶数, 有 $\lambda^n = -1$, 则上述等式成立. 如果 n 是奇数, 则或者 $\lambda^n = 1$, 或者 $\lambda^n = -1$, 但是在以上两种情况下, 上述等式依旧成立.

同样要注意 $\Delta(\delta) = \delta \otimes \delta$.

现在看模自同构 σ.

命题 1.8.10 如果定义 $\sigma(a) = \lambda^{n-1} a$ 和 $\sigma(b) = \lambda^{n-1} b$, 则得到 A 的自同构使得对所有的 $x, y \in A$, $\varphi(xy) = \varphi(y\sigma(x))$.

证明 只验证非平凡的情况. 由

$$\varphi(a^{-n+1} b^{n-1}) = \lambda^{n-1} \varphi(a^{-n} b^{n-1} a)$$

来证明 $\sigma(a) = \lambda^{n-1} a$, 且由

$$\varphi(b a^{-n+1} b^{n-2}) = \lambda^{n-1} \varphi(a^{-n+1} b^{n-1})$$

证 $\sigma(b) = \lambda^{n-1} b$. □

下面检验公式 $(S^2 \otimes \sigma)\Delta(x) = \Delta(\sigma(x))$ (见性质 1.6.14). 对 $x = a$, 得到

$$(S^2 \otimes \sigma)(a \otimes a) = \lambda^{n-1} a \otimes a.$$

对 $x=b$, 得到

$$\begin{aligned}&(S^2\otimes\sigma)(a\otimes b+b\otimes a^{-1})\\=&\lambda^{n-1}a\otimes b+(-\lambda)^{-2}\lambda^{-n+1}b\otimes a^{-1}\\=&\lambda^{n-1}(a\otimes b+b\otimes a^{-1}),\end{aligned}$$

$\lambda^{-n-1}=\lambda^{n-1}$, 因为 $\lambda^{2n}=1$.

命题 1.8.11　如果 $\tau=\lambda^2$, 则对所有的 x, 有 $\varphi(S^2(x))=\tau\varphi(x)$.

证明　同样地, 限定 $x=a^{-n+1}b^{n-1}$, 则

$$S^2(a^{-n+1}b^{n-1})=(-\lambda)^{-2(n-1)}a^{-n+1}b^{n-1},$$

得到 $\tau=\lambda^2$. □

现在建立对偶, 给定 p,q, 看到 $\varphi(xa^pb^q)$ 只有在 x 是 $a^{-n+1-p}b^{n-1-q}$ 的倍数时非零. 这样得到如下结论:

命题 1.8.12　(A,Δ) 的对偶 $\widehat{A}$ 是由线性函数 ω_{pq} 张成的. 线性函数 ω_{pq} 定义为除 $\omega_{pq}(a^pb^q)=1$ 外, $\omega_{pq}(a^rb^s)=0$. 这些元素构成了 $\widehat{A}$ 的基.

在下面命题中得到乘法. 这里使用 Kronecker δ 符号. 当 $q\geqslant n$ 时, 设 $\omega_{p,q}=0$.

命题 1.8.13　对所有的 p,q,k,l, 有

$$\omega_{pq}\omega_{kl}=\delta(p-k,q+l)C_l^{q+l}\omega_{p-l,q+l}.$$

证明　对所有的 r 和 s, 有

$$\begin{aligned}(\omega_{pq}\omega_{kl})(a^rb^s=&(\omega_{pq}\otimes\omega kl)\Delta(a^rb^s)\\=&\sum_j C_j^s\omega_{pq}(a^{r+j}b^{s-j})\omega_{kl}(a^{r-s+j}b^j)\\=&\sum_j C_j^s\delta(p,r+j)\delta(q,s-j)\delta(k,r-s+j)\delta(l,j)\\=&C_l^s\delta(p-l,r)\delta(q+l,s)\delta(k-l,r-s)\\=&C_l^{q+l}\delta(k-l,q-l-q-l)\omega_{p-l,q+l}(a^rb^s).\end{aligned}$$

这就证得结论. □

现在找一组的生成元及其之间的关系.

命题 1.8.14　设 $e_p=\omega_{p,0}$. 则 $e_pe_k=\delta(p,k)e_p$. 这里也存在 $\widehat{A}$ 的一个乘子 d 使得 $e_{p+d}d^q=r_1\cdots r_q\omega_{pq}$, 其中 $q=1,2,\cdots,n-1$. 其中有 $d^n=0$ 和 $de_p=e_{p+2}d$.

证明 如果定义 $e_p = \omega_{p,0}$, 由上一条性质中的公式可推出对所有的 p, k, 有 $e_p e_k = \delta(p,k)e_k$. 现在定义 $\widehat{A}$ 的一个乘子 d 如下:

$$\omega_{pq}d = r_{q+1}\omega_{p-1,q+1},$$

$$d\omega_{pq} = r_{q+1}\omega_{p+1,q+1}.$$

为了说明这的确定义了一个乘子, 要检验 $(\omega_{pq}d)\omega_{kl} = \omega_{pq}(d\omega_{kl})$. 现在

$$\begin{aligned}(\omega_{pq}d)\omega_{kl} &= r_{q+1}\omega_{p-1,q+1}\omega_{kl}\\ &= r_{q+1}C_l^{q+l+1}\delta(p-k-1,q+l+1)\omega_{p-l-1,q+l+1},\\ \omega_{pq}(d\omega_{kl}) &= r_{l+1}\omega_{pq}\omega_{k+1,l+1}\\ &= r_{l+1}C_{l+1}^{q+l+1}\delta(p-k-1,q+l+1)\omega_{p-l-1,q+l+1},\end{aligned}$$

且有

$$r_{q+1}C_l^{q+l+1} = r_{l+1}C_{l+1}^{q+l+1},$$

则

$$\begin{aligned}e_{p+q}d^q &= \omega_{p+q,0}d^q = r_1\omega_{p+q-1,1}d^{q-1}\\ &= r_1 r_2\omega_{p+q-2,2}d^{q-2}\\ &\cdots\cdots\\ &= r_1 r_2\cdots r_q\omega_{pq}.\end{aligned}$$

同样地

$$de_p = d\omega_{p,0} = r_1\omega_{p+1,1} = \omega_{p+2,0}d = e_{p+2}d.$$

最后, 很明显有 $d^n = 0$. □

这个性质将 $\widehat{A}$ 的特性完全描述了. 它是由形如 $e_p d^q$ 的元素张成的, 其中 $e_p e_q = \delta(p,q)e_p$, $de_p = e_{p+2}d$ 和 $d^n = 0$.

下面来得到 $\widehat{A}$ 上的余乘 $\widehat{\Delta}$.

命题 1.8.15 $\widehat{\Delta}(e_p) = \sum_j e_j \otimes e_{p-j}$, 且 $\widehat{\Delta}(d) = d\otimes c + 1\otimes d$, 其中 $c = \sum_r \lambda^{-r}e_r$ (在 $M(\widehat{A})$ 中).

证明 首先有

$$\begin{aligned}\widehat{\Delta}(\omega_{p,0})(a^r b^s \otimes a^k b^l) &= \omega_{p,0}(a^r b^s a^k b^l)\\ &= \delta(s,0)\delta(l,0)\omega_{p,0}(a^{r+k})\\ &= \delta(s,0)\delta(l,0)\delta(p,r+k)\\ &= \sum_j \delta(r,j)\delta(s,0)\delta(k,p-j)\delta(l,0),\end{aligned}$$

这证明了第一个公式. 接下来, 有

$$\begin{aligned}
&\widehat{\Delta}(\omega_{p,1})(a^r b^s \otimes a^k b^l)\\
=&\omega_{p,1}(a^r b^s a^k b^l)\\
=&\delta(p,r+k)(\delta(s,0)\delta(l,1)+\lambda^{-k}\delta(s,1)\delta(l,0))\\
=&\sum_j \delta(r,j)\delta(p-j,k)(\delta(s,0)\delta(l,1)+\lambda^{-k}\delta(s,1)\delta(l,0)).
\end{aligned}$$

这意味着

$$\widehat{\Delta}(\omega_{p,1})=\sum_j(\omega_{j,0}\otimes\omega_{p-j,1}+\lambda^{-(p-j)}\omega_{j,1}\otimes\omega_{p-j,0}),$$

换句话说

$$\widehat{\Delta}(e_p d)=\sum_j(e_j\otimes e_{p-j}d+\lambda^{-(p-j)}e_j d\otimes e_{p-j}),$$

接着就有

$$\widehat{\Delta}(d)=1\otimes d+d\otimes c,$$

其中 $c=\sum\lambda^{-j}e_j$. □

不难验证, $\widehat{\Delta}$ 确实是 $\widehat{A}$ 上的余乘且 $(\widehat{A},\widehat{\Delta})$ 是一个正则乘子 Hopf 代数, 它是离散型的且非余幺模.

c 是可逆的, $d^n=0$ 且 $cd=\lambda^{-2}dc$, 由 c 和 d 扩充成的 Hopf 代数上的乘子代数 $M(\widehat{A})$ 带有余乘 $\widehat{\Delta}(c)=c\otimes c$, $\widehat{\Delta}(d)=1\otimes d+d\otimes c$. 注意这与起初 Hopf 代数中的很相似.

例如, 可以利用额外的关系: 对某个使得 $\lambda^m=1$ 的 m, $a^m=1$, 来取 A 的商 (文献 [112] 中的例子), 这将诱导出包含元素 d 和元素 $\sum_j e_{p+mj},\forall p$ 的 $M(\widehat{A})$ 子代数. 不难看出这里我们发现了文献 [112] 中例子的对偶.

容易找到 $(\widehat{A},\widehat{\Delta})$ 的余单位和对极. 必有 $\widehat{\varepsilon}(e_p)=\delta(p,0)$ 和 $\widehat{\varepsilon}(d)=0$, 且对所有的对极, 得到 $\widehat{S}(e_p)=e_{-p}$ 和 $\widehat{S}(d)=-dc^{-1}$.

也可找到元素 h 和 k, 它们满足 $h=e_0d^{n-1}$ 和 $k=d^{n-1}e_0$. 当 $dh=0$ 时, $e_ph=e_pe_0d^{n-1}=\delta(p,0)e_0d^{n-1}$. 对 k 也有类似的结论.

可以利用这些元素来计算对偶不变函数. 然而, 通过把命题 1.7.8 中公式运用在 $\widehat{\varphi}$ 和 $\widehat{\psi}$ 上, 得到如下结论:

命题 1.8.16 除 $s=n-1$ 外, 对所有 r 和 s, 有 $\widehat{\varphi}(e_rd^s)=0$. 则对所有的 r, $\widehat{\varphi}(e_rd^{n-1})=1$. 类似地, 除 $s=n-1$ 外, $\widehat{\psi}(d^se_r)=0$, 且因此对所有的 r, $\widehat{\psi}(d^{n-1}e_r)=\lambda^{r(n-1)}$.

证明 $\omega=\psi(x\cdot)$ 时, $\widehat{\varphi}(\omega)=\varepsilon(x)$. 取 $x=a^pb^q$. 则

$$\begin{aligned}\omega(a^kb^l)&=\psi(a^pb^qa^kb^l)=\lambda^{-kq}\psi(a^{p+k}b^{q+l})\\&=\lambda^{-kq}\delta(p+k,n-1)\delta(q+l,n-1)\\&=\lambda^{-kq}\delta(k,n-p-1)\delta(l,n-q-1).\end{aligned}$$

所以

$$\begin{aligned}\omega&=\lambda^{-q(n-p-1)}\omega_{n-p-1,n-q-1}\\&=\lambda^{-q(n-p-1)}r_1\cdots r_{n-q-1}e_{2n-p-q-2}d^{n-q-1}.\end{aligned}$$

现在, $\widehat{\varphi}(\omega)=\varepsilon(a^pb^q)=\delta(q,0)$. 所以除 $s=n-1$ 外, $\widehat{\varphi}(e_rd^s)=0$.

进一步, 设 $q=0$, 则有

$$r_1r_2\cdots r_{n-1}\widehat{\varphi}(e_{2n-p-2}d^{n-1})=1$$

对所有的 p, 可以给出 $\widehat{\varphi}$ 的公式. 如果用 S 去作用, 同样得

$$\widehat{\psi}(d^{n-1}c^{-n+1}e_{-r})=1,$$

所以对所有的 r, $\widehat{\psi}(d^{n-1}e_{-r})=\lambda^{r(n-1)}$. 这就给出了结论. □

注 $\widehat{\varphi}$ 和 $\widehat{\psi}$ 互不相同使得这里的例子既非余幺模的也非幺模的.

注记 1.8.17 (i) 在我们的范畴中可以构造量子偶[39], 如果利用离散型或紧型代数来构造, 除有限维的情况外, 将得到代数既不是离散也不是紧型. 这将给出更一般的乘子 Hopf 代数的例子. 对于这个目的, 这节的例子可以用.

(ii) 量子群已经应用于 q 特殊函数理论中, 我们也对本章中发展的对偶理论是否可以应用到此理论中感兴趣, 有待继续研究.

(iii) 有关乘子 Hopf 代数的进一步研究见文献[15, 17, 33, 35, 51, 59, 60, 69, 122-126, 131, 134, 147, 153-157]; 而关于局部紧量子群的研究见文献 [3, 44, 65, 67, 72, 106].

第 2 章　有界型量子群

本章介绍和研究有界 (bornological) 型量子群的概念. 这将 van Daele 提出的代数量子群理论由代数框架推广到有界向量空间 (bornological vector space) 框架中. 在处理有界型向量空间时, 允许适当地扩大代数量子群理论的广度. 特别地, 有界型理论包含任意局部紧群及其对偶的光滑卷积代数. 除了描述例子, 得到了有界型量子群上的一些一般的结果. 尤其, 构造了有界型量子群的对偶, 且证明了 Pontryagin 对偶定理. 我们仍然工作在复数域 $\mathbb{C}$ 上. 主要工作见文献 [137, 138].

2.1　有界型向量空间

本节回顾关于有界型向量空间的基本理论. 更多信息可以参考文献 [49, 50, 75, 76]. 本节所有的工作建立在复数域上.

设 X 是一个集合且 $\mathfrak{S}(X)$ 是 X 的子集组成的集合. 称 $\mathfrak{S}(X)$ 为 X 上的有界型 (bornology) 如果下面条件满足: (a) $\mathfrak{S}(X)$ 覆盖 X; (b) 若 $n \in \mathbb{N}$ 且 $X_1, \cdots, X_n \in \mathfrak{S}(X)$, 那么 $\bigcup_{i=1}^{n} X_i = \mathfrak{S}(X)$; (c) 如果 $Y \in \mathfrak{S}(X)$ 且 $Z \subset Y$, 那么 $Z \in \mathfrak{S}(X)$. 也称 $(X, \mathfrak{S}(X))$ 为有界型空间且 $\mathfrak{S}(X)$ 中的每个元素称为 X 中的有界子集. 进一步, 称 $(X, \mathfrak{S}(X))$ 为有界型向量空间, 如果 X 是一个向量空间而且下面条件满足: (d) 如果 $X_1, X_2 \in \mathfrak{S}(X)$, 那么 $X_1 + X_2 \in \mathfrak{S}(X)$; (e) 如果 $\lambda \in \mathbb{C}, X \in \mathfrak{S}(X)$, 那么 $\lambda X \in \mathfrak{S}(X)$; 且 (f) 如果 $Y \in \mathfrak{S}(X)$, 那么 $\bigcup_{|\lambda| \leqslant 1} \lambda Y \in \mathfrak{S}(X)$.

我们看到, 有界型向量空间是一个向量空间 V 连同满足一定条件的 V 的子集集合 $\mathfrak{S}(V)$. 这些条件可以看作一个局部凸向量空间中有界子集性质的抽象重整. 称一个有界型向量空间 V 的子集 S 是小的 (small) 当且仅当它是包含于 $\mathfrak{S}(V)$[75]. 本章只考虑凸的、完备的有界型向量空间.

有界型的引导性例子是由一个局部凸向量空间的有界子集构成的集族 (collection). 记 $\mathfrak{Bound}(V)$ 为关于局部凸向量空间 V 的有界型向量空间, 也可以通过考虑 V 的所有预紧 (precompact) 子集合来获得另一个有界型向量空间 $\mathfrak{Comp}(V)$. 在某些情况下, 预紧有界型比有界型有更好的性质. 最后, 可以通过考虑由 V 的有限维子空间的有界子集构成的细的 (fine) 有界型 $\mathfrak{Fine}(V)$, 将任意角度的空间 V 看作为有界型向量空间.

有界型向量空间之间的线性映射 $f: V \to W$ 称之为有界的 (bounded), 如果它将小的子集合 (small subset) 映到小的子集合. 从 V 到 W 的有界线性映射构成

的空间记成 $\mathrm{Hom}(V, W)$, 承载着自然的有界型. 相比之下, 在局部凸向量空间的情形下, 在连续线性映射的空间上有许多拓扑结构.

Hahn-Banach 定理在有界型向量空间上是不成立的. 有界型向量空间 V 上的有界线性函数构成的对偶空间 V' 很有可能为 0. 有界型向量空间 V 称为正则的, 如果其上的有界线性函数是分离点 (separate points). 有界型量子群的基础有界型向量空间的正则性由 Haar 函数的忠实性保证. 所有的从局部凸向量空间得出的有界型向量空间的例子都是正则的.

每一个完备的有界型向量空间都可以用经典的方法写成 Banach 空间的定向极限. 这样分析有界型向量空间可以简化为分析 Banach 空间的性质.

在完备的有界型向量空间范畴中存在一种自然的张量积. 更精确地说, 完备的有界型张量积 $V\hat{\otimes}W$ 是由有界双线性映射 $V\times W \to X$ 对应有界线性映射 $V\hat{\otimes}W \to X$ 的泛性质来描述的. 有界型张量积是满足结合律的和交换的, 且对所有有界型向量空间 V, W, X, 有一个自然同构

$$\mathrm{Hom}(V\hat{\otimes}W, X) \cong \mathrm{Hom}(V, \mathrm{Hom}(W, X)).$$

这个关系也是有界型线性空间比局部凸空间更适合代数构造的主要原因. 值得一提的是, 局部凸空间上的完备张量积没有右伴随函子是因为其与直积不交换.

本节对定义在张量积上的映射使用脚标. 此外, 有时用 $id_{(n)}$ 表示 n 重张量积上的恒等映射.

有界型代数是一个完备的有界型向量空间 A 带有一个满足结合律的乘法, 这个乘法定义为有界线性函数 $\mu : A\hat{\otimes}A \to A$. 注意到有界型代数不一定有单位. 有界型代数上的模及其同态的定义是显然的.

容易由定义得到对所有从一个细空间 V 到任意有界型向量空间 W 的线性映射 $f : V \to W$ 都是有界的. 特别地, 存在从复向量空间范畴到有界型向量空间范畴的完全忠实的函子 $\mathfrak{Fine}$. 这个嵌入对张量积来说是相容的. 如果 V_1 和 V_2 是细空间, 那么完备的有界型张量积 $V_1\hat{\otimes}V_2$ 是一个具有细有界型的代数张量积 $V_1 \otimes V_2$. 特别的是, 每个复数域上的代数 A 都可以看作具有细有界型的有界型代数.

在 Fréchet 空间中的线性映射 $f : V \to W$ 是有界的或准紧有界的当且仅当它是连续的. 因此, 从 Fréchet 空间范畴到有界型向量空间范畴的函子 $\mathfrak{Bound}$ 和 $\mathfrak{Comp}$ 是完全忠实的. Fréchet 空间 V,W 上带有准紧 (precompact) 有界型的有界型张量积可以看作带有准紧有界型的投射张量积 $V\hat{\otimes}_\pi W$[75].

考虑利用近似性质来避免出现完备张量积的分析问题[76].

定义 2.1.1 设 V 是一个完备有界型向量空间. 则 V 具有近似性质, 如果 V 的恒等映射可以在紧子集上通过有限秩算子一致逼近.

如果 V 是一个 Fréchet 空间, 那么在 V 上的 Grothendieck 近似性等同于有界型在 $\mathfrak{Comp}(V)$ 上的近似性[76].

引理 2.1.2　设 H 是一个满足近似性的有界型向量空间, $i: V \to W$ 是有界的单线性映射. 则诱导的有界线性映射 $id\widehat{\otimes}i: H\widehat{\otimes}V \to H\widehat{\otimes}W$ 也是一个单射.

引理 2.1.3　设 H 是一个满足近似性的有界型向量空间, V 是任意的有界型向量空间. 则标准线性映射 $i: H\widehat{\otimes}V' \to \mathrm{Hom}(V,H)$ 也是单射.

2.2 乘子代数

本节主要讨论一个有界型代数的乘子代数上的基本结论, 这将在后面经常用到.

乘子 Hopf 代数是 Hopf 代数的推广, 其底代数不一定含有单位元. 类似地, 假定有界型代数没有单位元.

定义 2.2.1　一个有界型代数 H 称为本质的, 如果乘法映射诱导出同构 $H\widehat{\otimes}_H H \cong H$.

为了避免平凡, 总是假设本质有界型代数不是 0. 显然, 所有含有单位元的有界型代数是本质的.

定义 2.2.2　设 H 是一个有界型代数, H 模 V 称为本质的, 如果典范映射 $H\widehat{\otimes}_H V \to V$ 是同构映射.

对右模有一个类似的定义. 特别地, 本质代数 H 是其自身的本质左模和本质右模.

现在讨论乘子. 一个有界型代数 H 的左乘子是一个有界线性映射 $L: H \to H$ 使得当 $f,g \in H$ 时, $L(fg) = L(f)g$. 类似地, 一个右乘子是有界线性映射 $R: H \to H$ 满足当 $f,g \in H$ 时, $R(fg) = fR(g)$. 用 $M_l(H)$ 和 $M_r(H)$ 分别表示左乘子空间和右乘子空间. 这些空间形成有界型代数, 其乘法为映射的合成. 有界型代数 H 的乘子代数 $M(H)$ 是所有对 (L,R), 其中 L 是左乘子, R 是右乘子, 并且满足 $fL(g) = R(f)g$, 对所有的 $f,g \in H$ 成立. 它的有界型结构和 $M(H)$ 的代数结构是从 $M_l(H) \oplus M_r(H)$ 中继承的. 容易看出，存在一个自然的代数同态 $\iota: H \to M(H)$ 而且通过构造, H 是 $M(H)$ 的左模和右模.

设 H 和 K 是有界型代数且设 $f: H \to M(K)$ 为一个同态, 显然 K 是 H 的左右模. 称代数同态 $f: H \to M(K)$ 是本质的, 如果它能把 K 映射成本质的左和右 H 模. 也就是说, 对于相应的模结构有 $H\widehat{\otimes}_H K \cong K \cong K\widehat{\otimes}_H H$ (见定义 2.5.1). 注意, 恒等映射 $id: H \to H$ 定义了一个本质同态 $H \to M(H)$ 当且仅当有界型代数 H 是本质的.

引理 2.2.3 设 H 为一个有界型代数且设 $f: H \to M(K)$ 是一个到本质的有界型代数 K 的乘子代数的本质同态. 则存在唯一的酉同态 $F: M(H) \to M(K)$ 使得 $F\iota = f$, 其中 $\iota: H \to M(H)$ 是一个典范映射.

证明 可以获得一个有界线性映射 $F_l: M_l(H) \to M_l(K)$,

$$M_l(H)\widehat{\otimes}K \cong M_l(H)\widehat{\otimes}H\widehat{\otimes}_H K \xrightarrow{\mu\widehat{\otimes}id} H\widehat{\otimes}_H K \cong K$$

和映射 $F_r: M_r(H) \to M_r(K)$,

$$K\widehat{\otimes}M_r(H) \cong K\widehat{\otimes}_H H\widehat{\otimes}M_r(H) \xrightarrow{id\widehat{\otimes}\mu} K\widehat{\otimes}_H H \cong K.$$

直接验证可知 $F((L,R)) = (F_l(L), F_r(R))$ 可以定义出一个同态 $F: M(H) \to M(K)$ 使得 $F\iota = f$. F 的唯一性可以从 $f(H)\cdot K \subset K$ 和 $K\cdot f(H) \subset K$ 都是稠密子空间得出. □

下面的结论容易验证.

引理 2.2.4 设 H_1 和 H_2 为本质有界型代数, $f_1: H_1 \to M(K_1)$ 和 $f_2: H_2 \to M(K_2)$ 为到有界型代数 K_1 和 K_2 的乘子代数的本质同态. 则诱导的代数同态 $f_1\widehat{\otimes}f_2: H_1\widehat{\otimes}H_2 \to M(K_1\widehat{\otimes}K_2)$ 是本质的.

由文献 [109], 称有界型代数 H 是非退化的, 如果对所有的 $g \in H$, 当 $fg = 0$ 时有 $f = 0$; 和对所有的 f, 当 $fg = 0$ 时有 $g = 0$. 这些条件等价于自然映射

$$H \to M_l(H) \quad 和 \quad H \to M_r(H)$$

是单射. 特别地, 对于非退化有界型代数, 典范映射 $H \to M(H)$ 是单射.

定义 2.2.5 设 H 是一个有界型代数. 一个有界的线性函数 $\omega: H \to \mathbb{C}$ 被称为忠实的, 如果 $\omega(fg) = 0$, 对于所有的 g, 则有 $f = 0$, 且如果 $\omega(fg) = 0$, 对于所有的 f, 则有 $g = 0$.

引理 2.2.6 设 H_1 和 H_2 是分别带有忠实有界线性函数 ϕ_1 和 ϕ_2, 满足近似性质的有界型代数, 则 $\phi_1\widehat{\otimes}\phi_2$ 是 $H_1\widehat{\otimes}H_2$ 上的忠实线性函数.

证明 假设对所有的 $y \in H_1\widehat{\otimes}H_2$, $x \in H_1\widehat{\otimes}H_2$ 满足 $(\phi_1\widehat{\otimes}\phi_2)(xy) = 0$. 因为 ϕ_1 是忠实的, 由 $\mathfrak{F}_1(f)(g) = \phi_1(fg)$ 定义的有界线性映射 $\mathfrak{F}_1: H_1 \to H_1'$ 是单射. 类似地有, 由 $\mathfrak{F}_2(f)(g) = \phi_2(fg)$ 定义的有界线性映射 $\mathfrak{F}_2: H_2 \to H_2'$, 考虑复合

$$H_2\widehat{\otimes}H_2 \to H_1'\widehat{\otimes}H_2 \to \mathrm{Hom}(H_1, H_2) \to \mathrm{Hom}(H_1, H_2'),$$

其中第一个和第三个映射是分别由 $\mathfrak{F}_1$ 和 $\mathfrak{F}_2$ 诱导的, 第二个映射是最明显的. 由引理 2.1.2 可知第一个映射是单射, 由引理 2.1.3 知第二个映射也是单射, 而第三个映射是单射是显然的. 从假设可知 $\mathrm{Hom}(H_1, H_2')$ 的象是 0. 因此得出 $x = 0$. 同样地, 得出对所有 $y \in H_1\widehat{\otimes}H_2$, $(\phi_1\widehat{\otimes}\phi_2)(yx) = 0$, 则有 $x = 0$. □

2.3　有界型量子群

在这一节中介绍有界型量子群的定义. 此外, 证明每一个有界型量子群具有余单位和可逆对极.

在后面, 假定 H 是一个满足近似性的本质有界型代数. 此外, 假设 H 带有一个忠实的有界线性泛函 (即函数). 因此, 可以把 H 看作乘法代数 $M(H)$ 的子集. 考虑到引理 2.2.6, H 的张量积有类似的陈述.

首先必须要讨论 H 上的余乘概念. 令 $\Delta : H \to M(H\widehat{\otimes}H)$ 为一个同态. Δ 的左 Galois 映射 $\gamma_l, \gamma_r : H\widehat{\otimes}H \to M(H\widehat{\otimes}H)$ 定义为

$$\gamma_l(f \otimes g) = \Delta(f)(g \otimes 1), \quad \gamma_r(f \otimes g) = \Delta(f)(1 \otimes g).$$

类似地, Δ 的右 Galois 映射 $\rho_l, \rho_r : H\widehat{\otimes}H \to M(H\widehat{\otimes}H)$ 定义为

$$\rho_l(f \otimes g) = (f \otimes 1)\Delta(g), \quad \rho_r(f \otimes g) = (1 \otimes f)\Delta(g).$$

这些映射在量子群的代数和分析理论中有重要的应用[3, 109, 114]. 在量子群的算子代数方法中, 它们对应于乘法单位性[3].

再假设代数同态 $\Delta : H \to M(H\widehat{\otimes}H)$ 是本质的. 称 Δ 是余结合的, 如果

$$(\Delta\widehat{\otimes}id)\Delta = (id\widehat{\otimes}\Delta)\Delta,$$

其中式子两边都可以看作是 H 到 $M(H\widehat{\otimes}H\widehat{\otimes}H)$ 的映射, 由引理 2.2.4 知, 这些映射是良定义的.

定义 2.3.1　一个本质代数同态 $\Delta : H \to M(H\widehat{\otimes}H)$ 是一个余乘, 如果它是余结合的.

带有余乘法的有界型代数之间的一个本质代数同态 $f : H \to M(K)$ 称作余代数同态, 如果 $\Delta f = (f\widehat{\otimes}f)\Delta$.

我们需要更多的术语. H 的反代数记为 H^{op}, 它具有乘法 $\mu^{\mathrm{op}} = \mu\tau$, 这里 $\mu : H\widehat{\otimes}H \to H$ 是 H 的乘法, $\tau : H\widehat{\otimes}H \to H\widehat{\otimes}H$ 是换位映射 (flip map). 在 H 和 K 之间的代数反同态是代数同态 $\phi : H \to K^{\mathrm{op}}$, 这等价于: 一个代数反同态可以看作一个代数同态 $H^{\mathrm{op}} \to K$. 如果 $\Delta : H \to M(H\widehat{\otimes}H)$ 是一个余乘, 则 Δ 同时定义了 H^{op} 上的一个余乘. 记 $\gamma_l^{\mathrm{op}}, \gamma_r^{\mathrm{op}}, \rho_l^{\mathrm{op}}, \rho_r^{\mathrm{op}}$ 为对应的 Galois 映射.

如果 $\Delta : H \to M(H\widehat{\otimes}H)$ 是一个余乘, 那么可以诱导 H 上一个反余乘 $\Delta^{\mathrm{cop}} = \tau\Delta$. 则 Δ^{cop} 也是一个本质的代数同态. 那么具有这个反余乘结构的 H 记为 H^{cop} 且记 $\gamma_l^{\mathrm{cop}}, \gamma_r^{\mathrm{cop}}, \rho_l^{\mathrm{cop}}, \rho_r^{\mathrm{cop}}$ 为对应的 Galois 映射. 类似地, 可以用反余乘来定义余代数反同态.

如果同时在 H 上取反乘法和反余乘法，那么具有这样运算的有界型代数记为 $H^{\mathrm{opcop}} = (H^{\mathrm{op}})^{\mathrm{cop}}$, 并且记 $\gamma_l^{\mathrm{opcop}}, \gamma_r^{\mathrm{opcop}}, \rho_l^{\mathrm{opcop}}, \rho_r^{\mathrm{opcop}}$ 为对应的 Galois 映射.

引理 2.3.2 设 $\Delta : H \to M(H\widehat{\otimes}H)$ 是一个余乘. 则对于 $H, H^{\mathrm{op}}, H^{\mathrm{cop}}, H^{\mathrm{opcop}}$ 的 Galois 映射,

$$\begin{array}{llll}
\gamma_r = \tau\gamma_l^{\mathrm{cop}}, & \rho_l = \gamma_l^{\mathrm{op}}\tau, & \rho_r = \tau\gamma_l^{\mathrm{opcop}}\tau, & \gamma_l = \tau\gamma_r^{\mathrm{cop}}, \\
\rho_r = \gamma_r^{\mathrm{op}}\tau, & \rho_l = \tau\gamma_r^{\mathrm{opcop}}\tau, & \rho_r = \tau\rho_l^{\mathrm{cop}}, & \gamma_l = \rho_l^{\mathrm{op}}\tau, \\
\gamma_r = \tau\rho_l^{\mathrm{opcop}}\tau, & \rho_l = \tau\rho_r^{\mathrm{cop}}, & \gamma_r = \rho_r^{\mathrm{op}}\tau, & \gamma_l = \tau\rho_r^{\mathrm{opcop}}\tau.
\end{array}$$

这些关系也可以被写成

$$\begin{array}{llll}
\gamma_l^{\mathrm{cop}} = \tau\gamma_r, & \gamma_l^{\mathrm{op}} = \rho_l\tau, & \gamma_l^{\mathrm{opcop}} = \tau\rho_r\tau, & \gamma_r^{\mathrm{cop}} = \tau\gamma_l, \\
\gamma_r^{\mathrm{op}} = \rho_r\tau, & \gamma_r^{\mathrm{opcop}} = \tau\rho_l\tau, & \rho_l^{\mathrm{cop}} = \tau\rho_r, & \rho_l^{\mathrm{op}} = \gamma_l\tau, \\
\rho_l^{\mathrm{opcop}} = \tau\gamma_r\tau, & \rho_r^{\mathrm{cop}} = \tau\rho_l, & \rho_r^{\mathrm{op}} = \gamma_r\tau, & \rho_r^{\mathrm{opcop}} = \tau\gamma_l\tau.
\end{array}$$

因此, H 上的 Galois 映射可以表示成 $\gamma_l, \gamma_l^{\mathrm{op}}, \gamma_l^{\mathrm{cop}}, \gamma_l^{\mathrm{opcop}}$, 反之亦然. 当然, 对 γ_r, ρ_l, ρ_r 也有类似的结论. 这些基本的式子在下面将会经常用到.

设 $\Delta : H \to M(H\widehat{\otimes}H)$ 是余乘使得所有关于 Δ 的 Galois 映射定义了从 $H\widehat{\otimes}H$ 到它自身的有界线性映射. 如果 ω 是在 H 上的有界线性泛函, 则对任意的 $f \in H$, 定义一个乘子 $(id\widehat{\otimes}\omega)\Delta(f) \in M(H)$ 如下：

$$\begin{aligned}
(id\widehat{\otimes}\omega)\Delta(f) \cdot g &= (id\widehat{\otimes}\omega)\gamma_l(f \otimes g), \\
g \cdot (id\widehat{\otimes}\omega)\Delta(f) &= (id\widehat{\otimes}\omega)\rho_l(g \otimes f).
\end{aligned}$$

为了检查这个是否定义了一个乘子, 注意到，对所有的 $f, g, h \in H$ 有

$$(f \otimes 1)\gamma_l(g \otimes h) = \rho_l(f \otimes g)(h \otimes 1).$$

类似地, 可以定义另一个乘子 $(\omega\widehat{\otimes}id)\Delta(f) \in M(H)$ 如下：

$$\begin{aligned}
(\omega\widehat{\otimes}id)\Delta(f) \cdot g &= (id \otimes \omega)\gamma_r(f \otimes g), \\
g \cdot (\omega\widehat{\otimes}id)\Delta f &= (id \otimes w)\rho_r(g \otimes f).
\end{aligned}$$

定义 2.3.3 设 $\Delta : H \to M(H\widehat{\otimes}H)$ 是一个余乘使得所有和余乘相关的 Galois 映射定义了从 $H\widehat{\otimes}H$ 到它自身的有界线性映射. 那么一个有界线性泛函 $\phi: H \to \mathbb{C}$ 称作*左不变的*, 如果对于所有的 $f \in H$,

$$(id\widehat{\otimes}\phi)\Delta(f) = \phi(f)1.$$

类似地, 一个有界线性泛函 $\psi: H \to C$ 称为*右不变的*, 如果对所有的 $f \in H$,

$$(\psi\widehat{\otimes}id)\Delta(f) = \psi(f)1.$$

现在给出有界型量子群的定义.

定义 2.3.4 一个有界型量子群是一个本质有界型代数 H 满足近似性, 具有一个余乘 $\Delta : H \to M(H\hat{\otimes}H)$ 使得所有的和 Δ 相关的 Galois 映射是同构的, 且带有一个忠实的左不变函数 $\phi : H \to \mathbb{C}$.

更准确地说, 在有界型量子群中的 Galois 映射是从有界型量子群 $H\hat{\otimes}H$ 到它本身的同构. 左不变泛函 ϕ 类似于左 Haar 函数的作用.

有界型量子群 H 和 K 之间的同态是本质的代数同态 $\alpha : H \to M(K)$ 使得 $(\alpha\hat{\otimes}\alpha)\Delta = \Delta\alpha$.

对有界型量子群的定义等价于对代数量子群的定义 (见定义 1.7.1(1)), 赋予基本有界向量空间细有界型. 在这个问题上的唯一不同就是在定义上包含了 Haar 泛函的忠实性.

通过简单的计算可得到下面的结论.

引理 2.3.5 设 H 是一个有界型量子群. 则

$$(\rho_l\hat{\otimes}id)(id\hat{\otimes}\gamma_r) = (id\hat{\otimes}\gamma_r)(\rho_l\hat{\otimes}id),$$

其中两边都可以看作 $H\hat{\otimes}H\hat{\otimes}H$ 到自身的映射.

下面的定理给出了有界型量子群另一种刻画.

定理 2.3.6 设 H 是一个满足近似性的本质的有界型代数, 令 $\Delta : H \to M(H\hat{\otimes}H)$ 是一个余乘使得所有相关的 Galois 映射定义了从 $H\hat{\otimes}H$ 到自身的有界线性映射. 此外, 假设 $\phi : H \to \mathbb{C}$ 是一个忠实的左不变线性泛函. 则 H 是一个有界型量子群当且仅当存在本质的代数同态 $\varepsilon : H \to \mathbb{C}$ 和一个线性同构 $S : H \to H$, 它不仅是一个代数反同态同时也是一个余代数反同态且使得

$$(\varepsilon\hat{\otimes}id)\Delta = id = (id\hat{\otimes}\varepsilon)\Delta, \qquad \mu(S\hat{\otimes}id)\gamma_r = \varepsilon\hat{\otimes}id, \qquad \mu(id\hat{\otimes}S)\rho_l = id\hat{\otimes}\varepsilon.$$

这种情形下映射 ε 和 S 被唯一确定.

证明 类似第 1 章相应问题的讨论. 在这个过程中得到一些有用的公式.

首先假设存在映射 ε 和 S 满足以上条件. 从传统的术语来, 这些映射被称为 H 的余单位和对极. γ_r 的逆 γ_r^{-1} 由如下给出:

$$\gamma_r^{-1} = (S^{-1}\hat{\otimes}id)\gamma_r^{\mathrm{cop}}(S\hat{\otimes}id).$$

利用 S 是一个余代数反自同态, 得

$$\begin{aligned}(S^{-1}\hat{\otimes}id)\gamma_r^{\mathrm{cop}}(S\hat{\otimes}id) &= (S^{-1}\hat{\otimes}id)(id\hat{\otimes}\mu)(\Delta^{\mathrm{cop}}\hat{\otimes}id)(S\hat{\otimes}id)\\ &= (id\hat{\otimes}\mu)(S^{-1}\hat{\otimes}id\hat{\otimes}id)(\tau\Delta S\hat{\otimes}id)\\ &= (id\hat{\otimes}\mu)(id\hat{\otimes}S\hat{\otimes}id)(\Delta\hat{\otimes}id),\end{aligned}$$

等式两边都可看作从 $H\widehat{\otimes}H$ 到 $M(H\widehat{\otimes}H)$ 的映射. 特别地, 最后一个映射的象包含在 $H\widehat{\otimes}H$ 里. 计算

$$\begin{aligned}\mu_{(2)}(\gamma_r^{-1}\gamma_r\widehat{\otimes}id_{(2)})&=\mu_{(2)}(id\widehat{\otimes}\mu\widehat{\otimes}id_{(2)})(id\widehat{\otimes}S\widehat{\otimes}id_{(3)})(\Delta\widehat{\otimes}id_{(3)})(\gamma_r\widehat{\otimes}id_{(2)})\\&=\mu_{(2)}(id\widehat{\otimes}\varepsilon\widehat{\otimes}id_{(3)})(\Delta\widehat{\otimes}id_{(3)})=\mu_{(2)},\end{aligned}$$

记 $\mu_{(2)}$ 为在张量空间 $H\widehat{\otimes}H$ 上的乘法. 用类似的方法, $\mu_{(2)}(id_{(2)}\widehat{\otimes}\gamma_r\gamma_r^{-1})=\mu_{(2)}$, 这说明 γ_r 是一个同构.

对其他的 Galois 映射，我们有类似的计算. 用不同的步骤, 首先证明给定的 H 的余单位和对极产生 $H^{\rm op}$, $H^{\rm cop}$ 和 $H^{\rm opcop}$ 的余单位和对极. 观察余单位 ε 满足

$$(\varepsilon\widehat{\otimes}id)\Delta^{\rm cop}=id=(id\widehat{\otimes}\varepsilon)\Delta^{\rm cop},$$

这个意味着 ε 是 $H^{\rm cop}$ 和 $H^{\rm opcop}$ 的余单位. 利用引理 2.3.2 得到

$$\begin{aligned}\mu^{\rm op}(S\widehat{\otimes}id)\gamma_r^{\rm opcop}&=\mu\tau(S\widehat{\otimes}id)\tau\rho_l\tau=\mu(id\widehat{\otimes}S)\rho_l\tau=\varepsilon\widehat{\otimes}id,\\\mu^{\rm op}(id\widehat{\otimes}S)\rho_l^{\rm opcop}&=\mu\tau(id\widehat{\otimes}S)\tau\gamma_r\tau=\mu(id\widehat{\otimes}S)\gamma_r\tau=id\widehat{\otimes}\varepsilon.\end{aligned}$$

这说明 S 是 $H^{\rm opcop}$ 的对极. 计算说明:

$$\mu(\mu^{\rm op}\widehat{\otimes}id)(S^{-1}\widehat{\otimes}id\widehat{\otimes}id)(\gamma_r^{\rm op}\widehat{\otimes}id)=\mu(\varepsilon\widehat{\otimes}id\widehat{\otimes}id).$$

这推出

$$\mu^{\rm op}(S^{-1}\widehat{\otimes}id)\gamma_r^{\rm op}=\varepsilon\widehat{\otimes}id.$$

类似地有 $\mu(id\widehat{\otimes}\mu^{\rm op})(id\widehat{\otimes}id\widehat{\otimes}S^{-1})(id\widehat{\otimes}\rho_l^{\rm op})=\mu(id\widehat{\otimes}id\widehat{\otimes}\varepsilon)$, 这说明

$$\mu^{\rm op}(id\widehat{\otimes}S^{-1})\rho_l^{\rm op}=id\widehat{\otimes}\varepsilon.$$

因此 S^{-1} 是 $H^{\rm op}$ 的对极. 如上 S^{-1} 也是 $H^{\rm cop}=(H^{\rm op})^{\rm opcop}$ 的对极. 现在可以讨论 $H^{\rm op}$, $H^{\rm cop}$ 和 $H^{\rm opcop}$ 的 Galois 线性映射 γ_r, 利用引理 2.3.2 可以看出 γ_l, ρ_l 和 ρ_r 也是同构. 这表明 H 是一个有界型量子群.

反过来, 假设 H 是一个有界型量子群, 构造映射 ε 和 S. 从余单位 ε 开始, 选择一个元素 $h\in H$ 使得 $\phi(h)=1$, 并且令

$$\varepsilon(f)=\phi(\mu\rho_l^{-1}(h\otimes f)).$$

显然，有一个有界线性映射 $\varepsilon:H\to\mathbb{C}$. 利用

$$\gamma_r(id\widehat{\otimes}\mu)=(id\widehat{\otimes}\mu)\gamma_r,\tag{3.1}$$

很容易看到公式 $E(f)\cdot g=\mu\gamma_r^{-1}(f\otimes g)$ 定义了 H 的左乘子 $E(f)$. 事实上, 用这种方法得到一个有界线性映射 $E: H\to M_l(H)$. 利用引理 2.3.5, 得到

$$\begin{aligned}(id\widehat{\otimes}\mu)(id\widehat{\otimes}E\widehat{\otimes}id)(\rho_l\widehat{\otimes}id)(id\widehat{\otimes}\gamma_r)&=(id\widehat{\otimes}\mu)(id\widehat{\otimes}\gamma_r^{-1})(\rho_l\widehat{\otimes}id)(id\widehat{\otimes}\gamma_r)\\&=(id\widehat{\otimes}\mu)(id\widehat{\otimes}\gamma_r^{-1})(id\widehat{\otimes}\gamma_r^{-1})(\rho_l\widehat{\otimes}id)\\&=(\mu\widehat{\otimes}id)(id\widehat{\otimes}\gamma_r).\end{aligned}$$

因为 γ_r 和 ρ_l 是同构, 这意味着

$$(id\widehat{\otimes}\mu)(id\widehat{\otimes}E\widehat{\otimes}id)=\mu\rho_l^{-1}\widehat{\otimes}id. \tag{3.2}$$

将 (3.2) 作用在 $h\otimes f\otimes g$ 上, 其中 h 的选择如上, 应用 $\phi\widehat{\otimes}id$, 得到

$$E(f)g=(\phi\widehat{\otimes}id)(h\otimes E(f)\cdot g)=\phi(\mu\rho_l^{-1}(h\otimes f))g=\varepsilon(f)g,$$

因此在 $M_l(H)$ 中, 有

$$E(f)=\varepsilon(f)1 \tag{3.3}$$

对于所有 $f\in H$ 成立. 所以可以用所有非零有界线性函数来定义 ε.

从上面式子 (3.3) 和 E 的定义可以得出

$$(\varepsilon\widehat{\otimes}id)\gamma_r=\mu(E\widehat{\otimes}id)\gamma_r=\mu. \tag{3.4}$$

等式 (3.2) 给出 $g\varepsilon(f)\otimes h=g\otimes\varepsilon(f)h=\mu\rho_l^{-1}(g\otimes f)\otimes h$, 对于所有的 $f,g\in H$ 成立, 这表明

$$g\varepsilon(f)=\mu\rho_l^{-1}(g\otimes f). \tag{3.5}$$

这等价于

$$(id\widehat{\otimes}\varepsilon)\rho_l=\mu, \tag{3.6}$$

是因为 ρ_l 是一个同构.

现在说明 ε 是一个代数同态. 事实上, 因为 Δ 是一个代数同态, 有

$$\rho_l(id\widehat{\otimes}\mu)=(\mu\widehat{\otimes}id)(id\widehat{\otimes}\mu_{(2)})(id\widehat{\otimes}\Delta\widehat{\otimes}\Delta)=\mu_{(2)}(\rho_l\widehat{\otimes}\Delta), \tag{3.7}$$

从这个关系和 (3.6), 且因为 ρ_l 是一个同构，又得到

$$\begin{aligned}(id\widehat{\otimes}\varepsilon)\mu_{(2)}(id\widehat{\otimes}id\widehat{\otimes}\Delta)(\rho_l\widehat{\otimes}id)&=(id\widehat{\otimes}\varepsilon)\rho_l(id\widehat{\otimes}\mu)=\mu(id\widehat{\otimes}u)=\mu(\mu\widehat{\otimes}id)\\&=\mu(id\widehat{\otimes}\varepsilon\widehat{\otimes}id)(\rho_l\widehat{\otimes}id),\end{aligned}$$

这说明

$$(id\widehat{\otimes}\varepsilon)\mu_{(2)}(id\widehat{\otimes}id\widehat{\otimes}\Delta)=\mu(id\widehat{\otimes}\varepsilon\widehat{\otimes}id).$$

现在观察到 $\mu_{(2)}(id\widehat{\otimes}id\widehat{\otimes}\Delta)=(id\widehat{\otimes}\mu)\rho_l^{13}$, 因此

$$(id\widehat{\otimes}\varepsilon)(id\widehat{\otimes}\mu)\rho_l^{13}=\mu(id\widehat{\otimes}\varepsilon\widehat{\otimes}id)=(id\widehat{\otimes}\varepsilon)(id\widehat{\otimes}\varepsilon\widehat{\otimes}id)\rho_l^{13},$$

其中用到 (3.6), 推出 $(id\widehat{\otimes}\varepsilon)(id\widehat{\otimes}\mu)=(id\widehat{\otimes}\varepsilon)(id\widehat{\otimes}\varepsilon\widehat{\otimes}id)$, 这说明 $\varepsilon(fg)=\varepsilon(f)\varepsilon(g)$ 对所有的 $f,g\in H$ 成立. 因此 ε 是一个代数同态.

利用 (3.6) 计算出

$$\mu(id_{(2)}\widehat{\otimes}\varepsilon)(id\widehat{\otimes}\gamma_r)=(id\widehat{\otimes}\varepsilon)(id\widehat{\otimes}\mu)(\rho_l\widehat{\otimes}id)=(id\widehat{\otimes}\mu)(id\widehat{\otimes}\varepsilon\widehat{\otimes}\varepsilon)(\rho_l\widehat{\otimes}id)=\mu\widehat{\otimes}\varepsilon,$$

这说明

$$(id\widehat{\otimes}\varepsilon)\gamma_r=id\widehat{\otimes}\varepsilon. \tag{3.8}$$

类似地, 作为 (3.4) 的结果

$$(\varepsilon\widehat{\otimes}id)\rho_l=\varepsilon\widehat{\otimes}id. \tag{3.9}$$

容易看出映射 ε 是非零的. 为了验证 ε 是非退化的, 定义一个有界线性映射 $\sigma:\mathbb{C}\to H\widehat{\otimes}_H\mathbb{C}$ 为 $\sigma(1)=k\otimes 1$, 其中 $k\in H$ 是满足 $\varepsilon(k)=1$ 的元素, 得出

$$\begin{aligned}\sigma(\varepsilon\otimes id)(f\otimes 1)&=\varepsilon(f)k\otimes 1=\mu\gamma_r^{-1}(f\otimes k)\otimes 1\\&=(id\widehat{\otimes}\varepsilon)\gamma_r^{-1}(f\otimes k)=f\otimes\varepsilon(k)1=f\otimes 1,\end{aligned}$$

这推出 $H\widehat{\otimes}_H\mathbb{C}\cong\mathbb{C}$. 用一个类似的方法, 应用 (3.9) 可以验证 $\mathbb{C}\widehat{\otimes}_H H\cong\mathbb{C}$. 这说明 ε 是非退化的.

根据 (3.6), 得到

$$(id\widehat{\otimes}\varepsilon)\Delta=id, \tag{3.10}$$

利用 (3.4), 得到

$$(\varepsilon\widehat{\otimes}id)\Delta=id. \tag{3.11}$$

反过来, 最后一个等式表明 $(\varepsilon\widehat{\otimes}id)\gamma_r=\mu$, 因为 γ_r 是一个同构, 这就唯一确定了 ε.

现在可以构造对极. 首先, 对所有的 $f\in H$, 容易验证下面公式:

$$S_l(f)\cdot g=(\varepsilon\widehat{\otimes}id)\gamma_r^{-1}(f\otimes g)\quad 和\quad g\cdot S_r(f)=(id\widehat{\otimes}\varepsilon)\rho_l^{-1}(g\otimes f)$$

分别定义了一个 H 上的左乘子 $S_l(f)$ 和右乘子 $S_r(f)$. 用这种方法, 可得有界线性映射 $S_l:H\to M_l(H)$ 和 $S_r:H\to M_r(H)$.

下面证明 S_l 是一个代数反同态. 利用引理 2.3.5 和 (3.6), 计算:

$$(id\widehat{\otimes}\mu)(id\widehat{\otimes}S_l\widehat{\otimes}id)(\rho_l\widehat{\otimes}id)=(\mu\widehat{\otimes}id)(id\widehat{\otimes}\gamma_r^{-1}).$$

将乘法映射 μ 作用上式, 得到

$$\mu(id\widehat{\otimes}\mu)(id\widehat{\otimes}S_l\widehat{\otimes}id)(\rho_l\widehat{\otimes}id)=\mu(id\widehat{\otimes}\mu\gamma_r^{-1})=\mu(id\widehat{\otimes}\varepsilon\widehat{\otimes}id), \tag{3.12}$$

其中用到 (3.4). 利用 (3.7) 和 (3.12), 可以得出 ε 是代数同态的事实, 再次利用 (3.12) 可得

$$\begin{aligned}&\mu(id\widehat{\otimes}\mu)(id\widehat{\otimes}S_l\widehat{\otimes}id)(\mu_{(2)}\widehat{\otimes}id)(\rho_l\widehat{\otimes}\Delta\widehat{\otimes}id)\\=&\mu(id\widehat{\otimes}\mu)(id\widehat{\otimes}S_l\widehat{\otimes}id)(\rho_l\widehat{\otimes}id)(id\widehat{\otimes}id\widehat{\otimes}\varepsilon\widehat{\otimes}id).\end{aligned}$$

因为 ρ_l 是同构, 根据 (3.12),

$$\begin{aligned}&\mu(id\widehat{\otimes}\mu)(id\widehat{\otimes}S_l\widehat{\otimes}id)(id\widehat{\otimes}\mu\widehat{\otimes}id)\rho_l^{13}\\=&\mu(id\widehat{\otimes}\mu)(id\widehat{\otimes}S_l\widehat{\otimes}id)(id_{(2)}\widehat{\otimes}\mu)(id_{(2)}\widehat{\otimes}S_l\widehat{\otimes}id)(id\widehat{\otimes}\tau\widehat{\otimes}id)\rho_l^{13},\end{aligned}$$

因此

$$\begin{aligned}&\mu(id\widehat{\otimes}\mu)(id\widehat{\otimes}S_l\widehat{\otimes}id)(id\widehat{\otimes}\mu\widehat{\otimes}id)\\=&\mu(id\widehat{\otimes}\mu)(id\widehat{\otimes}\mu\widehat{\otimes}id)(id\widehat{\otimes}\tau\widehat{\otimes}id)(id\widehat{\otimes}S_l\widehat{\otimes}S_l\widehat{\otimes}id).\end{aligned}$$

因为代数 H 是非退化的, 于是得出对于所有的 $f,g\varepsilon H$,

$$S_l(fg)=S_l(g)S_l(f). \tag{3.13}$$

类似地，对于映射 S_r, 有

$$\begin{aligned}(\mu\widehat{\otimes}id)(id\widehat{\otimes}S_r\widehat{\otimes}id)(id\widehat{\otimes}\gamma_r)&=(\mu\widehat{\otimes}id)(id\widehat{\otimes}S_r\widehat{\otimes}id)(\rho_l\widehat{\otimes}id)(id\widehat{\otimes}\gamma_r)(\rho_l^{-1}\widehat{\otimes}id)\\&=(id\widehat{\otimes}\varepsilon\widehat{\otimes}id)(id\widehat{\otimes}\gamma_r)(\rho_l^{-1}\widehat{\otimes}id)\\&=(id\widehat{\otimes}\mu)(\rho_l^{-1}\widehat{\otimes}id),\end{aligned}$$

用 μ 作用后可以得到

$$\mu(\mu\widehat{\otimes}id)(id\widehat{\otimes}S_r\widehat{\otimes}id)(id\widehat{\otimes}\gamma_r)=\mu(\mu\rho_l^{-1}\widehat{\otimes}id)=\mu(id\widehat{\otimes}\varepsilon\widehat{\otimes}id). \tag{3.14}$$

同理，S_r 是一个代数反同态. 事实上, 对于所有的 $f\in H$, 可以说明 $(S_l(f),S_r(f))$ 是 H 上的一个乘子. 由 S_r 定义有 $\mu(id\widehat{\otimes}S_r)=(id\widehat{\otimes}\varepsilon)\rho_l^{-1}$, 因此 (3.12) 表明

$$\mu(id\widehat{\otimes}\mu)(id\widehat{\otimes}S_l\widehat{\otimes}id)=\mu(id\widehat{\otimes}\varepsilon\widehat{\otimes}id)(\rho_l^{-1}\widehat{\otimes}id)=\mu(\mu\widehat{\otimes}id)(id\widehat{\otimes}S_r\widehat{\otimes}id).$$

现在利用 (3.13)，可以得出 S_r 是一个代数反同态. 如果 $S:H\to M(H)$ 表示由 S_r 和 S_l 决定的线性映射, 则 S 是一个有界代数反同态.

对于所有的 $f\in H$, 定义 $\bar{S}_l(f)\in M_l(H)$ 和 $\bar{S}_r(f)\in M_r(H)$ 为

$$\begin{aligned}\bar{S}_l(f)\cdot g&=(\varepsilon\widehat{\otimes}id)\gamma_l^{-1}\tau(f\otimes g),\\g\cdot\bar{S}_r(f)&=(id\widehat{\otimes}\varepsilon)\rho_r^{-1}\tau(g\otimes f).\end{aligned}$$

由引理 2.3.2, 有 $\gamma_l^{-1}\tau = (\gamma_r^{\mathrm{cop}})^{-1}$ 和 $\rho_r^{-1}\tau = (\rho_l^{\mathrm{cop}})^{-1}$. 上面的讨论应用到 H^{cop} 上, 得到 $\bar{S}_l$ 和 $\bar{S}_r$ 确定一个有界代数反同态 $\bar{S}: H \to M(H)$.

接下来证明 S 和 $\bar{S}$ 定义了从 H 到其本身的有界线性映射并且相互可逆. 为此, 观察:

$$(id\widehat{\otimes}\mu)(\tau\widehat{\otimes}id) = (id\widehat{\otimes}\mu)(\tau\widehat{\otimes}id)(\gamma_r\widehat{\otimes}id)(\gamma_r^{-1}\widehat{\otimes}id) = \mu_{(2)}(\Delta^{\mathrm{cop}}\widehat{\otimes}id_{(2)})(\gamma_r^{-1}\widehat{\otimes}id),$$

这说明

$$\begin{aligned}&(\mu\widehat{\otimes}id)(id\widehat{\otimes}\bar{S}\widehat{\otimes}id)(id\widehat{\otimes}id\widehat{\otimes}\mu)(id\widehat{\otimes}\tau\widehat{\otimes}id)\\ =&(\mu\widehat{\otimes}id)(id\widehat{\otimes}\mu\widehat{\otimes}id)(id\widehat{\otimes}\bar{S}\widehat{\otimes}\bar{S}\widehat{\otimes}id)(id_{(2)}\widehat{\otimes}\gamma_r^{\mathrm{cop}}\widehat{\otimes}id)(id\widehat{\otimes}\tau\gamma_r^{-1}\widehat{\otimes}id)\end{aligned}$$

由于 $\bar{S}$ 是代数反同态. 将 μ 应用到式子中, 由 S 和 $\bar{S}$ 的定义，有

$$\begin{aligned}&\mu(id\widehat{\otimes}\mu)(id\widehat{\otimes}\mu\widehat{\otimes}id)(id\widehat{\otimes}\bar{S}\widehat{\otimes}id_{(2)})(id\widehat{\otimes}\tau\widehat{\otimes}id)\\ =&\mu(id\widehat{\otimes}\mu)(id\widehat{\otimes}\bar{S}\widehat{\otimes}id)(id\widehat{\otimes}\mu\widehat{\otimes}id)(id\widehat{\otimes}\tau\widehat{\otimes}id_{(2)}).\end{aligned}$$

于是

$$\mu(\bar{S}\widehat{\otimes}id)\tau = \bar{S}\mu(S\widehat{\otimes}id), \tag{3.15}$$

其两边都可以看作从 $H\widehat{\otimes}H$ 到 $M(H)$ 的映射. 选择 $k \in H$ 使 $\varepsilon(k) = 1$. 由 S 的定义，得

$$\bar{S}(f) = \bar{S}(f)\varepsilon(k) = \bar{S}\mu(S\widehat{\otimes}id)\gamma_r(k\otimes f) = \mu(\bar{S}\widehat{\otimes}id)\tau\gamma_r(k\otimes f)$$

对于所有的 $f \in H$ 成立. 这表明 $\bar{S}$ 定义了一个从 H 到 H 的有界线性映射. 把 H 替换成 H^{cop}, 看到 S 可以被看作从 H 到 H 的有界线性映射. 因为 $\bar{S}$ 是一个代数反同态, (3.15) 可以推出 $\mu(\bar{S}\widehat{\otimes}id) = \mu(\bar{S}\widehat{\otimes}\bar{S}S)$, 且

$$\mu(\mu\widehat{\otimes}id)(id\widehat{\otimes}\bar{S}\widehat{\otimes}id) = \mu(\mu\widehat{\otimes}id)(id\widehat{\otimes}\bar{S}\widehat{\otimes}\bar{S}S).$$

由 $\bar{S}$ 的定义, 有 $\mu(id\widehat{\otimes}\bar{S}) = (id\widehat{\otimes}\varepsilon)\rho_r^{-1}\tau$, 得出 $\bar{S}S = id$. 类似地，可得 $S\bar{S} = id$. 又从 (3.14) 和 (3.12)，得

$$\mu(S\widehat{\otimes}id)\gamma_r = \varepsilon\widehat{\otimes}id, \qquad \mu(id\widehat{\otimes}S)\rho_l = id\widehat{\otimes}\varepsilon,$$

而且这等式唯一确定了映射 S.

最后将证明 S 是一个余代数反同态. 因为 Δ 是一个代数同态, 有

$$\gamma_r(\mu\widehat{\otimes}id) = (id\widehat{\otimes}\mu)(\Delta\widehat{\otimes}id)(\mu\widehat{\otimes}id) = (id\widehat{\otimes}\mu)(\gamma_l\widehat{\otimes}id)(id\widehat{\otimes}\gamma_r),$$

利用 (3.1) 得到

$$(\mu\widehat{\otimes}id)(id\widehat{\otimes}\gamma_r^{-1}) = (id\widehat{\otimes}\mu)(\gamma_r^{-1}\widehat{\otimes}id)(\gamma_l\widehat{\otimes}id). \tag{3.16}$$

从引理 2.3.5, (3.6) 和 S 的定义，有

$$(\mu\widehat{\otimes}id)(id\widehat{\otimes}\gamma_r^{-1}) = (id\widehat{\otimes}\mu)(id\widehat{\otimes}S\widehat{\otimes}id)(\rho_l\widehat{\otimes}id).$$

再结合 (3.16)，得到

$$\gamma_r^{-1}\gamma_l = (id\widehat{\otimes}S)\rho_l, \tag{3.17}$$

此式应用到 H^{cop} 中，得到

$$\gamma_l^{-1}\gamma_r = (\gamma_r^{\mathrm{cop}})^{-1}\tau\tau\gamma_l^{\mathrm{cop}} = (id\widehat{\otimes}S^{-1})\rho_l^{\mathrm{cop}} = (id\widehat{\otimes}S^{-1})\tau\rho_r. \tag{3.18}$$

由上面式 (3.17) 和 (3.18), 得到

$$\rho_r(S\widehat{\otimes}S) = (S\widehat{\otimes}id)\tau\rho_l^{-1}(S\widehat{\otimes}id). \tag{3.19}$$

从 S 的定义和 (3.4) 有

$$(\mu\widehat{\otimes}id)(id\widehat{\otimes}S\widehat{\otimes}id)(id\widehat{\otimes}\gamma_r)(\rho_l\widehat{\otimes}id) = (id\widehat{\otimes}\varepsilon\widehat{\otimes}id)(id\widehat{\otimes}\gamma_r) = (id\widehat{\otimes}\mu).$$

这表明

$$(id\widehat{\otimes}\mu)(\rho_l^{-1}\widehat{\otimes}id)(\tau\widehat{\otimes}id)(id\widehat{\otimes}S\widehat{\otimes}id) = (id\widehat{\otimes}\mu)(S\widehat{\otimes}id_{(2)})(\gamma_l\widehat{\otimes}id),$$

其中 S 是一个代数反同态. 因此得到

$$(S\widehat{\otimes}id)\gamma_l = \rho_l^{-1}(S\widehat{\otimes}id)\tau. \tag{3.20}$$

由上面的式子 (3.19) 和 (3.20), 有

$$\rho_r(S\widehat{\otimes}S)\tau = (S\widehat{\otimes}id)\tau\rho_l^{-1}(S\widehat{\otimes}id)\tau = (S\widehat{\otimes}S)\tau\gamma_l,$$

运用 S 是代数反同态, 另一个计算给出

$$\begin{aligned}&(id\widehat{\otimes}\mu^{\mathrm{op}})(\Delta\widehat{\otimes}id)(S\widehat{\otimes}id)(id\widehat{\otimes}S)\\&=(id\widehat{\otimes}\mu^{\mathrm{op}})(S\widehat{\otimes}S\widehat{\otimes}id)(\tau\widehat{\otimes}id)(\Delta\widehat{\otimes}id)(id\widehat{\otimes}S).\end{aligned}$$

这表明 $\Delta S = (S\widehat{\otimes}S)\tau\Delta$, 即说明 S 是一个余代数反同态. 当然 S^{-1} 也是余代数反同态. 因此得出存在唯一的 ε 和 S 满足这些性质. □

命题 2.3.7 所有有界型量子群的同态 $\alpha : H \to M(K)$ 都与余单位和对极自动相容的.

证明 注意到与 H 的余乘相关的 Galois 映射将有界线性映射从 $M(H)\widehat{\otimes}M(H)$ 扩展到 $M(H\widehat{\otimes}H)$. 而且观察到由 (3.4) 得到的关系 $(\varepsilon\widehat{\otimes}id)\gamma_r = \mu$ 仍然成立, 其中将上式两端看成从 $M(H)\widehat{\otimes}M(H)$ 到 $M(H)$ 的映射.

因为 $\alpha : H \to M(K)$ 是一个代数同态和余代数同态, 有

$$\gamma_r(\alpha\widehat{\otimes}\alpha) = (\alpha\widehat{\otimes}\alpha)\gamma_r, \tag{3.21}$$

两边都可以看作从 $H\widehat{\otimes}H$ 到 $M(K\widehat{\otimes}K)$ 的映射. 因此得出

$$(\varepsilon\widehat{\otimes}id)(\alpha\widehat{\otimes}\alpha)\gamma_r = (\varepsilon\widehat{\otimes}id)\gamma_r(\alpha\widehat{\otimes}\alpha) = \mu(\alpha\widehat{\otimes}\alpha) = \alpha\mu = (\varepsilon\widehat{\otimes}\alpha)\gamma_r,$$

这里所有的映射都看成是在定义域 $H\widehat{\otimes}H$ 上而值域在 $M(K)$ 的映射. 因为 γ_r 是同构, 所以得到 $(\varepsilon\alpha)\widehat{\otimes}\alpha = \varepsilon\widehat{\otimes}\alpha$. 由于 α 是非退化的, 这说明 $\varepsilon\alpha = \varepsilon$, 意味着 α 和余单位是相容的.

同时，由定理 2.3.6 的证明，我们知道 H 的 Galois 映射的逆可以由 S 及其逆准确刻画. 这些映射可以自然地定义在 $M(H)\widehat{\otimes}M(H)$ 上. 由此方法并使用等式

$$\begin{aligned}&(\mu\widehat{\otimes}id)(id\widehat{\otimes}\rho_r)(id\widehat{\otimes}\mu\widehat{\otimes}id)(id\widehat{\otimes}\tau\widehat{\otimes}id)(\rho_l\widehat{\otimes}id_{(2)})\\ =&\mu_{(2)}(id_{(2)}\widehat{\otimes}\mu_{(2)})(id_{(2)}\widehat{\otimes}\Delta\widehat{\otimes}\Delta)(id\widehat{\otimes}\tau\widehat{\otimes}id),\end{aligned}$$

在 $H\widehat{\otimes}H\widehat{\otimes}H\widehat{\otimes}M(H)\widehat{\otimes}H$ 上，通过计算，

$$(\mu\widehat{\otimes}id)(id\widehat{\otimes}\mu\widehat{\otimes}id)(id_{(2)}\widehat{\otimes}\gamma_r^{-1}) = (\mu\widehat{\otimes}id)(id\widehat{\otimes}\gamma_r^{-1})(id\widehat{\otimes}\mu\widehat{\otimes}id)\gamma_r^{24},$$

得到在 $H\widehat{\otimes}M(H)\widehat{\otimes}H$ 上的一个恒等式: $(\mu\widehat{\otimes}id)(id\widehat{\otimes}\gamma_r^{-1}) = \gamma_r^{-1}\mu\widehat{\otimes}id)\gamma_r^{13}$. 这说明了如果两边都可以看作从 $H\widehat{\otimes}M(H)\widehat{\otimes}M(H)\widehat{\otimes}H$ 到 $H\widehat{\otimes}H$ 的映射, 于是就有

$$(\mu\widehat{\otimes}\mu)(id\widehat{\otimes}\gamma_r^{-1}\widehat{\otimes}id) = \gamma_r^{-1}(\mu\widehat{\otimes}id)\gamma_r^{13}(id_{(2)}\widehat{\otimes}\mu). \tag{3.22}$$

进一步, 作为从 $K\widehat{\otimes}H\widehat{\otimes}H\widehat{\otimes}K$ 到 $K\widehat{\otimes}K$ 的映射,

$$\begin{aligned}&\gamma_r(\mu\widehat{\otimes}\mu)(id\widehat{\otimes}\alpha\widehat{\otimes}\alpha\widehat{\otimes}id)\\ =&(id\widehat{\otimes}\mu)(id_{(2)}\widehat{\otimes}\mu)(\Delta\widehat{\otimes}id_{(2)})(\mu\widehat{\otimes}id_{(2)})(id\widehat{\otimes}\alpha\widehat{\otimes}\alpha\widehat{\otimes}id)\\ =&(\mu\widehat{\otimes}id)\gamma_r^{13}(id_{(2)}\widehat{\otimes}\mu)(id\widehat{\otimes}\alpha\widehat{\otimes}\alpha\widehat{\otimes}id)(id\widehat{\otimes}\gamma_r\widehat{\otimes}id),\end{aligned}$$

根据 (3.22), 得到

$$\begin{aligned}(\mu\widehat{\otimes}\mu)(id\widehat{\otimes}\alpha\widehat{\otimes}\alpha\widehat{\otimes}id)&=\gamma_r^{-1}\gamma_r(\mu\widehat{\otimes}\mu)(id\widehat{\otimes}\alpha\widehat{\otimes}\alpha\widehat{\otimes}id)\\ &=(\mu\widehat{\otimes}\mu)(id\widehat{\otimes}\gamma_r^{-1}\widehat{\otimes}id)(id\widehat{\otimes}\alpha\widehat{\otimes}\alpha\widehat{\otimes}id)(id\widehat{\otimes}\gamma_r\widehat{\otimes}id),\end{aligned}$$

且可以推出

$$\gamma_r^{-1}(\alpha\widehat{\otimes}\alpha) = (\alpha\widehat{\otimes}\alpha)\gamma_r^{-1}. \tag{3.23}$$

现在, 等式 $\mu(S\widehat{\otimes}id) = (\varepsilon\widehat{\otimes}id)\gamma_r^{-1}$ 仍然成立, 如果等式两边可以看作从 $M(H)\widehat{\otimes}M(H)$ 到 $M(H)$ 的线性映射. 从以上的讨论, 得到关系

$$\begin{aligned}\mu(S\widehat{\otimes}id)(\alpha\widehat{\otimes}\alpha)&=(\varepsilon\widehat{\otimes}id)\gamma_r^{-1}(\alpha\widehat{\otimes}\alpha),\\ \alpha\mu(S\widehat{\otimes}id)&=(\varepsilon\widehat{\otimes}\alpha)\gamma_r^{-1},\end{aligned}$$

由 (3.23), α 和余单位的相容性, 得到

$$\mu(\alpha S\widehat{\otimes}\alpha)=\alpha\mu(S\widehat{\otimes}id)=(\varepsilon\widehat{\otimes}id)(\alpha\widehat{\otimes}\alpha)\gamma_r^{-1}=(\varepsilon\widehat{\otimes}id)\gamma_r^{-1}(\alpha\widehat{\otimes}\alpha)=\mu(S\alpha\widehat{\otimes}\alpha).$$

由于 α 是非退化的, 则映射 αS 和 $S\alpha$ 相等. 也有 $\alpha S^{-1}=S^{-1}\alpha$ □

因为 $S:H\to H^{\text{opcop}}$ 是有界型量子群同构, 所以命题 2.3.7 说明了在有界型量子群 H 中, 有 $\varepsilon S=\varepsilon$ 和 $\varepsilon S^{-1}=\varepsilon$.

2.4 积分的模性质

这一节讨论 Haar 函数 (即积分或不变函数) 在一个有界型向量空间中的模性质. 这些性质的证明类似 1.6 节.

令 H 为一个有界型代数量子群. 假设 ϕ 是 H 上的左不变函数, 则 $S(\phi)$ 为 H 上的右不变函数, 其中 $S(\phi)(f)=\phi(S(f))$.

命题 2.4.1 设 H 是一个有界型量子群, 令 ϕ 和 ψ 分别为 H 上忠实的左不变和右不变函数. 则存在 H 的一个有界型同构 v 满足对所有的 $f,h\in H$,

$$\psi(hf)=\phi(hv(f)).$$

命题 2.4.2 左 Haar 函数 ϕ 在纯量意义下对于有界型量子群是唯一的.

命题 2.4.3 设 H 是一个有界型量子群, 则存在 H 的唯一有界的代数自同构 σ 使得对所有的 $f,g\in H$, 有

$$\phi(fg)=\phi(g\sigma(f)).$$

此外, ϕ 在 σ 下是不变的.

令 ψ 为 H 上的右 Haar 测度 (measure). $S(\psi)$ 是一个左 Haar 测度, 且有

$$\psi(S(f)S(g))=S(\psi)(gf)=S(\psi)(\sigma^{-1}(f)g)=\psi(S(g)(S\sigma^{-1}S^{-1})S(f))$$

对于所有的 $f,g\in H$ 成立. 因此

$$\psi(fg)=\psi(g\rho(f)),$$

其中 $\rho=S\sigma^{-1}S^{-1}$. 如果考虑 $S^{-1}(\psi)$ 并且用命题 2.4.2 可以得出 $\rho=S^{-1}\sigma^{-1}S$, 对于自同态 σ 有关系 $S^2\sigma=\sigma S^2$.

命题 2.4.4 设 H 是一个有界型量子群. 则存在唯一个乘子 $\delta\in M(H)$ 使得

$$(\phi\widehat{\otimes}id)\bigtriangleup(f)=\phi(f)\delta$$

对于所有的 $f\in H$ 成立.

这个乘子 δ 称为 H 的一个模元素(modular element).

命题 2.4.5 模元素 δ 是可逆的, 并且满足条件

$$\Delta(\delta) = \delta \otimes \delta, \quad \varepsilon(\delta) = 1, \quad S(\delta) = \delta^{-1}.$$

同时 $S^{-1}(\delta) = \delta^{-1}$. 如果 ψ 是忠实的右不变函数, 由命题 2.4.4 和 2.4.5, 并利用左不变函数 $\phi = S(\psi)$, 有

$$(id\widehat{\otimes}\psi)\Delta(f) = \psi(f)\delta^{-1}.$$

2.5 模和余模

这一章讨论在有界型量子群上的本质模和本质余模的概念.

定义 2.5.1 设 H 是一个有界型量子群. 一个本质 H 模是一个 H 模 V 满足模作用能够诱导一个有界型同构 $H\widehat{\otimes}_H V \cong V$. 一个本质 H 模之间的有界线性映射 $f: V \to W$ 称为 H 线性的, 若 $\mu_W(id\widehat{\otimes}f) = f\mu_V$.

如果 H 和 H 模 V 具有细的有界型, 那么 V 是本质的当且仅当 $HV = V$. 这个结论可以很容易从 H 具有近似单位元得出. 满足条件 $HV = V$ 的模称为酉的[40]. 因此代数量子群上的酉模是本质的.

把本质的 H 模范畴记作 H-Mod, 其中态射为有界的 H 线性映射.

本质 H 模的直和仍然是本质 H 模. 此外, 两个本质 H 模通过对角作用的张量积 $V\widehat{\otimes}W$ 还是本质 H 模. 由余单位 ε 给出的平凡的一维 H 模 $\mathbb{C}$ 类似于关于张量积的单位元.

对偶本质模的概念可以得出本质余模的定义. 设 H 是一个有界型量子群, V 是一个有界型向量空间, $\mathrm{Hom}_H(H, V\widehat{\otimes}H)$ 表示从 H 到 $V\widehat{\otimes}H$ 的有界右 H 线性映射构成的空间. H 在 V 上的右余作用是一个有界线性映射 $\eta: V \to \mathrm{Hom}_H(H, V\widehat{\otimes}H)$, 这个映射在下面的意义下是余线性的. 从伴随结合性可知, 映射 η 可以等价地描述为一个有界 H 线性映射 $V\widehat{\otimes}H \to V\widehat{\otimes}H$. 称 η 为右H 余线性的, 如果后者是同构的而且满足关系

$$(id \otimes \gamma_r)\eta_{12}(id \otimes \gamma_r^{-1}) = \eta_{12}\eta_{13},$$

其中等式两边都可以看作从 $V\widehat{\otimes}H\widehat{\otimes}H$ 到它本身的映射.

定义 2.5.2 设 H 是一个有界型量子群. 一个右本质 H 余模是一个有界型向量空间 V, 带有余作用 $\eta: V \to \mathrm{Hom}_H(H, V\widehat{\otimes}H)$. 两个本质余模之间的有界线性映射 $f: V \to W$ 称作 H 余线性的, 如果 $(f \otimes id)\eta_V = \eta_W(f \otimes id)$.

记 H 上的右本质余模范畴为 Comod-H, 其态射为右 H 余线性映射. 更精确地说, 我们定义了右 H 余模. 同样对于左余模, 也有类似的定义. 尤其, 在文献 [132] 中详细描述了乘子 Hopf 代数的余模 (或余表示).

余作用最基本的例子是 H 在 V 上的平凡作用 τ, 映射 $\tau: V \to \mathrm{Hom}_H(H, V\widehat{\otimes}H)$ 由 $\tau(v)(f) = v \otimes f$ 给出. 等价地, 关于 τ 的线性映射 $V\widehat{\otimes}H \to V\widehat{\otimes}H$ 是恒等映射.

在本质模的情形中, 存在本质余模范畴中的张量积. 假设 $\eta_V : V\widehat{\otimes}H \to V\widehat{\otimes}H$ 和 $\eta_W : W\widehat{\otimes}H \to W\widehat{\otimes}H$ 都是本质余模. 张量积余作用 $\eta_{V\widehat{\otimes}W}$ 被定义为下面合成映射:

$$V\widehat{\otimes}W\widehat{\otimes}H \xrightarrow{\eta_W^{23}} V\widehat{\otimes}W\widehat{\otimes}H \xrightarrow{\eta_V^{13}} V\widehat{\otimes}W\widehat{\otimes}H.$$

显然地, $\eta_{V\widehat{\otimes}W}$ 是右 H 线性同构, 直接的计算说明它实际上是余作用. 在 $\mathbb{C}$ 上的平凡余作用类似于关于余模张量积的单位元.

余作用的一个重要例子是 H 在自身上的正则余作用, 由余乘 $\Delta : H \to M(H\widehat{\otimes}H)$ 给出. 更精确地说, 正则余作用是关于 Galois 映射 γ_r 的从 H 到 $\mathrm{Hom}_H(H, H\widehat{\otimes}H)$ 的映射. 很容易验证, 这个关系式为

$$(id\otimes\gamma_r)\gamma_r^{12}(id\otimes\gamma_r^{-1}) = \gamma_r^{12}\gamma_r^{13}.$$

这对应于 Kac-Takesaki 算子的五角等式 (pentagon equation)[3].

考虑有单位元的有界型量子群 H 这一特殊例子. 则存在一个自然同构 $\mathrm{Hom}_H(H, V\widehat{\otimes}H) \cong V\widehat{\otimes}H$, 且余作用是有界线性映射 $\eta : V \to V\widehat{\otimes}H$ 满足 $(\eta\widehat{\otimes}id)\eta = (id\widehat{\otimes}\triangle)\eta$ 和 $(id\widehat{\otimes}\varepsilon)\eta = id$. 也就是说, 对于有单位元的有界型量子群, 余作用的概念与 Hopf 代数理论的余作用定义相同.

接下来给出定义：一个有界型量子群 H 上的本质 H 模 P 称为投射的, 如果对每个带有有界线性分裂 (splitting) 映射 $\sigma : W \to V$ 的 H 线性映射 $\pi : V \to W$, 和任意的 H 线性映射 $\xi : P \to W$, 存在 H 线性映射 $\zeta : P \to V$ 使得 $\pi\zeta = \xi$. 用一个完全类似的方法定义投射的本质 H 余模.

通过研究本质模的函子和量子群同态下的余模来结束这一节. 令 $\alpha : H \to M(K)$ 为一个有界型模量子群同态. 如果 $\lambda : K\widehat{\otimes}V \to V$ 是在 V 上的本质 K 模结构, 则下面合成映射 (记为 $\alpha^*(\lambda)$):

$$H\widehat{\otimes}V \xrightarrow{\alpha\widehat{\otimes}id} M(K)\widehat{\otimes}V \xrightarrow{\cong} M(K)\widehat{\otimes}K\widehat{\otimes}_K V \xrightarrow{\mu\widehat{\otimes}id} K\widehat{\otimes}_K V \cong V$$

定义了一个 H 模, 并且易证 V 成为一个本质 H 模. 这个结构与模映射是相容的, 且诱导出一个函子 $\alpha^* : {}_K\mathrm{Mod} \to {}_H\mathrm{Mod}$. 对右模，有类似讨论.

反之, 令 $\eta : V\widehat{\otimes}H \to V\widehat{\otimes}H$ 是一本质 H 余模态射. 通过下面的交换图:

$$\begin{array}{ccc} V\widehat{\otimes}K & \xrightarrow{\alpha_*(\eta)} & V\widehat{\otimes}K \\ \downarrow\cong & & \downarrow\cong \\ V\widehat{\otimes}H\widehat{\otimes}_H K & \xrightarrow{\eta\widehat{\otimes}id} & V\widehat{\otimes}H\widehat{\otimes}_H K \end{array}$$

可以定义一个有界线性映射 $\alpha_*(\eta) : V\widehat{\otimes}K \to V\widehat{\otimes}K$, 其中 η 是右 H 线性的. 显然地, $\alpha_*(\eta)$ 是右 K 线性同构, 并且满足关系

$$(id \otimes \gamma_r)\alpha_*(\eta)_{12}(id \otimes \gamma_r^{-1}) = \alpha_*(\eta)_{12}\alpha_*(\eta)_{13}.$$

因此 $\alpha_*(\eta)$ 定义了 K 在 V 上的余作用. 这个构造与余模同态相容, 且可以得到函子 $\alpha_* : \mathrm{Comod}^H \to \mathrm{Comod}^K$. 同样地, 对于左余模也有类似的结论.

注 2.5.3 有关乘子 Hopf 代数的余模 (或余表示) 见文献 [16, 62, 103, 132, 133, 148].

2.6 Pontryagin 对偶

本节建立有界型量群 H 的对偶量子群 $\widehat{H}$. 此外, 在有界型量子群的背景下证明 Pontrjagin 对偶的类似结论. 在没有特别指明的情形下, 假设 ϕ 是 H 上的左 Haar 函数, ψ 是任意的右 Haar 函数.

用不变函数 ϕ, 定义从 H 到对偶空间 $H' = \mathrm{Hom}(H, \mathbb{C})$ 的有界型线性映射 $\mathfrak{F}_l$ 和 $\mathfrak{F}_r$ 为

$$\mathfrak{F}_l(f)(h) = \phi(hf), \qquad \mathfrak{F}_r(f)(h) = \phi(fh).$$

类似地, 从 H 到 H' 上的有界线性映射 $\mathfrak{g}_l$ 和 $\mathfrak{g}_r$ 为

$$\mathfrak{g}_l(f)(h) = \psi(hf), \qquad \mathfrak{g}_r(f)(h) = \psi(fh).$$

并且这些映射都是单射. 用 2.4 节的记号和结果得到:

命题 2.6.1 设 H 是一个有界型量子群, 那么

$$\mathfrak{F}_r(f) = \mathfrak{F}_l(\sigma(f)), \quad \mathfrak{g}_l(f) = \mathfrak{F}_l(\nu(f)), \quad \mathfrak{g}_r(f) = \mathfrak{g}_l(\rho(f))$$

对所有的 $f \in H$ 成立.

由于命题 2.6.1 对于映射 $\mathfrak{F}_l, \mathfrak{F}_r, \mathfrak{g}_l, \mathfrak{g}_r$ 的像在 H' 中相同. 将这个空间记为 $\widehat{H}$. 此外, 因为映射 σ,ν 和 ρ 是同构的, 所以可以用它们中的任意一个通过变换 H 的有界型结构来定义 $\widehat{H}$ 唯一的有界型结构. 将把 $\widehat{H}$ 看作是带有如此有界型结构的有界型的向量空间, 因此, 映射 $\mathfrak{F}_l, \mathfrak{F}_r, \mathfrak{g}_l, \mathfrak{g}_r$ 产生从 H 到 $\widehat{H}$ 的有界型同构. 特别地, 向量空间 $\widehat{H}$ 也满足近似性质.

称一个有界型的双线性映射 $b : U \times V \to W$ 是非退化的, 如果对所有的 $u \in U$, $b(u, v) = 0$ 推出 $v = 0$, 且对于所有的 $v \in V$, $b(u, v) = 0$ 蕴含 $u = 0$. 因为 H 是一个正则有界型向量空间, 则由 $\langle f, \omega \rangle = \omega(f)$ 给出的典范对是非退化的. 由空间 $\widehat{H}$ 的建立, 存在一个明显的有界单射 $\widehat{H} \to H'$, 且 H 和 $\widehat{H}$ 间也有一个非退化的对. 后者可以自然地扩充到 $M(H)$ 和 $\widehat{H}$ 间非退化的对. 对于 H 和 $\widehat{H}$ 的多重张量积也有类似的结论.

为了获得 $\widehat{H}$ 上的量子群结构, 首先的目标是定义一个乘法. 考虑由余乘法的转置映射 $\Delta^* : M(H \hat{\otimes} H)' \to H'$, 定义为

$$\Delta^*(\omega)(f) = \omega(\Delta(f)).$$

通过先前的记号, $\widehat{H}\widehat{\otimes}\widehat{H}$ 可以被视作是 $M(H\widehat{\otimes}H)'$ 的一个线性子空间, 并且 Δ^* 限制为映射 $\widehat{H}\widehat{\otimes}\widehat{H}\to H'$. 可以得出后者实际上诱导出一个有界线性映射 $\widehat{H}\widehat{\otimes}\widehat{H}\to\widehat{H}$. 为了证明这一点, 定义一个有界线性映射 $m: H\widehat{\otimes}H\to H$ 为

$$m(f\otimes g)=(id\widehat{\otimes}\phi)\gamma_l^{-1}(f\otimes g).$$

通过同构 $\mathfrak{F}_l: H\to\widehat{H}$ 把此映射转换, 得到一个有界型线性映射 $\widehat{\mu}:\widehat{H}\widehat{\otimes}\widehat{H}\to\widehat{H}$, 称之为卷积(convolution product). 计算

$$\begin{aligned}&(id\widehat{\otimes}\mu)(\mu\widehat{\otimes}id_{(2)})(S\widehat{\otimes}id_{(3)})(id\widehat{\otimes}\Delta\widehat{\otimes}id)(\mu_{(2)}\widehat{\otimes}id)(\Delta\widehat{\otimes}id_{(3)})\\=&(id\widehat{\otimes}\mu)(\mu\widehat{\otimes}id_{(2)})(S\widehat{\otimes}id_{(3)})(id\widehat{\otimes}\rho_r\widehat{\otimes}id)(\tau\widehat{\otimes}id_{(2)}),\end{aligned}$$

得出

$$(\mu\widehat{\otimes}id)(S\widehat{\otimes}id_{(2)})(id\widehat{\otimes}\Delta)\mu_{(2)}(\Delta\widehat{\otimes}id_{(2)})=(\mu\widehat{\otimes}id)(S\widehat{\otimes}id_{(2)})(id\widehat{\otimes}\rho_r)(\tau\widehat{\otimes}id).$$

更进一步

$$\tau(\mu\widehat{\otimes}id)(id\widehat{\otimes}\gamma_l^{-1})=(\mu\widehat{\otimes}id)(\tau\widehat{\otimes}id)(id\widehat{\otimes}S^{-1}\widehat{\otimes}id)(id\widehat{\otimes}\rho_r)(\tau\widehat{\otimes}id).$$

用不变性, 计算

$$\begin{aligned}\widehat{\mu}(\mathfrak{F}_l(f)\otimes\mathfrak{F}_l(g))(h)&=(\phi\widehat{\otimes}\phi)(\mu\widehat{\otimes}id)(id\widehat{\otimes}\gamma_l^{-1})(h\otimes f\otimes g)\\&=\Delta^*(\mathfrak{F}_l(f)\otimes\mathfrak{F}_l(g))(h),\end{aligned}$$

这说明 $\widehat{\mu}$ 与 Δ^* 相等. 由此计算

$$\widehat{\mu}(\widehat{\mu}\widehat{\otimes}id)(\mathfrak{F}_l(f)\otimes\mathfrak{F}_l(g)\otimes\mathfrak{F}_l(h))(x)=\widehat{\mu}(id\widehat{\otimes}\widehat{\mu})(\mathfrak{F}_l(f)\otimes\mathfrak{F}_l(g)\otimes\mathfrak{F}_l(h))(x),$$

这说明 $\widehat{\mu}$ 是结合的. 因此, 是一个以卷积为乘法的有界型代数. 通过以上论述, 有

$$\widehat{\mu}(\mathfrak{F}_l(f)\otimes\mathfrak{F}_l(g))=\mathfrak{F}_l((id\widehat{\otimes}\phi)\gamma_l^{-1}(f\otimes g)).\tag{6.1}$$

类似地, 有

$$\widehat{\mu}(\mathfrak{g}_r(f)\otimes\mathfrak{g}_r(g))=\mathfrak{g}_r((\psi\widehat{\otimes}id)\rho_r^{-1}(f\otimes g)),\tag{6.2}$$

这给出 $\widehat{H}$ 的乘法. 实际上, 这个方程可以直接从前面的讨论中作用在 H^{opcop} 上得到.

为了以后应用方便, 用下面的方法扩展 $\widehat{H}$ 的乘法. 由前面的式子 (3.18) 和 ϕ 是左不变的, 有

$$(id\widehat{\otimes}\phi)\gamma_r=(id\widehat{\otimes}\phi)\gamma_l\tau(S^{-1}\widehat{\otimes}id)\rho_r=(id\widehat{\otimes}\phi)(S^{-1}\widehat{\otimes}id)\rho_r.\tag{6.3}$$

用这一结论, 定义一个有界的线性映射 $\widehat{\mu}_l: H'\widehat{\otimes}\widehat{H}\to H'$,

$$\widehat{\mu}_l(\omega \otimes \mathfrak{F}_l(f))(x) = (\omega\widehat{\otimes}\phi)\gamma_r(x \otimes f) = (\omega\widehat{\otimes}\phi)(S^{-1}\widehat{\otimes}id)\rho_r(x \otimes f). \tag{6.4}$$

取 $\omega = \varepsilon$, 可以得到对于所有的 ω, $\widehat{\mu}_l(\omega \otimes \mathfrak{F}_l(f)) = 0$, 有 $f = 0$. 相反地, 假设对于所有的 $f \in H$, $\widehat{\mu}_l(\omega \otimes \mathfrak{F}_l(f)) = 0$, 有 $(\omega\widehat{\otimes}\phi)\gamma_r(h \otimes f) = 0$, 对于所有的 $h, f \in H$ 成立, 并且由 γ_r 是同构有 $w = 0$. 因此 $\widehat{\mu}_l$ 定义了一个非退化的对.

类似地, 由 (3.17) 有

$$(\psi\widehat{\otimes}id)\rho_l = (\psi\widehat{\otimes}id)(id\widehat{\otimes}S^{-1})\gamma_r^{-1}\gamma_l = (\psi\widehat{\otimes}id)(id\widehat{\otimes}S^{-1})\gamma_l, \tag{6.5}$$

并且定义 $\widehat{\mu}_r : \widehat{H}\widehat{\otimes}H' \to H'$ 为

$$\widehat{\mu}_r(\mathfrak{g}_r(f) \otimes \omega)(x) = (\psi\widehat{\otimes}\omega)\rho_l(f \otimes x) = (\psi\widehat{\otimes}\omega)(id\widehat{\otimes}S^{-1})\gamma_l(f \otimes x). \tag{6.6}$$

由以上可以看出由 $\widehat{\mu}_r$ 给定的对是非退化的. 如果限制在 $\widehat{H}\widehat{\otimes}\widehat{H}$ 上, 映射 $\widehat{\mu}_l$ 和 $\widehat{\mu}_r$ 是等于乘法映射 $\widehat{\mu}$. 此外, 当这个断言有意义时, 可以检验映射 $\widehat{\mu}_l$ 和 $\widehat{\mu}_r$ 是结合的. 以后可以简单地记映射 $\widehat{\mu}_l$ 和 $\widehat{\mu}_r$ 为 $\widehat{\mu}$.

用模自同构 σ 的定义, 得到

$$(id\widehat{\otimes}\phi)\rho_r(f \otimes x) = (id\widehat{\otimes}\phi)\gamma_r(x \otimes \sigma(f)),$$

关于乘法 $\widehat{\mu}$ 的性质，由 (6.3) 得

$$\widehat{\mu}(\omega \otimes \mathfrak{F}_r(f))(x) = (\omega\widehat{\otimes}\phi)\rho_r(f \otimes x) = (\omega\widehat{\otimes}\phi)(S\widehat{\otimes}id)\gamma_r(f \otimes x). \tag{6.7}$$

用类似的方法得到

$$\widehat{\mu}(\mathfrak{g}_l(f) \otimes \omega)(x) = (\psi\widehat{\otimes}\omega)\gamma_l(x \otimes f) = (\psi\widehat{\otimes}\omega)(id\widehat{\otimes}S)\rho_l(x \otimes f). \tag{6.8}$$

接下来证明 $\widehat{H}$ 是它自己的一个投射模. 为了得到这个结论, 将研究由 γ_r 给定的 H 的正则余作用.

命题 2.6.2 有界型量子群 H 对自身的正则余作用是一个投射 H 余模.

证明 选择一个元素 $h \in H$ 使得 $\phi(h) = 1$, 且定义 $\nu : H \to H\widehat{\otimes}H$ 为 $\nu(f) = \gamma_l(h \otimes f)$. 对所有的 $f \in H$, 因为 ϕ 是左不变的, 则有

$$(id\widehat{\otimes}\phi)\nu(f) = (id\widehat{\otimes}\phi)\gamma_l(h \otimes f) = \phi(h)f = f.$$

因此映射 ν 满足等式

$$(id\widehat{\otimes}\phi)\nu = id. \tag{6.9}$$

进一步定义 $\lambda : H \to H\widehat{\otimes}H$ 为 $\lambda = \gamma_r^{-1}\nu$.

现在假设 $\pi : V \to W$ 是 H 余模上的满射, 且带有有界线性分裂映射 σ 使 $\xi : H \to W$ 是一个 H 余线性映射. 定义 $\zeta : H \to V$ 为合成 $\zeta = (id\widehat{\otimes}\phi)\eta_V(\sigma\xi\widehat{\otimes}id)\lambda$, 其中 η_V 是 V 的余作用.

证明 ζ 是 H 余线性的. 利用 (3.17) 得到

$$\begin{aligned}(\gamma_r^{-1}\widehat{\otimes}id)(\gamma_l\widehat{\otimes}id)(id\widehat{\otimes}\gamma_r) &= (id\widehat{\otimes}S\widehat{\otimes}id)(\rho_l\widehat{\otimes}id)(id\widehat{\otimes}\gamma_r)\\ &= (id\widehat{\otimes}S\widehat{\otimes}id)(id\widehat{\otimes}\gamma_r)(id\widehat{\otimes}S^{-1}\widehat{\otimes}id)(\gamma_r^{-1}\widehat{\otimes}id)(\gamma_l\widehat{\otimes}id),\end{aligned}$$

且诱导出

$$(\lambda\widehat{\otimes}id)\gamma_r = (id\widehat{\otimes}S\widehat{\otimes}id)(id\widehat{\otimes}\gamma_r)(id\widehat{\otimes}S^{-1}\widehat{\otimes}id)(\lambda\widehat{\otimes}id). \tag{6.10}$$

因为 S 是一个代数反同态和余代数反同态, 有 $\tau(S\widehat{\otimes}S)\gamma_r = \rho_l(S\widehat{\otimes}S)\tau$, 则

$$(S\widehat{\otimes}id)\gamma_r(S^{-1}\widehat{\otimes}id) = \tau(S^{-1}\widehat{\otimes}id)\rho_l(S\widehat{\otimes}id)\tau. \tag{6.11}$$

应用 (3.18) 和 (3.20) 得到

$$\rho_r = (S\widehat{\otimes}id)\tau\gamma_l^{-1}\gamma_r = \rho_l(S\widehat{\otimes}id)\gamma_r. \tag{6.12}$$

由于 η_V 是右 H 线性的, 有

$$\eta_V^{13}(id\widehat{\otimes}\rho_r)(id\widehat{\otimes}\mu\widehat{\otimes}id) = (id\widehat{\otimes}\rho_r)\eta_V^{12}(id\widehat{\otimes}\mu\widehat{\otimes}id),$$

并得到 $\eta_V^{13}(id\widehat{\otimes}\rho_r) = (id\widehat{\otimes}\rho_r)\eta_V^{12}$, 因为 H 是本质的. 再由 (6.12), 可得到

$$(id\widehat{\otimes}\rho_r)\eta_V^{12}(id\widehat{\otimes}\gamma_r^{-1}) = \eta_V^{13}(id\widehat{\otimes}\rho_l)(id\widehat{\otimes}S\widehat{\otimes}id). \tag{6.13}$$

于是, 由等式 (6.10), (6.11), (6.13) 和 (6.3), 计算得 $(\zeta\widehat{\otimes}id)\gamma_r = \eta_V(\zeta\widehat{\otimes}id)$, 这说明 ζ 是 H 余线性的.

现在证明 ζ 是 ξ 的一个提升. 因为 π 是余线性的, 下面的图:

$$\begin{array}{ccccccc} H\widehat{\otimes}H & \xrightarrow{\sigma\xi\widehat{\otimes}id} & V\widehat{\otimes}H & \xrightarrow{\eta_V} & V\widehat{\otimes}H & \xrightarrow{id\widehat{\otimes}\phi} & V \\ \downarrow{\scriptstyle id} & & \downarrow{\scriptstyle \pi\widehat{\otimes}id} & & \downarrow{\scriptstyle \pi\widehat{\otimes}id} & & \downarrow{\scriptstyle \pi} \\ H\widehat{\otimes}H & \xrightarrow{\xi\widehat{\otimes}id} & W\widehat{\otimes}H & \xrightarrow{\eta_W} & W\widehat{\otimes}H & \xrightarrow{id\widehat{\otimes}\phi} & W \end{array}$$

是交换的, 且因为 ξ 是余线性的, 有 $\eta_W(\xi\widehat{\otimes}id) = (\xi\widehat{\otimes}id)\gamma_r$. 得到 $\pi\zeta = \xi$, 是因为由 λ 的定义有

$$(id\widehat{\otimes}\phi)\gamma_r\lambda = (id\widehat{\otimes}\phi)\nu = id. \qquad \square$$

现在考虑 H 在自身上转置的右正则余作用: $\rho = \gamma_l^{-1}\tau$. 由关于 H^{op} 的等式 (3.19) 可知

$$\gamma_r(S^{-1}\widehat{\otimes}id) = (S^{-1}\widehat{\otimes}id)\gamma_l^{-1}\tau. \tag{6.14}$$

我们看到, ρ 和 H 的由 S^{-1} 给定的线性自同构下的右正则余作用 γ_r 是一致的, 这说明映射 ρ 事实上是余作用, 并且 ρ 和 γ_r 产生同构的余模. 因此, 由命题 2.6.2, 由 ρ 定义的余模是投射的.

如上令 $m: H\widehat{\otimes}H \to H$ 是相应于同构 $\mathfrak{F}_l$ 下 $\widehat{H}$ 中的乘法的映射. 由右正则余作用的定义得到

$$m = (id\widehat{\otimes}\phi)\rho\tau. \tag{6.15}$$

算子 $\gamma_r^{\mathrm{cop}} = \tau\gamma_l = \rho^{-1}$ 的五角关系可以写成

$$\rho^{23}\rho^{13}\rho^{12} = \rho^{12}\rho^{23}. \tag{6.16}$$

与公式 $(id\widehat{\otimes}\phi)\tau\rho^{-1} = (id\otimes\phi)\gamma_l = (id\widehat{\otimes}\phi)\tau$ 联立, 得出

$$(m\widehat{\otimes}id)\rho^{13} = (id\widehat{\otimes}id\widehat{\otimes}\phi)(id\widehat{\otimes}\tau)(\rho\tau\widehat{\otimes}id)\rho^{13} = \rho(m\otimes id).$$

这表明映射 m 是右 H 余线性的, 如果利用余作用 ρ^{13}, 则可把 $H\widehat{\otimes}H$ 看作是一个右 H 余模. 因为 m 有一个有界线性分裂映射, 由命题 2.6.2 得到余线性分裂映射 $\sigma: H\to H\widehat{\otimes}H$. 换句话说, 有 $(\sigma\widehat{\otimes}id)\rho = \rho^{13}(\sigma\widehat{\otimes}id)$, 于是

$$\sigma m = (id_{(2)}\widehat{\otimes}\phi)(\sigma\widehat{\otimes}id)\rho\tau = (id\widehat{\otimes}\phi\widehat{\otimes}id)(\rho\tau\widehat{\otimes}id)(id\widehat{\otimes}\sigma) = (m\widehat{\otimes}id)(id\widehat{\otimes}\sigma).$$

运用这些结论和同构 $\mathfrak{F}_l$ 可知对乘法映射 $\widehat{\mu}$, 如果 $\widehat{H}$ 通过乘法作用在 $\widehat{H}\widehat{\otimes}\widehat{H}$ 的左张量因子上, 则有一个 $\widehat{H}$ 线性分裂. 用这个分裂可以直接验证 $\widehat{H}$ 是一个本质有界型代数.

定义 $\widehat{H}$ 上的线性型 $\widehat{\psi}$ 为 $\widehat{\psi}(\mathfrak{F}_l(f)) = \varepsilon(f)$, 通过计算，得

$$\widehat{\psi}(\mathfrak{F}_l(f)\mathfrak{F}_l(g)) = (\varepsilon\widehat{\otimes}\phi)\gamma_l^{-1}(f\otimes g) = \phi(S^{-1}(g)f)$$

对于所有的 $f,g\in H$ 都成立, 因为 ϕ 是忠实的, 则 $\widehat{\psi}$ 是忠实的, 因此 $\widehat{H}$ 有忠实有界线性函数. 下面将看到, $\widehat{\psi}$ 对 $\widehat{H}$ 的余乘法来说是右不变的. 但是首先需要建立余乘法. 为此, 定义一个有界线性映射 $\widehat{\gamma}_r: \widehat{H}\widehat{\otimes}\widehat{H} \to \widehat{H}\widehat{\otimes}\widehat{H}$ 为

$$\widehat{\gamma}_r(\mathfrak{F}_l(f)\otimes\mathfrak{F}_l(g)) = (\mathfrak{F}_l\widehat{\otimes}\mathfrak{F}_l)\tau\gamma_l^{-1}(f\otimes g).$$

显然,$\widehat{\gamma}_r$ 是一个有界型同构. 我们将证明 $\widehat{\gamma}_r$ 与在第二个张量因子上的右乘交换. 运用 ρ 的五角关系 (6.16) 和 $(\phi\widehat{\otimes}id)\rho = \phi\widehat{\otimes}id$, 得到

$$\begin{aligned}&(id\widehat{\otimes}id\widehat{\otimes}\phi)(\tau\widehat{\otimes}id)(\gamma_l^{-1}\widehat{\otimes}id)(id\widehat{\otimes}\gamma_l^{-1})(f\otimes g\otimes h)\\ =&(id\widehat{\otimes}id\widehat{\otimes}\phi)(id\widehat{\otimes}\gamma_l^{-1})(\tau\widehat{\otimes}id)(\gamma_l^{-1}\widehat{\otimes}id)(f\otimes g\otimes h),\end{aligned}$$

运用映射 $\mathfrak{F}_l$, 得到

$$\widehat{\gamma}_r(id\widehat{\otimes}\widehat{\mu}) = (id\widehat{\otimes}\widehat{\mu})(\widehat{\gamma}_r\widehat{\otimes}id). \tag{6.17}$$

类似地, 定义一个 $\widehat{H}\widehat{\otimes}\widehat{H}$ 的有界型自同构 $\widehat{\rho}_l$ 为

$$\widehat{\rho}_l(\mathfrak{g}_r(g)\otimes\mathfrak{g}_r(f))=(\mathfrak{g}_r\widehat{\otimes}\mathfrak{g}_r)\tau\rho_r^{-1}(g\otimes f).$$

运用公式 (6.2), 得到

$$\widehat{\rho}_l(\widehat{\mu}\widehat{\otimes}id)=(\widehat{\mu}\widehat{\otimes}id)(id\widehat{\otimes}\widehat{\rho}_l).$$

由 (6.3) 和 (6.5) 得到

$$\widehat{\gamma}_r(\omega\otimes\mathfrak{F}_l(g))(x\otimes y)=(\omega\widehat{\otimes}\phi)(\mu\widehat{\otimes}id)(id\widehat{\otimes}S^{-1}\widehat{\otimes}id)(id\widehat{\otimes}\rho_r)(x\otimes y\otimes g) \tag{6.18}$$

和

$$\widehat{\rho}_l(\mathfrak{g}_r(f)\otimes\omega)(x\otimes y)=(\psi\widehat{\otimes}\omega)(id\widehat{\otimes}\mu)(id\widehat{\otimes}S^{-1}\widehat{\otimes}id)(\widehat{\gamma}_l\widehat{\otimes}id)(f\otimes x\otimes y) \tag{6.19}$$

对于所有的 $\omega\in\widehat{H}$. 再利用 (6.4) 和 (6.6), 得

$$\begin{aligned}&(id\widehat{\otimes}\widehat{\mu})(\widehat{\rho}_l\widehat{\otimes}id)(\mathfrak{g}_r(f)\otimes\omega\otimes\mathfrak{F}_l(g))(x\otimes y)\\=&(\widehat{\mu}\widehat{\otimes}id)(id\widehat{\otimes}\widehat{\gamma}_r)(\mathfrak{g}_r(f)\otimes\omega\otimes\mathfrak{F}_l(g))(x\otimes y),\end{aligned}$$

于是

$$(id\widehat{\otimes}\widehat{\mu})(\widehat{\rho}_l\widehat{\otimes}id)=(\widehat{\mu}\widehat{\otimes}id)(id\widehat{\otimes}\widehat{\gamma}_r). \tag{6.20}$$

对 ρ 用五角关系 (6.16), 有

$$\begin{aligned}&\widehat{\gamma}_r(\widehat{\mu}\widehat{\otimes}id)(\mathfrak{F}_l(f)\otimes\mathfrak{F}_l(g)\otimes\mathfrak{F}_l(h))\\=&(\widehat{\mu}\widehat{\otimes}id)(\tau\widehat{\otimes}id)(id\widehat{\otimes}\widehat{\gamma}_r)(\tau\widehat{\otimes}id)(id\widehat{\otimes}\widehat{\gamma}_r)(\mathfrak{F}_l(f)\otimes\mathfrak{F}_l(g)\otimes\mathfrak{F}_l(h)),\end{aligned}$$

这就给出

$$\widehat{\gamma}_r(\widehat{\mu}\widehat{\otimes}id)=(\widehat{\mu}\widehat{\otimes}id)(\tau\widehat{\otimes}id)(id\widehat{\otimes}\widehat{\gamma}_r)(\tau\widehat{\otimes}id)(id\widehat{\otimes}\widehat{\gamma}_r). \tag{6.21}$$

类似地，有

$$\widehat{\rho}_l(id\widehat{\otimes}\widehat{\mu})=(id\widehat{\otimes}\widehat{\mu})(id\widehat{\otimes}\tau)(\widehat{\rho}_l\widehat{\otimes}id)(id\widehat{\otimes}\tau)(\widehat{\rho}_l\widehat{\otimes}id). \tag{6.22}$$

最后, 根据 (6.18) 和 (6.19), 得

$$\begin{aligned}&(\widehat{\rho}_l\widehat{\otimes}id)(id\widehat{\otimes}\widehat{\gamma}_r)(\mathfrak{g}_r(f)\otimes\omega\otimes\mathfrak{F}_l(g))(x\otimes y\otimes z)\\=&(id\widehat{\otimes}\widehat{\gamma}_r)(\widehat{\rho}_l\widehat{\otimes}id)(\mathfrak{g}_r(f)\otimes\omega\otimes\mathfrak{F}_l(g))(x\otimes y\otimes z),\end{aligned}$$

且

$$(\widehat{\rho}_l\widehat{\otimes}id)(id\widehat{\otimes}\widehat{\gamma}_r)=(id\widehat{\otimes}\widehat{\gamma}_r)(\widehat{\rho}_l\widehat{\otimes}id). \tag{6.23}$$

运用映射 $\widehat{\gamma}_r$ 和 $\widehat{\rho}_l$ 的性质, 我们将构造 $\widehat{H}$ 上的余乘. 为此，需要下面一般的结果.

命题 2.6.3 设 K 是一个有界型本质代数, 满足带有忠实有界线性函数的近似性质. 如果 γ_r 和 ρ_l 是 $K\widehat{\otimes}K$ 的有界型自同构, 满足:

(a) $\gamma_r(id\widehat{\otimes}\mu) = (id\widehat{\otimes}\mu)(\gamma_r\widehat{\otimes}id)$;

(b) $\gamma_r(\mu\widehat{\otimes}id) = (\mu\widehat{\otimes}id)(\tau\widehat{\otimes}id)(id\widehat{\otimes}\gamma_r)(\tau\widehat{\otimes}id)(id\widehat{\otimes}\gamma_r)$;

(c) $\rho_l(\mu\widehat{\otimes}id) = (\mu\widehat{\otimes}id)(id\widehat{\otimes}\rho_l)$;

(d) $\rho_l(id\widehat{\otimes}\mu) = (id\widehat{\otimes}\mu)(id\widehat{\otimes}\tau)(\rho_l\widehat{\otimes}id)(id\widehat{\otimes}\tau)(\rho_l\widehat{\otimes}id)$;

(e) $(id\widehat{\otimes}\mu)(\rho_l\widehat{\otimes}id) = (\mu\widehat{\otimes}id)(id\widehat{\otimes}\gamma_r)$;

(f) $(\rho_l\widehat{\otimes}id)(id\widehat{\otimes}\gamma_r) = (id\widehat{\otimes}\gamma_r)(\rho_l\widehat{\otimes}id)$.

则存在唯一的余乘 $\Delta: K \to M(K\widehat{\otimes}K)$ 使得 γ_r 和 ρ_l 是结合的 Galois 映射.

如果还有 γ_l 和 ρ_r 是 $K\widehat{\otimes}K$ 的有界型自同构使得

(g) $(\mu\widehat{\otimes}id)(id\widehat{\otimes}\tau)(\gamma_l\widehat{\otimes}id) = \gamma_l(id\widehat{\otimes}\mu)$;

(h) $(id\widehat{\otimes}\mu)(\gamma_l\widehat{\otimes}id) = (\mu\widehat{\otimes}id)(id\widehat{\otimes}\tau)(\gamma_r\widehat{\otimes}id)(id\widehat{\otimes}\tau)$;

(i) $(id\widehat{\otimes}\mu)(\tau\widehat{\otimes}id)(id\widehat{\otimes}\rho_r) = \rho_r(\mu\widehat{\otimes}id)$;

(j) $(\mu\widehat{\otimes}id)(id\widehat{\otimes}\rho_r) = (id\widehat{\otimes}\mu)(\tau\widehat{\otimes}id)(id\widehat{\otimes}\rho_l)(\tau\widehat{\otimes}id)$.

则这些映射仍然是 Galois 映射. 因此在这种情况下, 所有的 Galois 映射是同构.

证明 应用条件 (a) 可以直接验证

$$\mu_{(2)}(\Delta_l\widehat{\otimes}id_{(2)}) = (\mu\widehat{\otimes}id)(id\widehat{\otimes}\tau)(\gamma_r\widehat{\otimes}id)(id\widehat{\otimes}\tau)$$

定义了一个有界线性映射 $\Delta_l: K \to M_l(K\widehat{\otimes}K)$. 通过条件 (b), 映射 Δ_l 是代数同态. 类似地, 根据条件 (c) 和 (d), 下面式子

$$\mu_{(2)}(id_{(2)}\widehat{\otimes}\Delta_r) = (id\widehat{\otimes}\mu)(\tau\widehat{\otimes}id)(id\widehat{\otimes}\rho_l)(\tau\widehat{\otimes}id)$$

定义了一个代数同态 $\Delta_r: K \to M_r(K\widehat{\otimes}K)$. 条件 (e) 确保这些映射诱导出代数同态 $\Delta: K \to M(K\widehat{\otimes}K)$. 直接可以证明 γ_r 和 ρ_l 是相应的 Galois 映射. 此外, Δ 是被这些映射唯一确定的.

必须证明同态 Δ 是本质的. 下面说明自然映射 $K\widehat{\otimes}_K(K\widehat{\otimes}K) \to K\widehat{\otimes}K$ 是同构, 其中 $K\widehat{\otimes}K$ 的模结构是由 Δ 给定的. 由于 K 是本质的, 有 $K\widehat{\otimes}_K K \cong K$, 并且, $K\widehat{\otimes}_K(K\widehat{\otimes}K) \cong K\widehat{\otimes}_K(K\widehat{\otimes}(K\widehat{\otimes}_K K))$. 容易验证 γ_r^{13} 退化为一个有界线性映射

$$\xi: K\widehat{\otimes}_K(K\widehat{\otimes}(K\widehat{\otimes}_K K)) \to (K\widehat{\otimes}_K K)\widehat{\otimes}(K\widehat{\otimes}_K K),$$

且 ξ 和 $\mu\widehat{\otimes}\mu$ 的合成与我们感兴趣的映射相关. 因此证明 ξ 是代数同构就足够了. 现在考虑定义在 K 的 6 重张量积上的映射

$$\begin{aligned} p &= \mu\widehat{\otimes}id\widehat{\otimes}\mu\widehat{\otimes}id - (id\widehat{\otimes}\mu\widehat{\otimes}id_{(2)})\gamma_r^{24}(id_{(4)}\widehat{\otimes}\mu), \\ q &= \mu\widehat{\otimes}id\widehat{\otimes}\mu\widehat{\otimes}id - id\widehat{\otimes}\mu\widehat{\otimes}id\widehat{\otimes}\mu. \end{aligned}$$

ξ 的源和目标分别是 $K^{\widehat{\otimes}4}$ 的与 p 和 q 像的闭包的商. 利用 (a) 和 (b) 可直接得到关系 $qk=\gamma_r^{13}p$, 其中 k 是 $K^{\widehat{\otimes}6}$ 的有界型自同构, 定义为

$$k=(id_{(2)}\widehat{\otimes}\tau\widehat{\otimes}id_{(2)})\gamma_r^{13}\gamma_r^{23}(id_{(2)}\widehat{\otimes}\tau\widehat{\otimes}id_{(2)}).$$

这种关系表明 ξ 确实是有界型自同构. 利用映射 ρ_l 可类似地证明 $(K\widehat{\otimes}K)\widehat{\otimes}_K K\to K\widehat{\otimes}K$ 是自同构, 于是得出结论 Δ 是本质的. 确定这个之后, 条件 (f) 马上可以得出 Δ 是余结合的. 因此, Δ 是余乘.

如果存在映射 γ_l 和 ρ_r 满足性质 (g) 和 (h), 则这些映射描述了与 Δ 相关的 Galois 映射的性质. 在这种情况下, 所有的 Galois 映射产生 $K\widehat{\otimes}K$ 到自身的自同构. □

上面已经看到映射 $\widehat{\gamma}_r$ 和 $\widehat{\rho}_l$ 满足命题 2.6.3 中的假设. 用 $\widehat{\Delta}$ 表示定义在 $\widehat{H}$ 上的余乘. 由前面的讨论, 关于 $\widehat{\Delta}$ 的 Galois 映射 $\widehat{\gamma}_r$ 和 $\widehat{\rho}_l$ 是自同构.

对于与 $\widehat{\Delta}$ 相关的其他的 Galois 映射, 抽象地定义

$$\widehat{\gamma}_l(\mathfrak{F}_r(f)\otimes\mathfrak{F}_r(g))=(\mathfrak{F}_r\widehat{\otimes}\mathfrak{F}_r)\tau\rho_l^{-1}(f\otimes g),$$
$$\widehat{\rho}_r(\mathfrak{g}_l(g)\otimes\mathfrak{g}_l(f))=(\mathfrak{g}_l\widehat{\otimes}\mathfrak{g}_l)\tau\gamma_r^{-1}(g\otimes f).$$

对 H^{op}, 通过前面类似的讨论看到, $\widehat{\gamma}_l$ 和 $\widehat{\rho}_r$ 满足命题 2.6.3 中条件 (g) 和 (i). 利用 (6.3) 和 (6.5), 直接计算可以得到

$$\widehat{\gamma}_l(\omega\otimes\mathfrak{F}_r(g))(x\otimes y)=(\omega\widehat{\otimes}\phi)(\mu\widehat{\otimes}id)(id\widehat{\otimes}\tau)(\rho_r\widehat{\otimes}id)(g\otimes x\otimes y) \tag{6.24}$$

和

$$\widehat{\rho}_r(\mathfrak{g}_l(f)\otimes\omega)(x\otimes y)=(\psi\widehat{\otimes}\omega)(id\widehat{\otimes}\mu)(\tau\widehat{\otimes}id)(id\widehat{\otimes}\gamma_l)(x\otimes y\otimes f). \tag{6.25}$$

在利用 $\widehat{\mu}$ 的定义和 (6.24), (6.3) 和 (6.18), 有

$$\begin{aligned}&(id\widehat{\otimes}\widehat{\mu})(\widehat{\gamma}_l\widehat{\otimes}id)(\omega\otimes\mathfrak{F}_r(f)\otimes\mathfrak{F}_l(g))(x\otimes y)\\&=(\widehat{\gamma}_l(\omega\otimes\mathfrak{F}_r(f))\widehat{\otimes}\phi)(x\otimes\gamma_r(y\otimes g))\\&=(\widehat{\mu}\widehat{\otimes}id)(id\widehat{\otimes}\tau)(\widehat{\gamma}_r\widehat{\otimes}id)(id\widehat{\otimes}\tau)(\omega\otimes\mathfrak{F}_r(f)\otimes\mathfrak{F}_l(g))(x\otimes y),\end{aligned}$$

这推出条件 (h). 利用 (6.25), (6.5) 和 (6.19) 可类似地得到条件 (j). 因此, 由命题 2.6.3 得到所有的与 $\widehat{\Delta}$ 相关的 Galois 映射是自同构.

下面命题的证明显而易见.

命题 2.6.4 设 H 是一个有界型量子群, 那么 $\widehat{H}$ 上的如下定义的线性型 $\widehat{\psi}$:

$$\widehat{\psi}(\mathfrak{F}_l(f))=\varepsilon(f)$$

是 $\widehat{H}$ 上忠实的右不变函数. 类似地, 线性型 $\widehat{\phi}$:

$$\widehat{\phi}(\mathfrak{g}_r(f)) = \varepsilon(f)$$

是 $\widehat{H}$ 上忠实的左不变函数.

现在可以完成下面定理的证明.

定理 2.6.5 设 H 是一个有界型量子群, 则具有上述结构映射的 $\widehat{H}$ 也是一个有界型量子群.

有界型量子群 H 称为 H 的对偶量子群. 下面来清楚地刻画 $\widehat{H}$ 的余单位和对极. 考虑映射 $\varepsilon: \widehat{H} \to \mathbb{C}$, 定义为

$$\widehat{\varepsilon}(\omega) = \omega(1),$$

其中 $\widehat{H}$ 通过非退化的 $\widehat{H} \times M(H) \to \mathbb{C}$ 可视作 $M(H)'$ 的子空间. 公式

$$\widehat{\varepsilon}(\mathfrak{F}_l(f)) = \phi(f), \qquad \widehat{\varepsilon}(\mathfrak{F}_r(f)) = \phi(f), \qquad \widehat{\varepsilon}(\mathfrak{g}_l(f)) = \psi(f), \qquad \widehat{\varepsilon}(\mathfrak{g}_r(f)) = \psi(f)$$

说明映射 $\widehat{\varepsilon}$ 是有界的和非零的. 可以直接地检验 $\widehat{\varepsilon}$ 是代数同态, 并计算得

$$(\widehat{\varepsilon}\widehat{\otimes}id)\widehat{\gamma}_r(\mathfrak{F}_l(f)\otimes\mathfrak{F}_l(h)) = (\mathfrak{F}_l\widehat{\otimes}\phi)\gamma_l^{-1}(f\otimes h) = \widehat{\mu}(\mathfrak{F}_l(f)\otimes\mathfrak{F}_l(h)),$$
$$(id\widehat{\otimes}\widehat{\varepsilon})\widehat{\rho}_l(\mathfrak{g}_r(h)\otimes\mathfrak{g}_r(f)) = (\psi\widehat{\otimes}\mathfrak{g}_r)\rho_r^{-1}(h\otimes f) = \widehat{\mu}(\mathfrak{g}_r(h)\otimes\mathfrak{g}_r(f)),$$

这表明 $(\widehat{\varepsilon}\widehat{\otimes}id)\gamma_r = \widehat{\mu}$ 和 $(id\widehat{\otimes}\widehat{\varepsilon})\rho_l = \widehat{\mu}$. 可以像证明定理 2.3.6 那样来证明 $\widehat{\varepsilon}$ 是非退化的. 由于定理 2.3.6 唯一性的断言, 可以看出映射 $\widehat{\varepsilon}$ 是 $\widehat{H}$ 的余单位.

类似地, 定义 $\widehat{S}: \widehat{H} \to \widehat{H}$ 为 $\widehat{S}(\omega)(f) = \omega(S(f))$, 并运用 $\psi = S(\phi)$ 得出公式:

$$\widehat{S}(\mathfrak{F}_l(f)) = \mathfrak{g}_r(S^{-1}(f)), \quad \widehat{S}(\mathfrak{F}_r(f)) = \mathfrak{g}_l(S^{-1}(f)).$$

这推出 $\widehat{S}$ 是 $\widehat{H}$ 的有界线性自同构. 由 (6.3), 计算得

$$\widehat{\mu}(\widehat{S}\widehat{\otimes}id)(\mathfrak{F}_l(f)\otimes\mathfrak{F}_l(g))(x) = (\widehat{\varepsilon}\widehat{\otimes}id)\widehat{\gamma}_r^{-1}(\mathfrak{F}_l(f)\otimes\mathfrak{F}_l(g))(x).$$

上述表明 $\widehat{\mu}(\widehat{S}\widehat{\otimes}id) = (\widehat{\varepsilon}\widehat{\otimes}id)\widehat{\gamma}_r^{-1}$. 用类似的方法得关系式 $\widehat{\mu}(id\widehat{\otimes}\widehat{S}) = (id\widehat{\otimes}\widehat{\varepsilon})\widehat{\rho}_l^{-1}$. 通过检查定理 2.3.6 的结构, $\widehat{S}$ 是 $\widehat{H}$ 的对极.

命题 2.6.6 (Pontryagin 对偶定理) 设 H 是一个有界型量子群, 那么 H 的双对偶量子群与 H 同构.

证明 定义线性映射 $P: H \to (\widehat{H})'$ 为 $P(f)(\omega) = \omega(f)$, 对一切 $f \in H$ 和 $\omega \in \widehat{H}$ 成立. 由定理 2.6.4, 对于所有的 $f, g \in H$, 计算可得

$$\begin{aligned}(\widehat{\mathfrak{g}}_l\mathfrak{F}_l(f))(\mathfrak{F}_l(h)) &= \widehat{\psi}(\mathfrak{F}_l(h)\mathfrak{F}_l(f)) = \widehat{\psi}(\mathfrak{F}_l\widehat{\otimes}\phi)\gamma_l^{-1}(f\otimes h)\\ &= (\varepsilon\widehat{\otimes}\phi)\gamma_l^{-1}(f\otimes h) = \phi(S^{-1}(f)h) = \mathfrak{F}_l(h)(S^{-1}(f)),\end{aligned}$$

其中 $\widehat{\mathfrak{g}}_l$ 是 $\mathfrak{g}_l$ 对于 $\widehat{H}$ 的映射. 这推出

$$P(f) = \widehat{\mathfrak{g}}_l\mathfrak{F}_l(S(f)),$$

并说明 P 定义了一个 H 到 $\widehat{\widehat{H}}$ 的有界型同构. 类似地, 有 $P(f) = \widehat{\mathfrak{F}}_r\mathfrak{g}_r(S(f))$. 进一步地, 用 $\psi = S^{-1}(\phi)$ 可计算

$$\begin{aligned}(\widehat{\mathfrak{F}}_l S\mathfrak{g}_l(f))(\mathfrak{g}_r(h)) &= \widehat{\phi}(\mathfrak{g}_r(h)\mathfrak{F}_r(S^{-1}(f)))\\ &= (\phi\widehat{\otimes}\varepsilon)\rho_r^{-1}(h\otimes S^{-1}(f)) = \mathfrak{g}_r(h)(f),\end{aligned}$$

这表明 $P = \widehat{\mathfrak{F}}_l S\mathfrak{g}_l$.

下面考虑乘法映射的转置 $\mu^* : H' \to (H\widehat{\otimes}H)'$, μ^*，被定义为对所有的 $f, g \in H$,

$$\mu^*(\omega)(f\otimes g) = \omega\mu(f\otimes g) = \omega(fg).$$

特别地, 有一个有界线性映射 $\mu^* : \widehat{H} \to (H\widehat{\otimes}H)'$. 利用自同构 P, 视 $\widehat{\Delta}$ 是一个 $\widehat{H}$ 到 $(H\widehat{\otimes}H)'$ 的映射. 等价地, 得到了 $\widehat{H}$ 到 $\mathrm{Hom}(H, H')$ 的一个有界线性映射

$$\mu^*(\omega)(g)(f) = \omega\mu(f\otimes g).$$

利用 (6.14), 计算得

$$\widehat{\Delta}(\mathfrak{F}_l(h))(g) = (id\widehat{\otimes}\widehat{\psi})\widehat{\gamma}_r(\mathfrak{F}_l(h)\otimes\mathfrak{F}_l S(g)) = \mathfrak{F}_l(gh),$$

再运用 S^{-1} 的定义, 有

$$\begin{aligned}\widehat{\Delta}(\mathfrak{F}_l(h))(g)(f) &= \widehat{\psi}(\mathfrak{F}_l(gh)\mathfrak{F}_l S(f)) = \widehat{\psi}(\mathfrak{F}_l\widehat{\otimes}\phi)\gamma_l^{-1}(gh\otimes S(f))\\ &= (\varepsilon\widehat{\otimes}\phi)\gamma_l^{-1}(gh\otimes S(f)) = \phi(fgh) = \mu^*(\mathfrak{F}_l(h))(g)(f),\end{aligned}$$

上式表明 $\widehat{\Delta}$ 可用 μ^* 来定义. 类似地, 从上面的构造出发, $\widehat{\mu}$ 可以由 Δ^* 定义.

由上面的讨论, 容易看出 P 是代数同态和余代数同态. 因此 P 是有界型量子群的同构. □

2.7 模与余模的对偶

本节讨论有界型量子群上本质模和余模的对偶性质及其对偶.

设 H 是有界型量子群且设 $\eta : V \to \mathrm{Hom}_H(H, V\widehat{\otimes}H)$ 是本质 H 余模. 定义有界线性映射 $D(\eta) : \widehat{H}\widehat{\otimes}V \to V$ 为

$$D(\eta)(\mathfrak{F}_l(f)\otimes v) = (id\widehat{\otimes}\phi)\eta(v\otimes f).$$

在此给出此映射的另一种描述. 由于 H 是一个本质代数, 可以将 η 看作一个从 V 到 $\mathrm{Hom}_H(H, V\widehat{\otimes}H) \cong \mathrm{Hom}_H(H\widehat{\otimes}_H H, V\widehat{\otimes}H)$ 的有界线性映射. 这个同构说明 $\eta(v)$ 与映射 $(id\widehat{\otimes}\mu)(\eta(v)\widehat{\otimes}id)$ 相对应. 进一步, 利用 2.4 节中的定义和结论有

$$\phi(hgv(f)) = \psi(hgf) = \phi(hv(gf))$$

对所有的 $f, g, h \in H$, 这意味着 v 是左 H 线性的. 再由关系

$$(id\widehat{\otimes}\phi)(id\widehat{\otimes}\mu)(\eta(v)(g)\otimes v(f)) = (id\widehat{\otimes}\psi)(id\widehat{\otimes}\mu)(\eta(v)(g)\otimes f)$$

得到 $D(\eta)(\mathfrak{g}_l(f)\otimes v) = (id\widehat{\otimes}\psi)\eta(v\otimes f)$. 下面计算

$$\begin{aligned}&D(\eta)(id\widehat{\otimes}D(\eta))(\mathfrak{F}_l(f)\otimes\mathfrak{F}_l(f)\otimes\mathfrak{F}_l(g)\otimes v)\\&=(id\widehat{\otimes}\phi)\eta(D(\eta)(\mathfrak{F}_l(g)\otimes v)\otimes f)\\&=(id\widehat{\otimes}\phi\widehat{\otimes}\phi)(id\otimes\gamma_r)\eta_{12}(id\otimes\gamma_r^{-1})(v\otimes f\otimes g).\end{aligned}$$

由 (6.3) 有 $(\phi\widehat{\otimes}\phi)\gamma_r = (\phi\widehat{\otimes}\phi)(S^{-1}\widehat{\otimes}id)\rho_r$, 再利用 (3.18) 和 (6.13) 有

$$D(\eta)(id\widehat{\otimes}D(\eta))(\mathfrak{F}_l(f)\otimes\mathfrak{F}_l(g)\otimes v) = D(\eta)(\widehat{\mu}\widehat{\otimes}id)(\mathfrak{F}_l(f)\otimes\mathfrak{F}_l(g)\otimes v),$$

这表明了 V 成为一个左 H 模.

我们要证 V 确实是一个本质 $\widehat{H}$ 模. 为此, 考虑映射 $(id\widehat{\otimes}\phi)\eta$ 来代替 $D(\eta)$. 这个映射有一个有界线性分裂映射 $\sigma: V\to V\widehat{\otimes}H$ 定义为 $\sigma(v) = \eta^{-1}(v\otimes h)$, 其中 h 使得 $\phi(h)=1$. 若把 $\widehat{H}\widehat{\otimes}_{\widehat{H}}V$ 与 $V\widehat{\otimes}H$ 的一个商 Q 等同, 在这个商中, 有关系

$$(id\widehat{\otimes}id\widehat{\otimes}\phi)\eta_{13} = (id\widehat{\otimes}id\widehat{\otimes}\phi)(id\widehat{\otimes}\gamma_l^{-1}).$$

和命题 2.6.2 的证明一样, 应用公式 (6.14), 在 Q 中有

$$(id\widehat{\otimes}id\widehat{\otimes}\phi)\eta_{12}\eta_{13} = (id\widehat{\otimes}\phi\widehat{\otimes}id)\eta_{12}(id\otimes\gamma_l^{-1}),$$

这说明

$$\eta^{-1}(id\widehat{\otimes}\phi\widehat{\otimes}id)\eta_{12} = (id\widehat{\otimes}id\widehat{\otimes}\phi)\eta_{13}(id\widehat{\otimes}\gamma_l) = id\widehat{\otimes}id\widehat{\otimes}\phi.$$

因此, $\sigma(id\otimes\phi)\eta$ 是 Q 上的一个恒等映射. 这样考虑到 $\widehat{H}\widehat{\otimes}_{\widehat{H}}V$ 上, 得到 V 是一个本质模.

一个 H 余线性映射 $f: V\to W$ 可以通过这种模结构的定义看成 $\widehat{H}$ 线性的. 因此, 我们已经有如下结论.

命题 2.7.1 设 H 是有界型量子群且设 $\widehat{H}$ 为其对偶量子群. 则前面的结构定义了一个从右 H 余模范畴到左 $\widehat{H}$ 模范畴的函子 D.

反过来, 设 $\lambda: H\widehat{\otimes}V\to V$ 是本质左 H 模. 在不引起混淆的情况下, 用 λ^{-1} 表示由 λ 诱导的同构 $H\widehat{\otimes}_H V\cong V$ 的逆. 定义有界线性映射 $D(\lambda): V\widehat{\otimes}\widehat{H}\to V\widehat{\otimes}\widehat{H}$ 为

$$D(\lambda)(v\otimes\mathfrak{F}_l(f)) = (id\widehat{\otimes}\mathfrak{F}_l)\tau(id\widehat{\otimes}\lambda)(\gamma_l^{-1}\tau\widehat{\otimes}id)(id\widehat{\otimes}\lambda^{-1})(f\otimes v).$$

因为 $\gamma_l^{-1}\tau$ 是右 H 线性的, 其中模作用被看成通过乘以第二个张量因子所得, 因此映射 $D(\lambda)$ 是良定义的且显然 $D(\lambda)$ 是一个同构. 由于 λ 是左 H 线性的, 利用 $\rho=\gamma_l^{-1}\tau$, 计算得

$$
\begin{aligned}
&(id\widehat{\otimes}\lambda)(\gamma_l^{-1}\tau\widehat{\otimes}id)(id\widehat{\otimes}\lambda^{-1})(id\widehat{\otimes}\phi\widehat{\otimes}id)(\gamma_l^{-1}\widehat{\otimes}id)(f\otimes g\otimes v)\\
=&(id\widehat{\otimes}\phi\widehat{\otimes}id)(\gamma_l^{-1}\widehat{\otimes}id)(\tau\widehat{\otimes}\lambda)(id\widehat{\otimes}\gamma_l^{-1}\tau\widehat{\otimes}id)(\tau\widehat{\otimes}\lambda^{-1})(f\otimes g\otimes v),
\end{aligned}
$$

这里用到了 $(\phi\widehat{\otimes}id)=(\phi\widehat{\otimes}id)\rho$ 和有关映射 ρ 的五边形关系 (6.16). 这说明了

$$D(\lambda)(id\widehat{\otimes}\widehat{\mu})(v\otimes\mathfrak{F}_l(f)\otimes\mathfrak{F}_l(g))=(id\widehat{\otimes}\widehat{\mu})(D(\lambda)\widehat{\otimes}id)(v\otimes\mathfrak{F}_l(f)\otimes\mathfrak{F}_l(g)),$$

即意味着 $D(\lambda)$ 是右 $\widehat{H}$ 线性的. 又由 ρ 的五边形关系和 λ 的 H 线性性, 有

$$
\begin{aligned}
&(\tau\widehat{\otimes}\lambda)(id\widehat{\otimes}\gamma_l^{-1}\tau\widehat{\otimes}id)(\tau\widehat{\otimes}id_{(2)})(id\widehat{\otimes}\gamma_l^{-1}\tau\widehat{\otimes}id)(id_{(2)}\widehat{\otimes}\lambda^{-1})(\tau\gamma_l^{-1}\widehat{\otimes}id)(f\otimes g\otimes v)\\
=&(\tau\gamma_l^{-1}\widehat{\otimes}id)(\tau\widehat{\otimes}id)(id_{(2)}\widehat{\otimes}\lambda)(id\widehat{\otimes}\gamma_l^{-1}\tau\widehat{\otimes}id)(\tau\widehat{\otimes}id_{(2)})(id_{(2)}\widehat{\otimes}\lambda^{-1})(f\otimes g\otimes v),
\end{aligned}
$$

这说明

$$D(\lambda)_{12}D(\lambda)_{13}(id\widehat{\otimes}\widehat{\gamma_r})(v\otimes\mathfrak{F}(f)\otimes\mathfrak{F}(g))=(id\widehat{\otimes}\widehat{\gamma_r})D(\lambda)_{12}(v\otimes\mathfrak{F}(f)\otimes\mathfrak{F}(g)).$$

因此 $D(\lambda)$ 是 $\widehat{H}$ 在 V 上的右余作用. 容易检查 H 模之间的 H 等变 (equivariant) 映射 $f:V\to W$ 在对应余模之间定义了一个 $\widehat{H}$ 余线性映射.

命题 2.7.2　设 H 是有界型量子群且设 $\widehat{H}$ 为其对偶量子群. 则有一个从左 H 模范畴到右 $\widehat{H}$ 余模范畴的一个自然函子, 记作 D.

定理 2.7.3 (模与余模对偶定理)　设 H 是有界型量子群. 每一本质左 H 模也是一个本质右 $\widehat{H}$ 余模, 反之亦然. 这就诱导出了一个本质左 H 模范畴和本质右 $\widehat{H}$ 余模范畴之间的张量范畴等价.

对右模和左余模情况，有类似的结论.

证明　利用 Pontryagin 对偶定理 2.6.6 可知, 上述定义的函子是互逆的. 由公式 (3.20) 有 $\gamma_l^{-1}=\tau(S^{-1}\widehat{\otimes}id)\rho_l(S\widehat{\otimes}id)$ 且

$$(\varepsilon\widehat{\otimes}id)\gamma_l^{-1}\tau(S\widehat{\otimes}id)=(id\widehat{\otimes}\varepsilon)(S^{-1}\widehat{\otimes}id)\rho_l(S\widehat{\otimes}S)\tau=S^{-1}\mu(S\widehat{\otimes}S)\tau=\mu.$$

利用 $\widehat{H}$ 上的右 Haar 函数 $\widehat{\psi}$ 的定义计算一个本质左 H 模 $\lambda:H\widehat{\otimes}V\to V$,

$$(id\widehat{\otimes}\widehat{\psi})D(\lambda)(v\otimes\mathfrak{F}_l(S(f)))=\lambda(id\widehat{\otimes}\lambda)(id\widehat{\otimes}\lambda^{-1})(f\otimes v)=\lambda(f\otimes v).$$

则有

$$DD(\lambda)(\mathfrak{g}_l\mathfrak{F}_l(S(f))\otimes v)=\lambda(f\otimes v).$$

根据 Pontryagin 对偶, 这说明 $DD(\lambda)=\lambda$.

反过来, 设 $\eta:V\to\mathrm{Hom}_H(V,V\widehat{\otimes}H)$ 是一个本质左 H 余模. 利用 (6.14), 有

$$
\begin{aligned}
DD(\eta)(v\otimes\widehat{\mathfrak{F}}_lS(\omega))&=(id\widehat{\otimes}\widehat{\mathfrak{F}}_l)\tau(id\widehat{\otimes}D(\eta))(\widehat{\gamma_l}^{-1}\tau\widehat{\otimes}id)(id\widehat{\otimes}D(\eta)^{-1})(S(\omega)\otimes v)\\
&=\tau(\widehat{\mathfrak{F}}_lS\widehat{\otimes}id)(id\widehat{\otimes}D(\eta))(\widehat{\gamma}_r\widehat{\otimes}id)(id\widehat{\otimes}D(\eta)^{-1})(\omega\otimes v),
\end{aligned}
$$

因此

$$DD(\eta)(D(\eta)(\mathfrak{F}_l(g)\otimes v)\otimes\widehat{\mathfrak{F}}_lS\mathfrak{g}_l(f))=(id\widehat{\otimes}\widehat{\mathfrak{F}}_lS\mathfrak{g}_l)\eta(D(\eta)(\mathfrak{F}_l(g)\otimes v)\otimes f),$$

这就推出

$$DD(\eta)(v\otimes\widehat{\mathfrak{F}}_lS\mathfrak{g}_l(f))=(id\widehat{\otimes}\widehat{\mathfrak{F}}_lS\mathfrak{g}_l)\eta(v\otimes f),$$

是因为 $D(\eta)$ 是本质左 $\widehat{H}$ 模. 再次利用 Pontryagin 对偶, 有 $DD(\eta)\cong\eta$.

通过与第一个张量因子的乘积和与第一个和第三个张量因子的对角作用, 分别考虑左 H 模 $H\otimes_H(H\widehat{\otimes}(H\widehat{\otimes}_HH))$ 和 $(H\widehat{\otimes}_HH)\widehat{\otimes}(H\widehat{\otimes}_HH)$. 那么, 在命题 2.6.3 的证明中的同构 ξ 是 H 线性的. 这样可以直接验证从左 H 模范畴到右 $\widehat{H}$ 余模范畴的函子 D 是与张量积相容的. □

下面利用对偶结论来建立有界型量子群之间态射的对偶.

命题 2.7.4 设 $\alpha:H\to M(K)$ 是有界型量子群的态射, 则存在唯一的态射 $\widehat{\alpha}:\widehat{K}\to M(\widehat{H})$ 使得

$$\langle\alpha(f),\omega\rangle=\langle f,\widehat{\alpha}(\omega)\rangle$$

对所有的 $f\in H$ 和 $\omega\in\widehat{K}$.

证明 由 H 和 $M(\widehat{H})$ 之间的非退化配对性质可以得到 $\widehat{\alpha}$ 的唯一性. 考虑 H 上的置换的正则余作用 $\rho=\gamma_l^{-1}\tau$. 那么诱导的余作用 $\alpha_*(\rho)$ 的对偶作用产生了 H 上的左 $\widehat{K}$ 模结构. 应用线性同构 $\mathfrak{F}_l$, 将其看成 $\widehat{H}$ 上的左 $\widehat{K}$ 模结构. 由 $\widehat{H}$ 中乘法的结合性和 (6.15), 我们得到的实际上是一个有界线性映射 $\widehat{\alpha}_l:\widehat{K}\to M_l(\widehat{H})$. 类似地, 映射 $\gamma=\rho_r^{-1}\tau$ 定义了 H 到其自身的左的余作用, 相应的诱导余作用的对偶作用确定了 H 上的右 $\widehat{K}$ 模结构. 这个作用产生同态 $\widehat{\alpha_r}:\widehat{K}\to M(\widehat{H})$. 应用引理 2.3.5 到 H^{cop}, 得到

$$(id\widehat{\otimes}\rho)(\gamma\widehat{\otimes}id)=(\gamma\widehat{\otimes}id)(id\widehat{\otimes}\rho),$$

所以 $\widehat{H}$ 上的左右 $\widehat{K}$ 模结构是交换的. 因此由映射 $\widehat{\alpha}_l$ 和 $\widehat{\alpha_r}$ 得到一个非退化同态 $\widehat{\alpha}:\widehat{K}\to M(\widehat{H})$.

考虑置换 $\alpha^*:\widehat{K}\to H'$, 其中 α 由 $\alpha^*(\omega)(f)=\omega(\alpha(f))$ 给出. 则有 $\langle f,\alpha^*(\omega)\rangle=\langle\alpha(f),\omega\rangle$. 更进一步地, 应用 (3.16) 到 H^{cop} 得到

$$(\mu\widehat{\otimes}id)(id\widehat{\otimes}\rho)=(id\widehat{\otimes}\mu)(id\widehat{\otimes}S^{-1}\widehat{\otimes}id)(\tau\rho_r\widehat{\otimes}id).$$

利用 (6.3), $\widehat{\alpha}_l$ 的定义和 $\widehat{\mu}:H'\widehat{\otimes}\widehat{H}\to H'$ 的定义, 计算得到

$$\widehat{\mu}(\widehat{\alpha}_l\widehat{\otimes}id)(\mathfrak{F}_l(k)\otimes\mathfrak{F}_l(f))(h)=\widehat{\mu}(\alpha^*\widehat{\otimes}id)(\mathfrak{F}_l(k)\widehat{\otimes}\mathfrak{F}_l(f))(h),$$

其中 λ_l 表示由 α 诱导的同构 $H\widehat{\otimes}_HK\cong K$. 这说明

$$\widehat{\mu}(\widehat{\alpha}_l(\mathfrak{F}_l(k))\otimes\mathfrak{F}_l(f))=\widehat{\mu}(\alpha^*(\mathfrak{F}_l(k))\otimes\mathfrak{F}_l(f))$$

对所有的 $k\in K$ 和 $f\in H$ 都成立. 类似地, 有

$$\widehat{\mu}(\mathfrak{g}_r(f))\otimes\widehat{\alpha_r}(\mathfrak{g}_r(k))=\widehat{\mu}(\mathfrak{g}_r(f))\otimes\alpha^*(\mathfrak{g}_r(k)),$$

则得到对所有的 $\omega \in \widehat{K}$, 有 $\widehat{\alpha}(\omega) = \alpha^*(\omega)$.

下面只简单说明 $\widehat{\alpha}$ 是余代数同态. 由 (6.3) 可得

$$
\begin{aligned}
(\phi\widehat{\otimes}\phi)\mu_{(2)}(\rho_l\widehat{\otimes}id_{(2)}) &= (\phi\widehat{\otimes}\phi)(\mu\widehat{\otimes}id)(id\widehat{\otimes}\mu\widehat{\otimes}id)\gamma_r^{24} \\
&= (\phi\widehat{\otimes}\phi)\mu_{(2)}(id_{(2)}\widehat{\otimes}\tau\gamma_l^{-1}),
\end{aligned}
$$

这说明对所有的 $f, g, h, k \in H$, 有

$$
\langle \rho_l(f \otimes g), \mathfrak{F}_l(h) \otimes \mathfrak{F}_l(k) \rangle = \langle f \otimes g, \widehat{\gamma_r}(\mathfrak{F}_l(h) \otimes \mathfrak{F}_l(K)) \rangle.
$$

这个关系可以扩充到 f 和 g 是 H 上的乘子的情况, 可以得到包含 Galois 映射的类似的结论. 由此, 计算得

$$
\langle f \otimes g, (\widehat{\alpha}\widehat{\otimes}\widehat{\alpha})\widehat{\gamma_r}(\mathfrak{F}_l(k) \otimes \mathfrak{F}_l(l)) \rangle = \langle f \otimes g, \widehat{\gamma_r}(\widehat{\alpha}\widehat{\otimes}\widehat{\alpha})(\mathfrak{F}_l(k) \otimes \mathfrak{F}_l(l)) \rangle,
$$

这推出 $(\widehat{\alpha}\widehat{\otimes}\widehat{\alpha})\widehat{\gamma_r} = \widehat{\gamma_r}(\widehat{\alpha}\widehat{\otimes}\widehat{\alpha})$, 这样就有 $\widehat{\alpha}$ 是余代数同态. □

2.8　与李群相关的有界型量子群

本节将描述与任意 Lie 群自然相关的有界型量子群的对偶对. 这些有界型量子群是 Hopf 代数: 有限群 G 上的函数 $\mathbb{C}(G)$ 和群代数 $\mathbb{C}G$ 的推广. 本节的最后将要指出如何将下面所描述的构造扩展到任意局部紧群.

如果 M 是一光滑流形 (smooth manifold), 设 $\mathscr{D}(M)$ 是 M 上任意具有紧支撑的光滑函数构成的空间. $\mathscr{D}(M)$ 带有与其自然的 LF 拓扑相关的有界型结构. 下面的命题容易得到.

引理 2.8.1　设 M 是一光滑流形, 那么具有紧支撑的光滑函数代数 $\mathscr{D}(M)$(其乘法是点向的) 的乘子代数是所有光滑函数代数 $\mathscr{E}(M)$.

现在设 G 是一个 Lie 群, 选择一个左 Haar 测度 dt 并用 δ 表示 G 的模函数. 记 $C_{\mathbb{C}}^{\infty}(G)$ 为 G 上的光滑函数及逐点定义的乘法构成的有界型代数. 用引理 2.8.1 定义余乘法 $\Delta : C_{\mathbb{C}}^{\infty}(G) \to M(C_{\mathbb{C}}^{\infty}(G \times G))$ 为

$$
\Delta(f)(r, s) = f(rs).
$$

命题 2.8.2　设 G 是一个 Lie 群. 则带有 G 上紧支撑的光滑函数代数 $C_{\mathbb{C}}^{\infty}(G)$ 是有界型量子群.

证明　直接验证与 Δ 相关的所有的 Galois 映射是同构. $C_{\mathbb{C}}^{\infty}(G)$ 的一个左不变积分 ϕ 是由 Haar 测度的积分给定的. □

定义余单位 $\varepsilon : C_{\mathbb{C}}^{\infty}(G) \to \mathbb{C}$ 为 $\varepsilon(f) = f(e)$, 其中 e 是 G 的单位元. 对极 $S : C_{\mathbb{C}}^{\infty}(G) \to C_{\mathbb{C}}^{\infty}(G)$ 定义为 $S(f)(t) = f(t^{-1})$. 在 $M(C_{\mathbb{C}}^{\infty}(G))$ 中的模元素是由模函数 δ 给定的.

描述 $C_{\mathbb{C}}^{\infty}(G)$ 的对偶. 记 $\mathscr{D}(G)$ 为这个有界量子群, 并把它看成 G 的一族光滑群代数. 这个有界型向量空间是 G 上具有紧支撑的光滑函数空间. 乘法运算由卷积给出

$$(f*g)(t)=\int_G f(s)g(s^{-1}t)ds$$

这使 $\mathscr{D}(G)$ 成为一个有界型代数. 注意到 $\mathscr{D}(G)$ 不含单位元, 除非 G 是离散的. 与其相关的乘子代数见文献 [77, 78].

命题 2.8.3 设 G 是一个 Lie 群, 光滑群代数 $\mathscr{D}(G)$ 的乘子代数是群 G 上具有紧支撑的分布代数 $\mathscr{E}'(G)$.

注意, 复群环 $\mathbb{C}G$ 包含在 $M(\mathscr{D}(G)=\mathscr{E}'(G)$ 中, 且作为由 Dirac 分布函数 δ_s 张成的子代数, 其中 $s\in G$.

用命题 2.8.3, 可以描述余乘 $\Delta:\mathscr{D}(G)\to\mathscr{E}'(G\times G)$ 为

$$\Delta(f)(h)=\int_G f(s)h(s,s)ds.$$

余单位 $\varepsilon:\mathscr{D}(G)\to\mathbb{C}$ 定义为

$$\varepsilon(f)=\int_G f(s)ds,$$

对极 $S:\mathscr{D}(G)\to\mathscr{D}(G)$ 定义为 $S(f)(t)=\delta(t)f(t^{-1})$. 那么由前面发展的理论, 可以得到如下结论:

命题 2.8.4 设 G 是任一个 Lie 群, 那么 G 上的光滑群代数 $\mathscr{D}(G)$ 是一个有界型量子群.

一个 $\mathscr{D}(G)$ 的左或右不变函数 ϕ 是由 $\phi(f)=f(e)$ 给出, 其中 e 是单位元.

如前面所提及的, 考虑任意局部紧群 G 上的光滑函数, 得到与其相符合的有界型量子群 $C_{\mathbb{C}}^{\infty}(G)$ 和 $\mathscr{D}(G)$. 在此情况下, 光滑函数空间的定义包含了局部紧群的结构理论. 更多的信息可参见文献 [77], 此文献研究了局部紧群和有界型向量空间上的局部紧群的光滑表示.

事实上, 通过定义可以知道群 G 的光滑表示与 $C_{\mathbb{C}}^{\infty}(G)$ 的本质余模是相同的. 在文献 [77] 中, G 的光滑表示范畴与 $\mathscr{D}(G)$ 的本质余模范畴是自然等价的. 这个结论是定理 2.7.3 的一个特例且解释了 2.5 节中本质模与余模的一般定义.

2.9 Schwartz 代数和离散群

本节描述来源于某个 Lie 群的 Schwartz 代数和有限生成离散群上满足各种退化 (decay) 条件的函数代数的有界型量子群.

设 $G = \mathbb{R}^n$ 为交换的 Lie 群. 令 $\mathscr{S}(\mathbb{R}^n)$ 表示 $\mathbb{R}^n$ 上的速降 (rapidly decreasing) 光滑函数的 Schwarz 空间. 这个核 (nuclear)Fréchet 空间的拓扑由半范数 (seminorm) 定义

$$p_\alpha^k(f) = \sup_{x\in\mathbb{R}^n}\left|\frac{\partial^\alpha f(x)}{\partial x_\alpha}(1+|x|)^k\right|,$$

其中 α 是任意的多重指标和 k 为非负整数. 这里 $|x|$ 表示 x 的 Euclid 范数. 带有逐点定义的乘法, 空间 $\mathscr{S}(\mathbb{R}^n)$ 是一个本质有界型代数. 为了定义相应的乘子代数, 回顾一个函数 $f \in C^\infty(\mathbb{R}^n)$ 被叫做缓增的(slowly increasing), 如果对每个多重指标 α, 存在一个整数 k 使得

$$\sup_{x\in\mathbb{R}^n}\left|\frac{1}{(1+|x|)^k}\frac{\partial^\alpha f(x)}{\partial x_\alpha}\right| < \infty,$$

$\mathbb{R}^n$ 上的缓增函数形成一个逐点乘法下的代数.

引理 2.9.1 乘子代数 $M(\widehat{\mathscr{S}}(\mathbb{R}^n))$ 是 $\mathbb{R}^n$ 上的缓增函数代数.

关于 $C_{\mathbb{C}}^\infty(\mathbb{R}^n)$ 公式的提出是为了定义 $\mathscr{S}(\mathbb{R}^n)$ 的量子群结构.

命题 2.9.2 $\mathscr{S}(\mathbb{R}^n)$ 作为 $\mathbb{R}^n$ 上的速降 (rapidly decreasing) 函数代数是有界型量子群.

描述 $\mathscr{S}(\mathbb{R}^n)$ 的对偶. 用 $\mathscr{S}^*(\mathbb{R}^n)$ 表示这个量子群, 称之为 $\mathbb{R}^n$ 上的调节 (tempered) 群代数, 其底代数结构是由 $\mathscr{S}(\mathbb{R}^n)$ 的卷积给出. 为了决定 $\mathscr{S}^*(\mathbb{R}^n)$ 的乘子代数, 用 $B(\mathbb{R}^n)$ 表示所有 $\mathbb{R}^n$ 上的光滑函数 f 构成的空间, 使得 f 的导数是有界的. $B(\mathbb{R}^n)$ 上的拓扑结构由所有导数的一致收敛来给出的. 由定义, 一个有界分布是 $B(\mathbb{R}^n)$ 上的一个连续线性型. 一个分布 $T \in \mathscr{D}'(\mathbb{R}^n)$ 有速衰(rapid decay), 如果分布 $T(1+|x|)^k$ 对所有的 $k \geqslant 0$ 是有界的. 利用 Fourier 变换, 有以下结论:

引理 2.9.3 $\mathscr{S}^*(\mathbb{R}^n)$ 的乘子代数 $M(\mathscr{S}(\mathbb{R}^n))$ 是具有速衰 (rapid decay) 的分布代数.

$\mathscr{S}^*(\mathbb{R}^n)$ 的余乘法、余单位、对极和 Haar 积分的定义类似于光滑群代数 $\mathscr{D}(\mathbb{R}^n)$ 上的定义. 注意, 经典 Fourier 变换可以看成有界型量子群的同构 $\mathscr{S}^*(\mathbb{R}^n) \cong \mathscr{S}(\widehat{\mathbb{R}}^n)$, 其中 $\widehat{\mathbb{R}}^n$ 是 $\mathbb{R}^n$ 的对偶.

调节群代数 $\mathscr{S}^*(\mathbb{R}^n)$ 和它的对偶以及对应的交叉积已经在文献 [43] 中被研究.

注意上述交换的情况容易被推广到单连通幂零 Lie 群. Natsume 和 Nest 在文献 [80] 中研究 Heisenberg 群的循环上同调时考虑到了幂零 Lie 群 G 上的 Schwartz 函数代数 $\mathscr{S}(G)$.

现在令 Γ 是具有字度量 (word metric) 的有限生成离散群. 用 L 表示 Γ 上的结合长度函数. 对所有的 $s, t \in \Gamma$, 函数 L 满足

$$L(e) = 0, \qquad L(t) = L(t^{-1}), \qquad L(st) \leqslant L(s) + L(t).$$

根据文献 [78], 定义与 Γ 相关的几个函数空间. 对所有的 $k\in\mathbb{R}$, 考虑在复群环 $\mathbb{C}\Gamma$ 上的范数

$$p^k(f)=\sum_{t\in\Gamma}|f(t)|(1+L(t))^k,$$

且用 $\mathscr{S}^k(\Gamma)$ 表示对应的完备 Banach 空间. 用 $l^1(\Gamma)$ 代替 $\mathscr{S}^0(\Gamma)$. 进一步, 令 $\mathscr{S}(\Gamma)$ 是关于范数簇 $p^k(\forall k\in\mathbb{N})$ 的 $\mathbb{C}(\Gamma)$ 的完备. 对任意的 $k\in\mathbb{N}$, 自然映射 $\mathscr{S}^{k+1}(\Gamma)\to S^k(\Gamma)$ 是紧的, 因此 $\mathscr{S}(\Gamma)$ 是 Fréchet Schwarz 空间. 称 $\mathscr{S}(\Gamma)$ 为 Γ 上的 Schwarz 函数空间.

进一步, 考虑范数

$$p_\alpha(f)=\sum_{t\in\Gamma}|f(t)|\alpha^{L(t)},$$

其中 $\alpha>1$. 用 $l^1(\Gamma,\alpha)$ 表示 $\mathbb{C}\Gamma$ 关于这个范数的完备, $\mathscr{O}(\Gamma)$ 表示关于簇 $p_n(n\in\mathbb{N})$ 的完备. 此外, 设 $\mathscr{S}^\omega(\Gamma)$ 是 Banach 空间 $l^1(\Gamma,\alpha)$ 对 $\alpha>1$ 的定向极限. 所有的这些函数空间都不依赖于字度量的选择.

所有上面考虑的函数空间对于卷积是有界型代数. $\mathbb{C}\Gamma$ 的余乘、余单位、对极和 Haar 函数连续扩张到它们的完备空间.

命题 2.9.4 设 Γ 是有限生成离散群. 则代数 $l^1(\Gamma)$, $\mathscr{S}(\Gamma)$, $\mathscr{O}(\Gamma)$ 和 $\mathscr{S}^\omega(\Gamma)$ 自然地是有界型量子群.

相关的对偶量子群的代数结构由赋予以上函数空间逐点乘法而得到.

2.10 Rieffel 形变

Rieffel[91] 研究了来自 $\mathbb{R}^d$ 上的作用的 Poisson 括号的形变量子化. 尽管那篇论文主要是围绕 C^* 代数, 但是其有一大部分理论是建立在 Fréchet 空间上的.

如果底流形是李群, 那么需要注意与群结构相容的形变. Rieffel[92, 93] 以这种方式得到 C^* 代数情形下的量子群. 只考虑紧李群的情况下, 相关的紧量子群的显著特征是它们来源于所有的光滑函数代数上的变形, 而不仅仅是由表示函数代数. 从 Rieffel 的工作不难看到光滑函数的形变 (deformed) 代数自然适合有界型量子群的框架.

设 G 是紧李群且 T 是 G 中 Lie 代数 $\mathfrak{t}$ 的 n 维环面. 将 $\mathfrak{t}$ 与 $\mathbb{R}^n$ 等价, 且令 $V=\mathbb{R}^n\times\mathbb{R}^n$. 设 $\exp:\mathfrak{t}\to T$ 表示指数映射. 进一步, 设 J 是 V 上的关于标准内积的斜对称算子. 为了得到与 G 的群结构相容的 Poisson 括号, 需假设算子 J 是形如 $J=K\oplus(-K)$ 的, 其中 K 是 $\mathbb{R}^n$ 上的斜对称算子.

应用这些数据, $f,g\in C^\infty(G)$ 的形变 (deformed) 积定义为

$$(f\star_K g)(x)=\int f(\exp(-Ks)x\exp(-Ku))g(\exp(-t)x\exp(v))e^{2\pi i(\langle s,t\rangle+\langle u,v\rangle)},$$

其中积分变量在整个 $\mathbb{R}^n$ 上. 这就构造了 $C^\infty(G)$ 上的连续的、结合的乘法, 用 $C^\infty(G)_K$ 表示相应的有界型代数. 与经典的余乘、对极、余单位和 Haar 积分函数一起, $C^\infty(G)$ 就成为一个有界型量子群. 有关例子见文献 [91, 92].

于是, 有如下结论:

命题 2.10.1　设 G 是一个紧李群且 T 是 G 中李代数 $\mathfrak{t}$ 的环面. 对 $\mathfrak{t}$ 上的每一个斜对称矩阵 K, 存在如上描述的有界型量子群 $C^\infty(G)_K$.

第 3 章　代数量子超群

代数量子群是带有积分的正则乘子 Hopf 代数. 本章将引进代数量子超群理论[31]. 除了余乘不再假设是同态以外, 它与代数量子群理论非常相似. 我们仍然要求它存在左积分和右积分, 并存在依赖于积分的对极. 与代数量子群的研究思路类似, 将构造其对偶, 并得到其对偶的对偶是量子超群的结论. 进一步, 定义了紧型和离散型的代数量子超群, 并证明了这些类型是相互对偶的. 紧型的代数量子超群本质上是紧量子超群的代数成分. 紧量子超群是由 Chapovsky 和 Vainerman 在算子代数背景下引进和研究的.

本章将分五节来讨论代数量子超群的定义、结构性质、对偶和双对偶以及 Pontryagin 对偶, 我们始终在复数域 $\mathbb{C}$ 上讨论问题. 所讨论的代数 A 都是结合的且不要求 A 带有单位元, 但要求 A 的乘法作为一个双线性映射来说是非退化的.

3.1　代数量子超群的定义

本节将通过一个简单经典的例子 (例 3.1.11) 引入代数量子超群的定义 (定义 3.1.10), 并阐述其各个方面. 并进一步说明, 除了没有要求余乘是代数同态以外, 代数量子超群与代数量子群非常相似 (见命题 3.1.14 和命题 3.2.3). 代数量子群的许多性质在代数量子超群的情形下仍然成立, 关于代数量子超群的主要性质将会在下一节介绍.

设 A 是 $\mathbb{C}$ 上的一个 (结合) 代数 (可能没有单位元), 但带有非退化的乘法 (积). 易得, A 的张量积 $A\otimes A$ 是一个代数, 且其乘法也是非退化的. 分别考虑 A 和 $A\otimes A$ 的乘子代数 $M(A)$ 和 $M(A\otimes A)$. 通常认为 $M(A)\otimes M(A)$ 包含于 $M(A\otimes A)$.

定义 3.1.1　A 如上所述, A 上的余乘(余积) 是指一个线性映射 $\Delta : A\to M(A\otimes A)$, 使得对所有的 $a,b,c\in A$, 有 $\Delta(a)(1\otimes b)$, $(a\otimes 1)\Delta(b)\in A\otimes A$, 并满足下面的等式:

$$(a\otimes 1\otimes 1)(\Delta\otimes \iota)(\Delta(b)(1\otimes c)) = (\iota\otimes\Delta)((a\otimes 1)\Delta(b))(1\otimes 1\otimes c).$$

注　用 1 表示 $M(A)$ 的单位元, 用 ι 表示 A 上的恒等映射.

通常把定义的最后一个条件称作 Δ 的余结合性. 而第一个条件是第二个条件成立的前提.

对一个 $*$ 代数 A, Δ 是一个 $*$ 同态意味着 $\Delta(a^*) = \Delta(a)^*$, 其中 $M(A \otimes A)$ 上的对合运算由 $A \otimes A$ 上的对合运算自然诱导而得.

定义 3.1.2 设 Δ 是 A 上的余乘. 如果对任意 $a, b \in A$, $\Delta(a)(b \otimes 1)$, $(1 \otimes a)\Delta(b) \in A \otimes A$, 那么就称 Δ 是*正则的*.

对于 $*$ 代数, 余积的正则性显然成立. 不难证明, 若 Δ 是一个正则的余乘, 那么 $\Delta' = \tau\Delta$ 是余结合的, 从而也是一个余乘.

在本章中, 如不特别说明, 讨论的余乘都是正则的.

定义 3.1.3 设 (A, Δ) 是一个带有余乘 Δ 的代数 A. 如果同态 $\varepsilon : A \longrightarrow \mathbb{C}$, 对任意的 $a \in A$, 满足 $(\varepsilon \otimes \iota)\Delta(a) = a$, $(\iota \otimes \varepsilon)\Delta(a) = a$, 则称 ε 为 A 的余单位.

上述定义有意义是因为当 Δ 是一个正则余乘时, 对任意的 $\omega \in A'$, $a \in A$, $(\omega \otimes \iota)\Delta(a)$ 和 $(\iota \otimes \omega)\Delta(a)$ 可以被定义在 $M(A)$ 上. 例如, 定义中的第一个条件意味着对所有的 $a, b \in A$, 有 $(\varepsilon \otimes \iota)(\Delta(a)(1 \otimes b)) = ab$ (其他三种情况类似).

现在证明如果余单位存在, 则是唯一的. 事实上, 有如下更强的结论:

命题 3.1.4 设 (A, Δ) 是带有正则余乘 Δ 的代数 A, ε 是余单位. 如果 ε' 是任意一个从 A 到 $\mathbb{C}$ 的线性映射, 并满足: 对任意 $a \in A$, 有 $(\iota \otimes \varepsilon')\Delta(a) = a$ 成立, 那么 $\varepsilon' = \varepsilon$. 类似地, 如果对任意 $a \in A$, 有 $(\varepsilon' \otimes \iota)\Delta(a) = a$ 成立, 那么也可得到 $\varepsilon' = \varepsilon$.

证明 假设 $\varepsilon' \in A'$, 并对任意 $a \in A$, 有 $(\iota \otimes \varepsilon')\Delta(a) = a$ 成立. 由于 ε 是余单位 (也是一个同态), 于是有 $(\varepsilon \otimes \iota)((b \otimes 1)\Delta(a)) = \varepsilon(b)a$. 如果将 ε' 作用到上述等式, 则可以得到 $\varepsilon(ba) = \varepsilon(b)\varepsilon'(a)$. 又因为 $\varepsilon(ba) = \varepsilon(b)\varepsilon(a)$ 及 $\varepsilon \neq 0$, 所以对任意 $a \in A$, $\varepsilon(a) = \varepsilon'(a)$ 成立. 这就证明了第一个结论, 另一个结论类似可得. □

若 A 是 $*$ 代数, 那么 ε 是一个 $*$ 同态. 事实上, 定义 $\varepsilon_1 : A \longrightarrow \mathbb{C}$ 为 $\varepsilon_1(a) = \varepsilon(a^*)^-$, 这里 λ^- 是 $\lambda \in \mathbb{C}$ 的复共轭. 则 ε_1 是余单位, 从而 $\varepsilon_1 = \varepsilon$. 这说明 ε 是一个 $*$ 同态.

从现在开始, 假设 (A, Δ) 是带有正则余乘 Δ 的代数 A, 并假设余单位 ε 存在.

接下来, 很自然地要引出对极的概念. 但是, 在这种情况下, 应该首先考虑 (左) 积分. 在乘子 Hopf 代数中的 Larson-Sweedler 定理中, 对极是由积分的存在性证明的[123]. 读者可与之对比.

下面给出积分的定义:

定义 3.1.5 称 A 上的一个非零的线性函数 φ 为*左积分*, 如果它满足下面的条件: 对所有 $a \in A$, $(\iota \otimes \varphi)\Delta(a) = \varphi(a)1$ 在 $M(A)$ 中成立. 类似地, 称一个非零的线性函数 ψ 为*右积分*, 如果对所有 $a \in A$, $(\psi \otimes \iota)\Delta(a) = \psi(a)1$ 在 $M(A)$ 中成立.

若 A 是 $*$ 代数, 则至少要假设 φ 是自伴随的, 即对所有 $a \in A$, $\varphi(a^*) = \varphi(a)^-$ 成立. 事实上, 如果左积分 φ 存在, 那么必定存在一个自伴随的积分. 例如 $\varphi + \overline{\varphi}$

或者 $i(\varphi - \overline{\varphi})$, 其中 $\overline{\varphi}$ 是 A 的左积分, 定义为 $\overline{\varphi}(a) = \varphi(a^*)^-$, $a \in A$, 当存在一个正的左积分 (即对任意 $a \in A$, $\varphi(a * a) \geqslant 0$) 时有意义.

在存在正则余乘和左积分的假设下, 可以证明代数 A 一定存在局部单位元 (在下述命题意义下). 这个结论和代数量子群完全一样, 即不需要要求余乘是同态.

命题 3.1.6 设 (A, Δ) 是带有正则余乘 Δ 的代数 A 且存在一个左积分 φ, 那么, 对给定的一组元素 $\{a_1, a_2, \cdots, a_n\}$, 存在一个元素 e 使得对任意的 i, $a_i e = e a_i = a_i$ 成立.

证明 在 A^{2n} 中, 定义一个线性子空间 V 如下:

$$V = \{(aa_1, aa_2, \cdots, aa_n, a_1 a, a_2 a, \cdots, a_n a) | a \in A\}.$$

考虑在 V 上为 0 的 A^{2n} 上的一个线性函数, 也就是, 有一组定义在 A 上的函数 ω_i 和 ρ_i, $i = 1, \cdots, n$, 使得下式成立:

$$\sum_{i=1}^{n} \omega_i(aa_i) + \sum_{i=1}^{n} \rho_i(a_i a) = 0, \quad \forall a \in A.$$

于是, 对任意的 $x, a \in A$, 有

$$\begin{aligned} & x\Big(\sum_{i=1}^{n} (\omega_i \otimes \iota)(\Delta(a)(a_i \otimes 1)) + \sum_{i=1}^{n} (\rho_i \otimes \iota)((a_i \otimes 1)\Delta(a))\Big) \\ =& \sum_{i=1}^{n} (\omega \otimes \iota)((1 \otimes x)\Delta(a)(a_i \otimes 1)) + \sum_{i=1}^{n} (\rho_i \otimes \iota)((a_i \otimes x)\Delta(a)) = 0. \end{aligned}$$

因为 A 中的乘法是非退化的, 所以对任意的 $a \in A$, 有

$$\sum_{i=1}^{n} (\omega \otimes \iota)(\Delta(a)(a_i \otimes 1)) + \sum_{i=1}^{n} (\rho_i \otimes \iota)((a_i \otimes 1)\Delta(a)) = 0.$$

若作用 φ 到上式, 则可得, 对任意的 $a \in A$,

$$\varphi(a)\Big(\sum_{i=1}^{n} \omega_i(a_i) + \sum_{i=1}^{n} \rho_i(a_i)\Big) = 0.$$

由 φ 是非零的, 得到 $\displaystyle\sum_{i=1}^{n} \omega_i(a_i) + \sum_{i=1}^{n} \rho_i(a_i) = 0$. 因此, 对 A^{2n} 上任意的线性函数, 若在 V 上为零, 则在向量空间 $(a_1, a_2, \cdots, a_n, a_1, a_2, \cdots, a_n)$ 也为零. 所以 $(a_1, a_2, \cdots, a_n, a_1, a_2, \cdots, a_n)$ 属于空间 V. 这意味着存在一个元素 $e \in A$, 使得对所有的 i, $e a_i = a_i$ 和 $a_i e = a_i$ 成立. □

这个结果有着重要的应用, 下面用一个单独的注释来阐述.

注 3.1.7 对正则的乘子 Hopf 代数, 就像 Hopf 代数一样, 采用 Sweedler 记法是合理的[40]. 同样地, 由于命题 3.1.6, 代数 (A,Δ) 含有局部单位元, 对 $a\in A$, $\Delta(a)$ 也可以采用 Sweedler 形式记法. 一般地, 对任意的 $a\in A$, $\Delta(a)$ 不一定属于 $A\otimes A$, 但是对任意的 $b\in A$, $\Delta(a)(1\otimes b)\in A\otimes A$ 成立. 由命题 3.1.6 可知, 存在 $e\in A$ 使得 $eb=b$. 因此, 式子 $\Delta(a)(1\otimes b)=\Delta(a)(1\otimes e)(1\otimes b)$ 成立, 从而可写成 $\Delta(a)(1\otimes b)=\sum a_{(1)}\otimes a_{(2)}b$, 其中 $\sum a_{(1)}\otimes a_{(2)}$ 是 $\Delta(a)(1\otimes e)$ 的形式记法. 需要注意的是此形式记法依赖于元素 b, 但对一簇的 b_i, 也可找到相同的 e, 从而可用相同的记法. Sweedler 记法使用的时候要谨慎, 但这种记法可以使公式一目了然. 适当的时候, 均采用 Sweedler 记法.

关于积分的更多证明均依赖于进一步的假设. 下面引进一个关于 φ 的假设. 回顾一下, 设 f 是 A 上的一个线性函数, $a\in A$. 如果对任意的 $b\in A$, 由 $f(ab)=0$ 或者 $f(ba)=0$, 可推出 $a=0$, 那么就称 f 是忠实的.

为了得出对极的存在性, 下面先介绍一个引理.

引理 3.1.8 设 (A,Δ) 是带有正则余乘 Δ 的代数 A 且存在一个余单位 ε. 如果 f 是 A 上的忠实的线性函数, 那么对任意的 $a\in A$, 存在一个元素 e 使得

$$a=(\iota\otimes f)(\Delta(a)(1\otimes e)).$$

证明 取 $a\in A$, 定义 $V=\{(\iota\otimes f)(\Delta(a)(1\otimes b))|b\in A\}$. 下证 $a\in V$. (反证) 假设不成立, 那么, 存在一个元素 $\omega\in A'$ 使得当 $\omega|_V=0$ 时, $\omega(a)\neq 0$. 然而, $\omega|_V=0$ 意味着对所有 $b\in A$ 有 $f(xb)=0$, 其中 $x=(\omega\otimes\iota)\Delta(a)$. 显然 $x\in M(A)$, 且不一定有 $x\in A$. 但是, 对任意的 $b',b''\in A$ 有 $f(xb'b'')=0$, 由 f 是忠实的可得, 对任意的 $b'\in A$, 有 $xb'=0$. 作用余单位即得 $\omega(a)\varepsilon(b')=0$, 从而有 $\omega(a)=0$. 矛盾, 得证. □

同理, 对任意忠实的 $f\in A'$, 可得

$$a\in\{(\iota\otimes f)((1\otimes b)\Delta(a))|b\in A\},$$
$$a\in\{(f\otimes\iota)((b\otimes 1)\Delta(a))|b\in A\},$$
$$a\in\{(f\otimes\iota)(\Delta(a)(b\otimes 1))|b\in A\}.$$

特别地, 假设左积分 φ 是忠实的, 可得

$$A=sp\{(\iota\otimes\varphi)(\Delta(a)(1\otimes b))|a,b\in A\},$$
$$A=sp\{(\iota\otimes\varphi)((1\otimes a)\Delta(b))|a,b\in A\},$$

其中 sp 表示 A 中一些元素线性张成.

下面将讨论对极的存在性.

定义 3.1.9　设 (A,Δ) 是带有正则余乘 Δ 的代数 A 且存在忠实的左积分 φ. 假如存在线性双射 $S: A \longrightarrow A$, 使得对任意的 $a,b\in A$, 下式成立:

$$S((\iota\otimes\varphi)(\Delta(a)(1\otimes b))) = (\iota\otimes\varphi)((1\otimes a)\Delta(b)).$$

由前面的引理可知, 满足条件的线性映射如果存在, 那么由上述公式唯一确定. 进一步, 若线性映射 S 是反同态, 则称 S 为对极 (与 φ 有关).

如果 A 是 $*$ 代数, φ 自伴随, 那么当 $x=(\iota\otimes\varphi)(\Delta(a)(1\otimes b))$ 时, 有 $S(x)^* = (\iota\otimes\varphi)(\Delta(b^*)(1\otimes a^*))$ 成立, 于是对所有的 $a\in A$, $S(S(x)^*)^* = x$ 成立.

随后将证明左积分是唯一的 (假设存在左积分 φ 及与之相关的对极), 见命题 3.2.4. 于是, 有下面的主要定义:

定义 3.1.10　设 (A,Δ) 是代数, 有正则的余乘和余单位. 如果存在忠实左积分 φ 以及与 φ 有关的对极 S, 那么称 (A,Δ) 为*代数量子超群*. 进一步, 若 A 是 $*$ 代数, Δ 是 $*$ 同态, 则称 (A,Δ) 为*$*$ 代数量子超群*.

在证明第一个基本性质之前, 先讨论下面的一个启发性例子.

例 3.1.11　设 G 是 (离散) 群, H 是有限子群. A 是 G 上的有限支撑复函数构成的空间, 且在关于子群 H 的 G 的双陪集上是常数, 即当 $f\in A$ 时, 对任意的 $h,h'\in H$, $p\in G$, 有 $f(hph')=f(p)$ 成立. 要求 H 有限是因为想得到 f 有有限支撑. 显然, 在点向乘法下, A 是代数, 且乘法是非退化的. 如果定义 $f^*(p)=f(p)^-$, 那么 A 成为 $*$ 代数.

定义 Δ 为

$$\Delta(f)(p,q) = \frac{1}{n}\sum_{h\in H} f(phq),$$

其中, n 为 H 中元素的个数, $p,q\in G$, $f\in A$. 不难证明 $\Delta(f)(1\otimes g)\in A\otimes A$, $\Delta(f)(g\otimes 1)\in A\otimes A$, 并且余结合性成立. 对 $p,q,r\in G$, $f\in A$, 可得

$$((\Delta\otimes\iota)\Delta(f))(p,q,r) = \frac{1}{n^2}\sum_{h,h'\in H} f(phqh'r).$$

所以, 在定义 3.1.1 和 3.1.2 意义下, Δ 是 A 的正则余乘 (注意 A 是交换的).

如果令 $\varepsilon(f)=f(e)$, 其中 e 是 G 的单位元, 那么得到了余单位 (在定义 3.1.3 意义下).

如果令 $\varphi(f)=\sum_{p\in G} f(p)$, 这总能做到 (因为 f 有有限支撑), 那么有

$$\frac{1}{n}\sum_{q\in G,h\in H} f(phq) = \sum_{q\in G} f(pq) = \sum_{q\in G} f(q).$$

于是, 对所有的 $f \in A$, 有 $(\iota \otimes \varphi)\Delta(f) = \varphi(f)1$ 成立. 因此就找到了定义 3.1.5 意义下的左积分. 其实, φ 也是右积分, 并且是忠实的和正的 (考虑其 $*$ 代数结构).

最后, 若定义 S 为: $S(f)p = f(p^{-1})$, $p \in G$, $f \in A$. 那么 S 是对极 (与 φ 有关). 例如, 若 $f, g \in A$, $p \in G$, 则有

$$\begin{aligned}((\iota \otimes \varphi)(\Delta(f)(1 \otimes g)))(p) &= \frac{1}{n} \sum_{q \in G, h \in H} f(phq)g(q) \\ &= \frac{1}{n} \sum_{q \in G, h \in H} f(pq)g(h^{-1}q) \\ &= \sum_{q \in G} f(pq)g(q),\end{aligned}$$

其中用到 g 在陪集上是常数. 类似地,

$$((\iota \otimes \varphi)(1 \otimes f)\Delta(g))(p) = \sum_{q \in G} f(q)g(pq) = \sum_{q \in G} f(p^{-1}q)g(q).$$

所以 S 满足所要求的条件.

综合前面所有结论, 可得 (A, Δ) 是代数量子超群.

关于这个例子有几点注意.

如果 H 是只包含单位元的平凡子群, 那么上述代数量子超群就是 G 上有限支撑复变函数连同自然余乘构成的代数量子群 $K(G)$. 在这里, 余乘不是别的, 就是 $K(G)$ 通常的余乘. 更一般地, 如果子群 H 是正规子群, 那么可得到代数量子群 $K(G/H)$. 事实上, 当 $f \in A$, $p, q \in G$ 时, 下式成立:

$$\Delta(f)(p, q) = \frac{1}{n} \sum_{h \in H} f(phq) = \frac{1}{n} \sum_{h \in H} f(pq(q^{-1}hq)) = f(pq).$$

只有当 H 正规, 余乘才是同态 (且只有在这种情况下, 得到的是代数量子群而不只是代数量子超群).

用这个例子解释命题 3.1.6 和引理 3.1.8. 当 f 是 A 上的函数时, 它有由 H 双陪集有限并构成的有限支撑. 如果 g 是在支撑上为 1, 其余为 0 的函数, 那么有 $g \in A$, $fg = f$. 类似地, 对有限个函数 $f_1, f_2, \cdots, f_m$, 考虑这些支撑的并集.这就解释了命题 3.1.6. 为了解释引理 3.1.8, 考虑在 H 上为 $\frac{1}{n}$, 其余为 0 的函数 g(n 是 H 中元素的个数), 则 $g \in A$, 且当 $f \in A$, $p, q \in G$ 时, 有

$$(\Delta(f)(1 \otimes g))(p, q) = \frac{1}{n} \sum_{h \in H} f(phq)g(q) = f(p)g(q).$$

所以 $\Delta(f)(1\otimes g)=f\otimes g$. 两边同时作用左积分, 可得 $(\iota\otimes\varphi)(\Delta(f)(1\otimes g))=f$. 可见, 这里对所有的 f 可以取相同的 g. 这是因为有左余积分 (参见 3.3 节).

除了这个例子之外, 其他例子见文献 [32, 143—145], 尤其, 文献 [145] 发现了双 Frobenius 代数也是代数量子超群. 关于双 Frobenius 代数的讨论见文献 [37, 38].

引理 3.1.12 设 (A,Δ) 是代数量子超群. 若 A 有单位元, 则 $\Delta(1)=1\otimes 1$.

证明 对任意的 a 和 $b=1$, 由对极的性质, 可得

$$(\iota\otimes\varphi)((1\otimes a)\Delta(1))=S((\iota\otimes\varphi)\Delta(a))=\varphi(a)S(1)=\varphi(a)1.$$

因为上式对所有的 a 都成立, 且 φ 是忠实的, 所以 $\Delta(1)=1\otimes 1$ 成立. □

由此引出下面的定义:

定义 3.1.13 代数量子超群 (A,Δ) 称为是紧型的, 是指代数 A 含有单位元 (从而 $\Delta(1)=1\otimes 1$).

在例 3.1.11 中, 只有当 G 有限时, 才是紧型代数量子超群. 一般情况下, 它是离散型的 (见定义 3.3.14). 不过, 在文献 [67] 第二节中有普通的紧型代数量子超群例子. 它们是由代数量子群中所谓的群像投影构造而来. 若 G 为群, A 为 G 上的有限支撑复函数, 考虑点向积, 当 G 有有限子群 H 且令在 H 上函数值为 1, 其余为 0 时, 就可以得到一个群像投射. 但是, 这种情况下得到的紧型代数量子群, 正好是 H 上带有点向积及与 H 中乘法对偶的余积的复函数的全体构成的有限维 Hopf 代数. 但是在非交换的情况下, 非平凡的紧型代数量子超群的例子可用相同的方法得到[67, 68].

3.5 节将讨论更多特殊的情况及例子, 并阐述专业术语.

最后, 介绍本节中一个重要的结论.

命题 3.1.14 如果 (A,Δ) 是代数量子群[114], 那么它也是一个代数量子超群 (定义 3.1.10 意义下).

证明 由假设 A 是有非退化乘法的代数, Δ 是 (正则) 余积 (在这里甚至是一个代数同态). 对于代数量子群, 存在余单位, 有忠实左积分, 存在对极 S, 且 S 是双射、反同构的. 由文献 [114] 中命题 3.11 的证明可知, 对任意的 $a,b\in A$, 公式

$$S((\iota\otimes\varphi)(\Delta(a)(1\otimes b)))=(\iota\otimes\varphi)((1\otimes a)\Delta(b))$$

满足定义 3.1.9 中对极的条件. 因此, 满足定义 3.1.10 中所有的条件, 于是得到一个代数量子超群. □

反之, 如果代数量子超群 (A,Δ) 的余乘 Δ 是代数同态, 那么 (A,Δ) 是一个代数量子群. 在证明这个命题之前, 需要一些基本的关于对极的性质, 将在下一节的开始给出这些性质及证明.

3.2 代数量子超群的基本性质

本节将继续讨论代数量子超群 (A,Δ), 证明其与代数量子群类似的性质. 特别地, 将证明积分的唯一性, 得到标量常数 τ、与左右积分相关的模元素 δ、模自同态 σ 和 σ' 以及和这些对象相关的许多公式. 证明过程不比代数量子群复杂. 事实上, 证明虽然与文献 [114] 类似, 但较之稍简便.

在下面的讨论中, 考虑的代数量子超群 (A,Δ) 均是具有余单位 ε 及忠实左积分 φ, 使得存在与 φ 有关的对极 S.

命题 3.2.1　对任意的 $x\in A$, 有 $\varepsilon(S(x))=\varepsilon(x)$ 和 $\Delta(S(x))=\zeta(S\otimes S)\Delta(x)$ 成立, 其中 ζ 是 $A\otimes A$ (扩张到 $M(A\otimes A)$ 上) 上的换位映射 (flip map). 而且, 由假设 S 是反同构, 故可将 $S\otimes S$ 扩张到 $M(A\otimes A)$ 上.

证明　取 $a,b\in A$, 令 $x=(\iota\otimes\varphi)(\Delta(a)(1\otimes b))$. 由 S 的定义, 有 $S(x)=(\iota\otimes\varphi)((1\otimes a)\Delta(b))$. 如果将 ε 作用到上述两个等式, 那么可得 $\varepsilon(x)=\varphi(ab)$, $\varepsilon(S(x))=\varphi(ab)$. 因为 A 中所有元素均为如上形式, 所以命题的前半部分得证.

下证后半部分, 设 $c,d\in A$, 则

$$\begin{aligned}(c\otimes d)\Delta(S(x))&=(\iota\otimes\iota\otimes\varphi)((c\otimes d\otimes 1)(\Delta\otimes\iota)((1\otimes a)\Delta(b)))\\&=(\iota\otimes\iota\otimes\varphi)((1\otimes d\otimes a)(\iota\otimes\Delta)((c\otimes 1)\Delta(b)))\\&=(1\otimes d)(\iota\otimes S)(\iota\otimes\iota\otimes\varphi)((c\otimes 1\otimes 1)\Delta_{23}(a)\Delta_{13}(b))\\&=(c\otimes 1)\zeta(S\otimes\iota)(\iota\otimes\iota\otimes\varphi)(\Delta_{13}(a)\Delta_{23}(b)(S^{-1}(d)\otimes 1\otimes 1)).\end{aligned}$$

上述公式中用了通常意义下的下标记号 (例如, $\Delta_{23}(a)$ 是指把 $\Delta(a)$ 看作作用在第二和第三个分支, 第一个分支保持不变). 如果在上述公式中去掉 c, 那么, 对任意的 $d\in A$, 有

$$\begin{aligned}(1\otimes d)\Delta(S(x))&=\zeta(S\otimes\iota)(\iota\otimes\iota\otimes\varphi)(\Delta_{13}(a)\Delta_{23}(b)(S^{-1}(d)\otimes 1\otimes 1))\\&=\zeta(S\otimes S)(\iota\otimes\iota\otimes\varphi)((\Delta\otimes\iota)(\Delta(a)(1\otimes b))(S^{-1}(d)\otimes 1\otimes 1))\\&=\zeta(S\otimes S)(\Delta(x)(S^{-1}(d)\otimes 1))\\&=\zeta((d\otimes 1)(S\otimes S)\delta(x))\\&=(1\otimes d)\zeta(S\otimes S)(\Delta(x)).\end{aligned}$$

这意味着 $\Delta(S(x))=\zeta(S\otimes S)\Delta(x)\in M(A\otimes A)$. 证毕. □

命题 3.2.2　定义 $\psi=\varphi\circ S$, 则 ψ 是 A 上的忠实右积分. 进一步, 对任意的 $a,b\in A$, 有

$$S((\psi\otimes\iota)((b\otimes 1)\Delta(a)))=(\psi\otimes\lambda)(\Delta(b)(a\otimes 1)).$$

证明 因为 S 是双射反同构, φ 是忠实的, 所以易得 ψ 也是忠实的. 由 φ 的左不变性及 S 的反余乘性质, 可得 ψ 的右不变性. 下证与 S 和 ψ 有关的公式, 取 $a,b\in A$, 由下式出发

$$(\iota\otimes\varphi)(\Delta(a)(1\otimes b))=S^{-1}(\iota\otimes\varphi)((1\otimes a)\Delta(b)). \tag{1}$$

用 S 和余乘的性质 (命题 3.2.1 的证明过程), 等式 (1) 左边可写成

$$\begin{aligned}S(\iota\otimes\varphi)(S^{-1}\otimes\iota)(\Delta(a)(1\otimes b))&=S(\iota\otimes\psi)(S^{-1}\otimes S^{-1})(\Delta(a)(1\otimes b))\\&=S(\psi\otimes\iota)(S^{-1}(b)\otimes 1)\Delta(S^{-1}(a))).\end{aligned}$$

等式 (1) 右边可写成

$$(\iota\otimes\psi)s(S^{-1}\otimes S^{-1})((1\otimes a)\Delta(b))=(\psi\otimes\iota)(\Delta(S^{-1}(b))(S^{-1}(a)\otimes 1)).$$

因此, 分别用 c, d 替换 $S^{-1}(a)$, $S^{-1}(b)$, 则等式 (1) 变形为

$$S(\psi\otimes\iota)(d\otimes 1)\Delta(c))=(\psi\otimes\iota)(\Delta(d)(c\otimes 1)),\quad \forall\ c,d\in A.$$

命题得证. □

注意到, 对任意的左积分 φ', $\varphi'\circ S(\varphi'\circ S^{-1})$ 为右积分.

接下来将证明上节最后提出的另一个重要的结论.

命题 3.2.3 设 (A,Δ) 是代数量子超群, 如果 Δ 是代数同态, 那么 (A,Δ) 是代数量子群.

证明 设 (A,Δ) 是代数量子超群, 带有余单位 ε、左积分 φ 及与之相关的对极 S, 并且 Δ 是代数同态, 则对任意的 $x,y\in A$, 有

$$\begin{aligned}m((S\otimes\iota)(\Delta(x)(1\otimes y)))&=\varepsilon(x)y,\\m((\iota\otimes S)((x\otimes 1)\Delta(y)))&=\varepsilon(y)x,\end{aligned}$$

其中 $m: A\otimes A\longrightarrow A$ 是乘法. 只证明第一个等式, 第二个的证明与第一个类似.

定义 $\psi=\varphi\circ S$, 则 ψ 是 A 上的忠实右积分. 取 $a,b\in A$, 令 $x=(\psi\otimes\iota)((b\otimes 1)\Delta(a))$. 那么对任意的 $y\in A$, 有

$$\begin{aligned}\Delta(x)(1\otimes y)&=(\psi\otimes\iota\otimes\iota)((\iota\otimes\Delta)((b\otimes 1)\Delta(a))(1\otimes 1\otimes y))\\&=(\psi\otimes\iota\otimes\iota)(((b\otimes 1\otimes 1)(\Delta\otimes\iota)(\Delta(a)(1\otimes y))).\end{aligned}$$

对等式两边作用 $S\otimes\iota$, 由命题 3.2.2, 可得

$$(S\otimes\iota)(\Delta(x)(1\otimes y))=(\psi\otimes\iota\otimes\iota)(\Delta_{12}(b)\Delta_{13}(a)(1\otimes 1\otimes y)).$$

因此, 有

$$\begin{aligned} m(S\otimes\iota)(\Delta(x)(1\otimes y)) &= (\psi\otimes\iota)(\Delta(b)\Delta(a)(1\otimes y)) \\ &= (\psi\otimes\iota)(\Delta(ba)(1\otimes y)) = \psi(ba)y = \varepsilon(x)y. \end{aligned}$$

于是, 有文献 [114] 意义下的正则余乘. 由文献 [114] 命题 2.9 可得, (A,Δ) 是正则的乘子 Hopf 代数 (带有积分). □

在 3.1 节 (命题 3.1.14) 中, 已知任意的代数量子群都是一个代数量子超群. 如果把这个结论与上一个命题结合便得, 代数量子群是余乘为代数同态的代数量子超群. 类似的结论对 $*$ 代数量子超群亦成立.

下面将证明代数量子超群的唯一性相关结果. 设 (A,Δ) 是代数量子超群, 带有余单位 ε、左积分 φ 及与之相关的对极 S.

命题 3.2.4　如果 φ' 是 (A,Δ) 的另一个左不变量函数, 那么 $\varphi'=\lambda\varphi$, 这里 $\lambda\in\mathbb{C}$.

证明　取 $a,b\in A$, 对下面等式两边同时作用 φ',

$$S(\iota\otimes\varphi)(\Delta(a)(1\otimes b)) = (\iota\otimes\varphi)((1\otimes a)\Delta(b)).$$

因为 $\varphi'\circ S$ 是右不变的, 所以等式左边化为 $\varphi'(S(a))\varphi(b)$. 而等式的右边为 $\varphi(a\delta_b)$, 其中 δ_b 在 $M(A)$ 中定义为 $\delta_b=(\varphi'\otimes\iota)\Delta(b)$. 由于对任意的 $a\in A$, $\varphi'(S(a))\varphi(b)=\varphi(a\delta_b)$ 成立, 以及 φ 是忠实的, 可得乘子 $\delta\in M(A)$, 使得对任意的 b, $\delta_b=\varphi(b)\delta$. 若两边作用 ε, 可得对任意的 $b\in A$, $\varphi'(b)=\varphi(b)\varepsilon(\delta)$ 成立, 且令 $\lambda=\varepsilon(\delta)$, 这就得到了我们想要的结果. □

命题 3.2.4 不仅证明了左积分和右积分的唯一性 (借助于与 S 合成), 而且还证明了下述意义下对极的唯一性. 如果 φ, φ' 均为忠实左积分, S, S' 分别为与 φ 和 φ' 相关的对极, 那么上述结论说明 φ' 与 φ 相差一个标量倍, 并且由于对极是由忠实左积分唯一决定的, 可知 S' 与 S 相同,

因此, 对任给的代数量子超群 (A,Δ), 有唯一的余单位 ε 和对极 S, 以及 (相差一个标量倍) 唯一的左积分 φ 和唯一的右积分 ψ. 这就证明了定义 3.1.10 中代数量子超群的定义方式是合理的.

在证明命题 3.2.4 唯一性的同时, 也证明了如下命题的部分结论:

命题 3.2.5　对任意的 $a\in A$, 存在唯一可逆元素 $\delta\in M(A)$, 使得

(1) $(\varphi\otimes\iota)\Delta(a)=\varphi(a)\delta,\quad (\iota\otimes\psi)\Delta(a)=\psi(a)\delta^{-1}$;

(2) $\varphi(S(a))=\varphi(a\delta)$,

且 $\varepsilon(\delta)=1$, $S(\delta)=\delta^{-1}$.

证明 在命题 3.2.4 的证明中, 若取 $\varphi'=\varphi$, 则得到一个乘子 $\delta\in M(A)$, 使得对任意的 $a\in A$, $(\varphi\otimes\iota)\Delta(a)=\varphi(a)\delta$ 和 $\varphi(S(a))=\varphi(a\delta)$ 成立, 这就证明了 (1) 中第一个式子及 (2). 作用 ε 到第一个等式, 即得 $\varepsilon(\delta)=1$. 令 $\psi=\varphi\circ S$, 由于 S 满足反余乘性质, 则 $(\iota\otimes\psi)\Delta(a)=\psi(a)\delta'$, 其中 $\delta'=S^{-1}(\delta)$. 下面只需证 $\delta'=\delta^{-1}$ 即可.

若对命题 3.2.2 的等式两边同时作用 φ, 则对任意的 $a,b\in A$, 有 $\varphi(S(a))\psi(b\delta')=\varphi(b)\psi(a)$ 成立. 特别地, 对任意的 $b\in A$, 有 $\varphi(b)=\psi(b\delta')$.

因此, 有 $\varphi(b)=\varphi(S(b\delta'))=\varphi(b\delta'\delta)$ 成立, 于是可得 $\delta'\delta=1$. 另一方面, 有 $\psi(b)=\varphi(S(b))=\varphi(b\delta)=\psi(b\delta\delta')$ 成立, 从而有 $\delta\delta'=1$. 所以, δ 是可逆的, 且 $\delta^{-1}=\delta'=S^{-1}(\delta)$, 亦即 $S(\delta)=\delta^{-1}$. 证毕. □

对 $*$ 代数, 总是假设 φ 是自伴随的, 则上述结论即为 $\delta^*=\delta$.

乘子 δ 称为模元素. 这个术语来源于局部紧群理论, 在局部紧群理论中与左右 Haar 测度相关的函数称为模函数.

因为 S 是反余乘同构, 所以 S^2 是余乘同构. 于是可得, 左积分 φ 与 S^2 的合成 $\varphi\circ S^2$ 仍然为左积分. 由左积分的唯一性可知, 一定存在一个复数 τ, 使得对任意的 $a\in A$, $\varphi(S^2(a))=\tau\varphi(a)$. 这个数就称为标量常数. 在 $*$ 代数中, 可证 $|\tau|=1$.

最后, 与代数量子群一样, 下面的命题将给出模自同态的存在性.

命题 3.2.6 对任意的 $a,b\in A$, 存在 A 的唯一的自同构 σ, 使得 $\varphi(ab)=\varphi(b\sigma(a))$ 成立. 并且, 对任意的 $a\in A$, 有 $\varphi(\sigma(a))=\varphi(a)$. 类似地, 对任意的 $a,b\in A$, 存在 A 的唯一的自同构 σ', 使得 $\psi(ab)=\psi(b\sigma'(a))$ 成立, 且 $\psi(\sigma'(a))=\psi(a)$.

证明 对任意的 $p,q,x\in A$, 有

$$
\begin{aligned}
&(\psi\otimes\varphi)((1\otimes p)(\iota\otimes S)((x\otimes 1)\Delta(q)))\\
=&\varphi(p(\psi\otimes\iota)(\iota\otimes S)((x\otimes 1)\Delta(q)))\\
=&\varphi(p(\psi\otimes\iota)(\Delta(x)(q\otimes 1)))\\
=&\psi((\iota\otimes\varphi)((1\otimes p)\Delta(x)(q\otimes 1)))\\
=&\psi(S((\iota\otimes\varphi)(\Delta(p)(1\otimes x)))q)\\
=&\varphi((((\psi\circ S)\otimes\iota)((S^{-1}(q)\otimes 1)\Delta(p)))x).
\end{aligned}
$$

另一方面, 有

$$
(\psi\otimes\varphi)((1\otimes p)(\iota\otimes S)((x\otimes 1)\Delta(q)))=\psi(x(\iota\otimes(\varphi\circ S))(\Delta(q)(1\otimes S^{-1}(p)))).
$$

假设 $\psi=\varphi\circ S$, 则 $\psi\circ S=\tau\varphi$, $\psi(y)=\varphi(y\delta)$ 成立. 由上述计算过程可得, 对任意的 $x\in A$, 有 $\varphi(ax)=\varphi(xb)$, 其中 $a=(\varphi\otimes\iota)((S^{-1}(q)\otimes 1)\Delta(p))$, $b=\dfrac{1}{\tau}(\iota\otimes\psi)(\Delta(q)(1\otimes S^{-1}(p)))\delta$.

因为 φ 是忠实的, 所以元素 b 由元素 a 唯一决定, 可定义 $\sigma(a)=b$. 进一步, 由于 A 中所有元素都是上述 a 形式, 所以 σ 定义在 A 上. 由 φ 的忠实性可知 σ 为单射, 由 A 中所有元素都为上述 b 形式可知 σ 为满射.

下证 σ 是同态. 取元素 $a,b,c\in A$, 则有 $\varphi(abc)=\varphi(a(bc))=\varphi((bc)\sigma(a))=\varphi(b(c\sigma(a)))=\varphi((c\sigma(a))\sigma(b))=\varphi(c(\sigma(a)\sigma(b)))$. 又因为 $\varphi(abc)=\varphi((ab)c)=\varphi(c\sigma(ab))$, 结合 φ 的忠实性, 可得 $\sigma(ab)=\sigma(a)\sigma(b)$, 从而 σ 是代数同态.

对任意的 $a,b\in A$, 应用上述结果两次, 可得

$$\varphi(ab)=\varphi(b\sigma(a))=\varphi(\sigma(a)\sigma(b))=\varphi(\sigma(ab)).$$

由命题 3.1.6 可得 $A^2=A$, 从而可得 φ 是 σ 不变量.

这就证明了关于 φ 和 σ 的结论, 令 $\sigma'=S^{-1}\circ\sigma^{-1}\circ S$, 结合 $\psi=\varphi\circ S$, 易得关于 ψ 的结果. 证毕. □

自同构 σ 及 σ' 分别称为与 φ 和 ψ 有关的 A 的模自同构. 此术语来源于算子代数理论. 上述命题的结论对证明下节将介绍的对偶代数量子超群的基本性质非常必要.

由上述命题可以推导出许多其他的性质, 这就是下一个命题将介绍的内容. 并且将证明一些与代数量子超群有关的其他数据之间的关系.

命题 3.2.7 记法如上, 有下列结论:

(1) 模自同态 σ 和 σ' 之间的关系为 $\sigma\circ S\circ\sigma'=S$, $\sigma'(a)=\delta\sigma(a)\sigma^{-1}$;

(2) $\sigma(\delta)=\dfrac{1}{\tau}\delta$, $\sigma'(\delta)=\dfrac{1}{\tau}\delta$;

(3) 模自同态 σ 和 σ' 可交换;

(4) 模自同态 σ 和 σ' 均与 S^2 可交换;

(5) 对任意的 a, $\Delta(\sigma(a))=(S^2\otimes\sigma)\Delta(a)$ 和 $\Delta(\sigma'(a))=(\sigma'\otimes S^{-2})\Delta(a)$ 成立;

(6) 对任意的 a, $\Delta(S^2(a))=(\sigma\otimes\sigma'^{-1})\Delta(a)$ 成立.

证明 (1) 中的第一个等式已在上一个命题中证得, 由此定义 σ'. 由于 $\psi(a)=\varphi(a\sigma)$ 成立, 故 (1) 中第二个等式成立. 下证 (2), 因为对任意的 $a\in A$, 有

$$\varphi(S^2(a))=\varphi(S(a)\delta)=\varphi(S(\delta^{-1}a))=\varphi(\delta^{-1}a\delta),$$

且 $\tau\varphi(a)=\varphi(d^{-1}a\delta)$. 于是可得 $\sigma(\delta)=\dfrac{1}{\tau}\delta$. 由 (1) 中 σ 与 σ' 的关系, 以及 $S(\delta)=\delta^{-1}$, 可得 $\sigma'(\delta)=\dfrac{1}{\tau}\delta$.

用上面的一些结论, 有

$$\sigma(\sigma'(a))=\sigma(\delta\sigma(a)\delta^{-1})=\sigma(\delta)\sigma^2(a)\sigma(\delta^{-1})=\delta\sigma^2(a)\delta_{-1}=\sigma'(\sigma(a)).$$

所以 σ 和 σ' 可交换, 所以 (3) 成立.

结论 (4) 可用不同的方法证之. 如果结合 (1) 和 (2) 的结论, 便可得 $\sigma\circ S=S\circ\sigma'^{-1}$ 和 $\sigma'^{-1}\circ S=s\circ\sigma$ 成立, 于是可证 σ 与 S^2 可交换.

下证 (5) 中第一个等式对 σ 成立. 另一个由 (1) 中 σ 与 σ' 的关系, 以及 S 的性质可证, 对任意的 $a,b\in A$, 有

$$
\begin{aligned}
(\iota\otimes\varphi)((1\otimes b)(S^2\otimes\sigma)\Delta(a)) &= S^2(\iota\otimes\varphi)((1\otimes b)(\iota\otimes\sigma)\Delta(a))\\
&= S^2(\iota\otimes\varphi)(\Delta(a)(1\otimes b))\\
&= S(\iota\otimes\varphi)((1\otimes a)\Delta(b))\\
&= S(\iota\otimes\varphi)(\Delta(b)(1\otimes\sigma(a)))\\
&= (\iota\otimes\varphi)((1\otimes b)\Delta(\sigma(a))).
\end{aligned}
$$

由 φ 的忠实性可得要证结论.

(6) 若作用 ε 到 (5) 中包含 $\Delta\circ\sigma$ 的等式的第二个分支, 包含 $\Delta\circ\sigma'$ 的等式的第一个分支, 则对任意的 $a\in A$, 有

$$
S^{-2}\sigma(a)=(\iota\otimes(\varepsilon\otimes\sigma))\Delta(a),
$$

$$
S^2\sigma'(a)=((\varepsilon\otimes\sigma')\otimes\iota)\Delta(a).
$$

又因为 $\varepsilon(\delta)=1$, $\sigma'(a)=\delta\sigma(a)\delta^{-1}$, 所以 $\varepsilon\circ\sigma=\varepsilon\circ\sigma'$ 成立. 于是

$$
(\iota\otimes(\varepsilon\circ\sigma)\otimes\iota)\Delta^{(2)}(a)=(\iota\otimes(\varepsilon\circ\sigma')\otimes\iota)\Delta^{(2)}(a).
$$

如果用前面的两个公式, 则可得

$$
(S^{-2}\sigma\otimes\iota)\Delta(a)=(\iota\otimes S^2\sigma')\Delta(a).
$$

因为 $\Delta(S^2(a))=(S^2\otimes S^2)\Delta(a)$, 所以得证. 证毕. □

等式 $\Delta(\delta)=\delta\otimes\delta$ 也成立, 但因为不再假设 Δ 是代数同态, 所以不容易看出如何把其扩张到乘子代数 $M(A)$ 上. 得到对偶后再回过头来看这个问题. 关于 $\Delta(\delta)$ 的等式也将讨论 (见命题 3.4.1 的注释).

注意到上述命题中最后一个性质, 代数量子群的情形在文献 [63] 中给出了证明, 其中用到了 $\Delta(\delta)=\delta\otimes\delta$. 证明过程也比较复杂. 这里的证明是和文献 [67] 附录中对代数量子群的证明一样.

启发性例子对阐述这些结果用处不大. 事实上, 在例 3.1.11 中, 因为代数是交换的, 所以模自同态 σ 和 $\sigma\prime$ 是平凡的, 且由 $\varphi=\psi$ 可得, $\delta=1$. 最后由 $S^2=\iota$ 推出 $\tau=1$. 需要用更复杂的例子来解释这些结论[114].

如果紧型 $*$ 代数量子群有正的左积分 φ, 那么 $\varphi(1)>0$. 可得 $\psi=\varphi$. 特别地, $\sigma=\sigma'$, 且 $\delta=1$. 进一步, 因为是带有正积分的紧型 $*$ 代数量子群, 所以对象可能非平凡[149–152].

3.3 Pontryagin 对偶

设 (A,Δ) 是一个代数量子超群 (在定义 3.1.10 意义下的). 这一节将构造对偶 $(\widehat{A},\widehat{\Delta})$, 并证明其是代数量子超群. 构造方法和代数量子群非常相似[114]. 所以, 这里也由定义如下的 A' 的子对偶空间开始.

定义 3.3.1　设 φ 是 (A,Δ) 上的左积分. 定义 $\widehat{A}$ 为具有形式 $\varphi(\cdot a)$ 的 A 上的线性函数空间, 其中 $a\in A$.

由命题 3.2.5 和命题 3.2.6, 可得到

$$\{\varphi(a\cdot)|a\in A\}=\{\varphi(\cdot a)|a\in A\}=\{\psi(\cdot a)|a\in A\}=\{\psi(a\cdot)|a\in A\},$$

其中 φ 是 A 上的左积分, ψ 是 A 上的右积分. 因此, A 中任何元素都可以写成上面四种不同的形式之一. 可以根据不同情况, 自由使用其中任何一种表达方式, 每个都是有用的. 有时将元素 $\omega\in\widehat{A}$(或者 $\omega\in A'$) 在元素 $x\in A$ 上的值 $\omega(x)$ 记为 $\langle\omega,x\rangle$. 由于积分的忠实性, 空间 $\widehat{A}$ 是分离的, 这意味着 A 和 $\widehat{A}$ 之间的配对是非退化的.

下面将证明 $\widehat{A}$ 可以构成一个代数量子超群. 此外, 通过考虑 $\widehat{A}$ 的对偶, 即 A 的双对偶, 可得到原来的代数量子超群 A, 这就是 Pontryagin 对偶定理.

首先, 通过对偶余积使得 $\widehat{A}$ 构成代数. 这将是下面的命题.

命题 3.3.2　对任意的 $\omega,\omega'\in\widehat{A}$, 通过公式 $(\omega\omega')(x)=(\omega\otimes\omega')\Delta(x)$ 可以定义一个 A 上的线性函数 $\omega\omega'$, 可以得到 $\omega\omega'\in\widehat{A}$, 且 A 上的这个乘法是结合的并且非退化的.

证明　设 $\omega,\omega'\in\widehat{A}$, 且 $\omega'=\varphi(\cdot a)$, 这里 $a\in A$. 那么, 有

$$\begin{aligned}(\omega\omega')(x)&=(\omega\otimes\varphi(\cdot a))(\Delta(x))=(\omega\otimes\varphi)(\Delta(x)(1\otimes a))\\&=(\omega\circ S^{-1})((\iota\otimes\varphi)((1\otimes x)\Delta(a)))=\varphi(x((\omega\circ S^{-1})\otimes\iota)\Delta(a)).\end{aligned}$$

可见乘法 $\omega\omega'$ 作为 A 上的一个线性函数, 不仅是良定义, 而且具有形式 $\varphi(\cdot b)$, 其中 $b=((\omega\circ S^{-1})\otimes\iota)\Delta(a)$. 同时由于 $\omega\in\widehat{A}$, 可以得到 $b\in A$(不仅仅是在 $M(A)$ 中). 所以 $\omega\omega'\in\widehat{A}$. 于是已经定义了 $\widehat{A}$ 的一个乘法.

A 的乘法的结合性可以很容易由 A 的余乘 Δ 的余结合性得出. 要证乘法是非退化的, 先假设 $a\in A$, 且对所有的 $\omega\in\widehat{A}$, 有 $\omega\varphi(\cdot a)=0$. 这意味对所有的 $\omega\in\widehat{A}$,

有 $\omega(S^{-1}(a))=0$. 由于 $\widehat{A}$ 是 A 的分离点, 可得 $a=0$. 类似地, 对所有的 $a\in A$ 有 $\omega\varphi(\cdot a)=0$ 意味着 $\omega=0$. 证毕. □

若 A 是一个 $*$ 代数, 假设对所有的 $a\in A$ 有 $\Delta(a^*)=\Delta(a)^*$. 在这种情况下, 也可以定义 $\widehat{A}$ 上的对合. 当 $x\in A$, 且 $\omega\in\widehat{A}$ 时, 令 $\omega^*(x)=\omega(S(x)^*)^-$ (其中 λ^- 是复数 λ 的复共轭). 不难看出 ω^* 也属于 $\widehat{A}$, 并且使得 $\widehat{A}$ 成为对合代数. 其他的性质中, 要被用到的是 $S(S(x)^*)^*=x$, $\forall\ x\in A$

$\widehat{A}$ 的元素可以表示为四种不同的形式. 当用这些不同的形式去定义 $\widehat{A}$ 的乘法时, 可以得到以下有用的表达式. 如上, φ 是左积分, ψ 是右积分.

命题 3.3.3 只要 $a\in A$, 且 $\omega\in\widehat{A}$, 便可得到

(1) $\omega\varphi(\cdot a)=\varphi(\cdot b)$, 其中 $b=((\omega\circ S^{-1})\otimes\iota)\Delta(a)$;

(2) $\omega\varphi(a\cdot)=\varphi(c\cdot)$, 其中 $c=((\omega\circ S)\otimes\iota)\Delta(a)$;

(3) $\psi(\cdot a)\omega=\psi(\cdot d)$, 其中 $d=(\iota\otimes(\omega\circ S))\Delta(a)$;

(4) $\psi(a\cdot)\omega=\psi(e\cdot)$, 其中 $e=(\iota\otimes(\omega\circ S^{-1}))\Delta(a)$.

证明 第一个公式已经由前面的命题的证明过程得到. 由类似的方式可以得到其他三个公式, 不仅用到 S 的定义, 包括 φ(见定义 3.1.9), 而且还用到其他关系, 包括 ψ(见命题 3.2.2). □

对所有的 $f\in A'$ 及 $\omega\in\widehat{A}$, 还可以由上面的公式得到 $f\omega$ 和 ωf 的积. 例如, 当 $\omega=\varphi(\cdot a)$, $a\in A$ 时, 可以由

$$\langle f\omega,x\rangle=\langle f\otimes\varphi(\cdot a,\Delta(x))\rangle=\langle f\otimes\varphi,\Delta(x)(1\otimes a)\rangle$$

定义 $f\omega$, 并且事实上 (由命题 3.3.2 的证明过程), 这是 $\varphi(xb)$, 其中 $b=((f\circ S^{-1})\otimes\iota)\Delta(a)$. 一般地, 这些积不再属于 A. 但是得到 A' 是一个 $\widehat{A}$ 双模.

另一方面, 有以下结果:

命题 3.3.4 取 $f\in A'$, 使得对于所有 $a\in A$, 都有 $(f\otimes\iota)\Delta(a)$ 和 $(\iota\otimes f)\Delta(a)$ 属于 A(并且不止属于 $M(A)$), 于是对所有 $\omega\in\widehat{A}$, 有 $f\omega$ 和 ωf 属于 $\widehat{A}$. 这定义了 $M(\widehat{A})$ 中的一个元素. $M(\widehat{A})$ 中所有的元素都可以由此得到.

证明 由前面的结论可以看到, 对于 $a\in A$, 当 $\omega=\varphi(\cdot a)$ 时, 有 $f\omega=\varphi(\cdot b)$. 再由定理 3.2.1 得到, 当 f 满足命题中的条件时, 有 $b\in A$. 因此, 当 $\omega\in\widehat{A}$ 时, 有 $f\omega\in\widehat{A}$. 对 ωf 也同理可证. 因此, 类似 f 的函数给出了 $M(\widehat{A})$ 中的乘子.

相反地, 假设 m 是 $M(\widehat{A})$ 中的乘子, 且对 $a,b\in A$, $\omega=\varphi(\cdot a)$, 有 $m\omega=\varphi(\cdot b)$. 定义 A 上的线性函数 f: $f(S^{-1}(a))=\varepsilon(b)$. 由于对所有的 $\omega,\omega'\in\widehat{A}$, 有 $m(\omega\omega')=(m\omega)\omega'$, 所以可得, 对所有的 $\omega\in\widehat{A}$, 有 $m\omega=f\omega$. 由此易得 f 满足命题的条件. □

如上所示, 对所有的 $\omega\in\widehat{A}$, $f\omega=0$, 可推出 $f=0$. 于是, 可以用上述映射通过子空间 A' 的元素 f 的给定性质来区分 $M(\widehat{A})$. 因此, A 和 $\widehat{A}$ 的配对关系可以扩张

成为 A 和 $M(\widehat{A})$ 的陪对关系 (在双线映射意义下). 实质上, 由定义可得, 对函数 f 和任意的 $x\in A$, 有

$$\langle f\omega, x\rangle = \langle f, (\iota\otimes\omega)\Delta(x)\rangle,$$

$$\langle \omega f, x\rangle = \langle f, (\omega\otimes\iota)\Delta(x)\rangle.$$

如果考虑扩张后的配对, 在这些公式中, 可以将 f 看作 $M(\widehat{A})$ 的元素. 下一节考虑模结构的时候再来分析这些公式.

观察到余单位 ε 作为 A 上的线性函数, 实际上是 $\widehat{A}$ 的乘子代数 $M(\widehat{A})$ 的单位. 这是因为对所有的 $a\in A$, 等式 $(\varepsilon\otimes\iota)\Delta(a)=a$ 和 $(\iota\otimes\varepsilon)\Delta(a)=a$ 成立.

类似地, 可以将 $M(\widehat{A}\otimes\widehat{A})$ 中的元素看作 $A\otimes A$ 上的线性函数. 这有助于理解 $\widehat{A}$ 上的余乘.

下面定义 $\widehat{A}$ 上的余乘 $\widehat{\Delta}$. 简略而言, 当把 $M(\widehat{A}\otimes\widehat{A})$ 中的元素看作 $A\otimes A$ 上的线性函数时, 由 $\langle\widehat{\Delta}(\omega),(x\otimes y)\rangle=\langle\omega,xy\rangle$, $x,y\in A$ 可知, 余乘对偶于 A 中乘法. 不过, 因为 $\widehat{\Delta}$ 的像不在 $\widehat{A}\otimes\widehat{A}$ 中, 而是在此张量积的乘子代数中, 所以这需要更加小心. 下面将通过对 $\widehat{A}$ 中所有的 ω_1,ω_2, 给出表达式 $(\omega_1\otimes 1)\widehat{\Delta}(\omega_2)$ 和 $\widehat{\Delta}(\omega_1)(1\otimes\omega_2)$ 来定义余乘, 这些对象均在 $\widehat{A}\otimes\widehat{A}$ 中.

定义 3.3.5 设 $\omega_1,\omega_2\in\widehat{A}$. 对所有的 $x,y\in A$, 令

$$\langle(\omega_1\otimes 1)\widehat{\Delta}(\omega_2), x\otimes y\rangle = \langle\omega_1\otimes\omega_2, \Delta(x)(1\otimes y)\rangle,$$

$$\langle(\widehat{\Delta}(\omega_1)(1\otimes\omega_2), x\otimes y\rangle = \langle\omega_1\otimes\omega_2, (x\otimes 1)\Delta(y)\rangle.$$

下面将首先证明定义 3.3.5 中的函数是良定义, 并且在 $\widehat{A}\otimes\widehat{A}$ 中. 然后便能定义 $M(\widehat{A}\otimes\widehat{A})$ 中的 $\widehat{\Delta}$, 且可以得到我们想要的公式.

引理 3.3.6 如果 $\omega_1,\omega_2\in\widehat{A}$, 则 $(\omega_1\otimes 1)\widehat{\Delta}(\omega_2)$ 和 $(\widehat{\Delta}(\omega_1)(1\otimes\omega_2)$(如定义 3.3.5 所定义的) 在 $\widehat{A}\otimes\widehat{A}$ 中. 对所有的 $\omega\in\widehat{A}$, 这两个公式定义 $\widehat{\Delta}(\omega)$ 是 $M(\widehat{A}\otimes\widehat{A})$ 中的一个乘子.

证明 设 $\omega_1=\psi(a\cdot)$, $\omega_2=\psi(b\cdot)$, 其中 $a,b\in A$. 对所有的 $x,y\in A$, 有

$$\begin{aligned}
\langle(\omega_1\otimes 1)\widehat{\Delta}(\omega_2), x\otimes y\rangle &= (\omega_1\otimes\omega_2)(\Delta(x)(1\otimes y))\\
&= \omega_2(\psi\otimes\iota)((a\otimes 1)\Delta(x)(1\otimes y))\\
&= \omega_2(S^{-1}((\psi\otimes\iota)(\Delta(a)(x\otimes 1)))y)\\
&= \psi((\psi\otimes\iota)((1\otimes b)(\iota\otimes S^{-1})(\Delta(a)(x\otimes 1)))y)\\
&= \psi((\psi\otimes\iota)((\iota\otimes S^{-1})(\Delta(a)(x\otimes S(b))))y)\\
&= \psi((\psi\otimes\iota)((\iota\otimes S^{-1})(\Delta(a)(x\otimes S(b)))(1\otimes y)))\\
&= (\psi\otimes\psi)((\iota\otimes S^{-1})(\Delta(a)(1\otimes S(b)))(x\otimes y)).
\end{aligned}$$

于是, 可得 $(\omega_1 \otimes 1)\widehat{\Delta}(\omega_2)$ 在 $\widehat{A} \otimes \widehat{A}$ 中是良定义的.

为了证明 $\widehat{\Delta}(\omega_1)(1 \otimes \omega_2)$ 在 $\widehat{A} \otimes \widehat{A}$ 中也是良定义的, 使用表达式 $\omega_1 = \varphi(\cdot a)$ 和 $\omega_2 = \varphi(\cdot b)$, 其中 φ 是 A 的左积分. 然后可得, 对任意的 $x, y \in A$, 有

$$\langle \widehat{\Delta}(\omega_1)(1 \otimes \omega_2), x \otimes y \rangle = (\varphi \otimes \varphi)((x \otimes y)(S^{-1} \otimes \iota)((S(a) \otimes 1)\Delta(b))).$$

因为 $\widehat{A}$ 的乘法对偶于 A 的余乘, 通过上述定义易得, 对于所有的 $\omega_1, \omega_2, \omega_3 \in \widehat{A}$, 有 $((\omega_1 \otimes 1)\widehat{\Delta}(\omega_2))(1 \otimes \omega_3) = (\omega_1 \otimes 1)(\widehat{\Delta}(\omega_2)(1 \otimes \omega_3))$. 因此, 对所有的 $\omega \in \widehat{A}$, $\widehat{\Delta}(\omega)$ 被定义为 $M(\widehat{A} \otimes \widehat{A})$ 中双边乘子. □

现在来证明对所有的 $x, y \in A$, 有 $\langle \widehat{\Delta}(\omega), x \otimes y \rangle = \langle \omega, xy \rangle$. 考虑到上述定义的第一个公式. 根据定理 3.3.4 的一个附注, 有

$$\langle (\omega_1 \otimes 1)\widehat{\Delta}(\omega_2), x' \otimes y \rangle = \langle \widehat{\Delta}(\omega_2), (\omega_1 \otimes 1)\Delta(x') \otimes y \rangle,$$

从而有

$$\begin{aligned}\langle \widehat{\Delta}(\omega_2), (\omega_1 \otimes \iota)\Delta(x') \otimes y \rangle &= \langle \omega_1 \otimes \omega_2, \Delta(x')(1 \otimes y) \rangle \\ &= \omega_2(((\omega_1 \otimes \iota)\Delta(x'))y),\end{aligned}$$

其中 $\omega_1, \omega_2 \in \widehat{A}$, $x', y \in A$. 因此, 对元素 $x, y \in A$ 得到了要证的等式, 其中 x 具有 $(\omega_1 \otimes \iota)\Delta(x')$ 的形式. 而 A 中所有元素都是这种形式, 因此就证明了所有配对的公式.

命题 3.3.7 映射 $\widehat{\Delta} : \widehat{A} \longrightarrow M(\widehat{A} \otimes \widehat{A})$ 是 $\widehat{A}$ 上的正则余乘.

证明 对于所有的 $\omega_1, \omega_2, \omega_3 \in \widehat{A}$, $x, y, z \in A$, 有

$$\begin{aligned}&\langle (\omega_1 \otimes 1 \otimes 1)(\widehat{\Delta} \otimes \iota)(\widehat{\Delta}(\omega_2)(1 \otimes \omega_3)), x \otimes y \otimes z \rangle \\ =& \langle \omega_1 \otimes (\widehat{\Delta}(\omega_2)(1 \otimes \omega_3)), (\Delta(x)(1 \otimes y)) \otimes z \rangle \\ =& \langle \omega_1 \otimes \omega_2 \otimes \omega_3, \Delta_{12}(x)(1 \otimes y \otimes 1)\Delta_{23}(z) \rangle \\ =& \langle ((\omega_1 \otimes 1)\widehat{\Delta}(\omega_2)) \otimes \omega_3, x \otimes ((y \otimes 1)\Delta(z)) \rangle \\ =& \langle (\iota \otimes \widehat{\Delta})((\omega_1 \otimes 1)\widehat{\Delta}(\omega_2))(1 \otimes 1 \otimes \omega_3), x \otimes y \otimes z \rangle.\end{aligned}$$

这说明了 $\widehat{\Delta}$ 在定义 3.1.1 的意义下是余结合的. 注意证明中使用了之前介绍的“下标记法”(在命题 3.2.1 的证明中).

要证余乘是正则的, 需证明对于所有的 $\omega_1, \omega_2 \in \widehat{A}$, 元素 $\widehat{\Delta}(\omega_1)(\omega_2 \otimes 1)$ 和 $(1 \otimes \omega_1)\widehat{\Delta}(\omega_2)$ 在 $\widehat{A} \otimes \widehat{A}$ 中. 当 $x, y \in A$ 时, 有

$$\begin{aligned}\langle \widehat{\Delta}(\omega_1)(\omega_2 \otimes 1), x \otimes y \rangle &= \langle \widehat{\Delta}(\omega_1), (\iota \otimes \omega_2)\Delta(x) \otimes y \rangle \\ &= \langle \Delta(\omega_1), (\iota \otimes \omega_2)(\Delta(x)(y \otimes 1)) \rangle \\ &= \langle (\omega_1 \otimes \omega_2), \Delta(x)(y \otimes 1) \rangle.\end{aligned}$$

观察到上述论证中, 将 $\widehat{\Delta}(\omega_1)$ 看作 $A\otimes A$ 上的线性函数. 如果 $\omega_1=\varphi(a\cdot)$, $\omega_2=\varphi(\cdot b)$, 其中 $a,b\in A$, 那么有

$$\begin{aligned}\langle\widehat{\Delta}(\omega_1)(\omega_2\otimes 1),x\otimes y\rangle &=\omega_1(((\iota\otimes\varphi)\Delta(x)(1\otimes b)))y)\\&=\omega_1((S^{-1}(\iota\otimes\varphi)((1\otimes x)\Delta(b))))y)\\&=\varphi(((\iota\otimes\varphi)(1\otimes x)(S^{-1}\otimes\iota)(\Delta(b)(S(a)\otimes 1)))y)\\&=\langle\varphi\otimes\varphi,(1\otimes x)(S^{-1}\otimes\iota)(\Delta(b)(S(a)\otimes 1))(y\otimes 1)\rangle.\end{aligned}$$

在 $A\otimes A$ 中, 记 $(S^{-1}\otimes\iota)(\Delta(b)(S(a)\otimes 1))=\sum p_i\otimes q_i$. 然后得到 $\widehat{\Delta}(\omega_1)(\omega_2\otimes 1)=\sum\limits_i\varphi(\cdot q_i)\otimes\varphi(p_i\cdot)$. 这证明了第一个结论, 为了证明第二个结论, 利用

$$\langle(1\otimes\omega_1)\widehat{\Delta}(\omega_2),x\otimes y\rangle=\langle\omega_1\otimes\omega_2,(1\otimes x)\Delta(y)\rangle.$$

现在令 $\omega_1=\psi(a\cdot)$, $\omega_2=\psi(\cdot b)$, 其中 $a,b\in A$. 然后可得 $(1\otimes\omega_1)\widehat{\Delta}(\omega_2)=\sum\limits_i\psi(\cdot q_i)\otimes\psi(p_i\cdot)$, 其中 $(\iota\otimes S^{-1})((1\otimes S(b))\Delta(a))=\sum p_i\otimes q_i$. 证毕. □

如果 A 是 $*$ 代数量子超群, 已经知道 $\widehat{A}$ 是 $*$ 代数. 容易验证, 对于所有的 $w\in\widehat{A}$, 有 $\widehat{\Delta}(\omega^*)=\widehat{\Delta}(\omega)^*$ 成立. 于是 $\widehat{\Delta}$ 成为一个 $*$ 映射.

下一步将证明对偶 $(\widehat{A},\widehat{\Delta})$ 确实是一个代数量子超群, 并给出 $(\widehat{A},\widehat{\Delta})$ 上的余单位 $\widehat{\varepsilon}$ 的构造.

定义 3.3.8 设 $\omega\in\widehat{A}$, 且 $\omega=\varphi(\cdot a)$, 其中 $a\in A$. 定义 $\widehat{\varepsilon}(\omega)=\varphi(a)$.

同样地, 当对 A 中元素采用其他形式时, 也可以得到期望的公式. 因此, 如果 $\omega\in\widehat{A}$ 表示为

$$\omega=\varphi(a\cdot)=\varphi(\cdot b)=\psi(c\cdot)=\psi(\cdot d),$$

其中 a,b,c,d 均在 A 中唯一决定, 然后可以得到

$$\widehat{\varepsilon}(\omega)=\varphi(a)=\varphi(b)=\psi(c)=\psi(d).$$

要证明这是正确的, 可以使用这样结论：在 A 中存在一个元素 e, 使得 $ae=a$ 和 $eb=b$ 成立 (参见命题 3.1.6). 因此, 有 $\varphi(a)=\varphi(ae)=\varphi(eb)=\varphi(b)$.

于是, 通过下述命题可知, $\widehat{\varepsilon}$ 是 $(\widehat{A},\widehat{\Delta})$ 上的余单位.

命题 3.3.9 $\widehat{\varepsilon}:\widehat{A}\longrightarrow\mathbb{C}$ 是代数同态, 且对于所有的 $\omega_1,\omega_2\in\widehat{A}$, 满足下述等式:

(1) $(\iota\otimes\widehat{\varepsilon})((\omega_1\otimes 1)\widehat{\Delta}(\omega_2))=\omega_1\omega_2$;

(2) $(\widehat{\varepsilon}\otimes\iota)(\widehat{\Delta}(\omega_1)(1\otimes\omega_2))=\omega_1\omega_2$.

证明 为了证明 $\widehat{\varepsilon}$ 是一个代数同态, 令 $\omega_1 = \varphi(a\cdot)$, $\omega_2 = \varphi(b\cdot)$, 于是有 $\omega_1\omega_2 = \varphi(c\cdot)$, 其中 $c = (\varphi \otimes \iota)(S \otimes \iota)(\Delta(b)(S^{-1}(a) \otimes 1))$(见命题 3.3.3 中的公式 (2)). 因此, 如果 $\psi = \varphi \circ S$, 那么有

$$\begin{aligned}\widehat{\varepsilon}(\omega_1\omega_2) = \varphi(c) &= \psi((\iota \otimes \varphi)\Delta(b)(S^{-1}(a) \otimes 1)))\\ &= \psi(b)\varphi(a) = \widehat{\varepsilon}(\omega_1)\widehat{\varepsilon}(\omega_2).\end{aligned}$$

为了证明公式 (1), 记 $\omega_1 = \psi(a\cdot), \omega_2 = \psi(b\cdot)$. 于是有 $(\omega_1 \otimes 1)\widehat{\Delta}(\omega_2) = (\psi \otimes \psi)((\iota \otimes S^{-1})(\Delta(a)(1 \otimes S(b)))\cdot)$(见引理 3.3.6 的证明). 因此, 可以得到 (用命题 3.3.3 中的公式 (4))

$$(\iota \otimes \widehat{\varepsilon})((\omega_1 \otimes 1)\widehat{\Delta}(\omega_2)) = \psi((\iota \otimes \psi)(\iota \otimes S^{-1})(\Delta(a)(1 \otimes S(b)))\cdot) = \omega_1\omega_2.$$

公式 (2) 用同样的方法可证明, 现在考虑 $\omega_1 = \varphi(\cdot a), \omega_2 = \varphi(\cdot b)$(同样地, 见引理 3.3.6 的证明). □

下面定义 $\widehat{A}$ 上的左积分.

定义 3.3.10 设 ψ 是 A 上的右积分且 $\omega = \psi(a\cdot)$, 定义 $\widehat{\varphi}(\omega) = \varepsilon(a)$.

观察到用 A 上的右积分 ψ 来定义 $\widehat{A}$ 上的左积分 $\widehat{\varphi}$.

定理 3.3.11 设 (A, Δ) 是代数量子超群, 对偶 $(\widehat{A}, \widehat{\Delta})$ 如前定义. 那么 $(\widehat{A}, \widehat{\Delta})$ 也是一个代数量子超群. 进一步, 如果 (A, Δ) 是一个 $*$ 代数量子超群, 那么 $(\widehat{A}, \widehat{\Delta})$ 也是 $*$ 代数量子超群.

证明 已经证明了 $\widehat{A}$ 是有非退化乘法的代数, $\widehat{\Delta}$ 是 $\widehat{A}$ 上的正则余乘, 并且也得到了余单位 $\widehat{\varepsilon}$. 现在要证上述定义的 $\widehat{\varphi}$ 是一个左积分. 显然 $\widehat{\varphi}$ 是非零的. 为了说明 $\widehat{\varphi}$ 是 $\widehat{A}$ 上的左不变量, 取 $\widehat{A}$ 中的元素 ω_1 和 ω_2. 并计算 $(\iota \otimes \widehat{\varphi})((\omega_1 \otimes 1)\Delta(\omega_2))$. 设 $\omega_1 = \psi(a\cdot)$, $\omega_2 = \psi(b\cdot)$, 其中 $a, b \in A$. 类似引理 3.3.6 的证明, 可以得到对任意的 $x, y \in A$, 有

$$\langle(\omega_1 \otimes 1)\widehat{\Delta}(\omega_2), x \otimes y\rangle = (\varphi \otimes \psi)((\iota \otimes S^{-1})(\Delta(a)(1 \otimes S(b)))(x \otimes y)).$$

因此可得

$$\begin{aligned}(\iota \otimes \widehat{\varphi})((\omega_1 \otimes 1)\widehat{\Delta}(\omega_2)) &= \psi((\iota \otimes \varepsilon)(\iota \otimes S^{-1})(\Delta(a)(1 \otimes S(b)))\cdot)\\ &= \varepsilon(b)\psi(a\cdot) = \widehat{\varphi}(\omega_2)\omega_1.\end{aligned}$$

注意到, 这里用到 ε 是对极下的不变量 (见命题 3.2.1). 从上述计算, 看到 $(\iota \otimes \widehat{\varphi})\widehat{\Delta}(\omega_2)$ 和 $\widehat{\varphi}()\omega_2 1$ 作为右乘子是相等的. 于是, 它们作为 $M(\widehat{A})$ 中的乘子也是相等的. 这就证明了 $\widehat{\varphi}$ 是 $\widehat{A}$ 上的左积分.

接下来, 证明 $\widehat{\varphi}$ 是忠实. 如果 ω_1, ω_2 是 $\widehat{A}$ 中元素, 设 $\omega_1 = \psi(a\cdot)$, $a \in A$, 那么有 $\omega_1\omega_2 = \psi((\iota \otimes \omega_2)(\iota \otimes S^{-1})\Delta(a)\cdot)$(如命题 3.3.3 中的公式 (4)), 因此, $\widehat{\varphi}(\omega_1\omega_2) = \omega_2(S^{-1}(a))$. 如果对于所有的 a 都是 0, 那么 $\omega_2 = 0$, 如果对所有的 ω_2 都是 0, 那么 $a = 0$(因为 $\widehat{A}$ 与 A 有一个非退化配对). 这证明了 $\widehat{\varphi}$ 的忠实性.

最后, 证明存在一个与 $\widehat{\varphi}$ 相关的对极. 对所有的 $\omega \in A$, 定义 $\widehat{S}(\omega) = \omega \circ S$. 易见 $\widehat{S}(\omega) \in \widehat{A}$. 为了证明 $\widehat{S}$ 是 $\widehat{A}$ 上的反同构, 需要使用对极为反余乘同态 (见命题 3.2.1). 于是, 剩下需要证明 $\widehat{\varphi}$ 满足对极性, 即对所有的 $\omega_1, \omega_2 \in \widehat{A}$, 有

$$\widehat{S}(\iota \otimes \widehat{\varphi})(\widehat{\Delta}(\omega_1)(1 \otimes \omega_2)) = (\iota \otimes \widehat{\varphi})((1 \otimes \omega_1)\widehat{\Delta}(\omega_2)).$$

为了证明该公式, 首先记 $\omega_1 = \psi(a\cdot)$, $\omega_2 = \psi(\cdot b)$, 其中 $a, b \in A$. 然后有 $(1 \otimes \omega_1)\widehat{\Delta}(\omega_2) = \sum_i \psi(\cdot q_i) \otimes \psi(p_i \cdot)$, 其中 $\sum_i p_i \otimes q_i = (\iota \otimes S^{-1})((1 \otimes S(b))\Delta(a))$(与命题 3.3.7 的证明过程一样). 等式的右边是

$$(\iota \otimes \widehat{\varphi})((1 \otimes \omega_1)\widehat{\Delta}(\omega_2)) = \sum_i \varepsilon(p_i)\psi(\cdot q_i) = \psi(\cdot S^{-1}(a)b).$$

对于等式左边, 首先根据给定的 ω_1 和 ω_2 的形式, 计算 $\widehat{A} \otimes \widehat{A}$ 中 $\widehat{\Delta}(\omega_1)(1 \otimes \omega_2)$ 的表达式. 对于所有 $x, y \in A$, 有

$$\begin{aligned}\langle \widehat{\Delta}(\omega_1)(1 \otimes \omega_2), x \otimes y \rangle &= \langle \omega_1 \otimes \omega_2, (x \otimes 1)\Delta(y) \rangle \\ &= \omega_2((\psi \otimes \iota)(ax \otimes 1)\Delta(y)) \\ &= \psi((\iota \otimes (\omega_2 \circ S^{-1}))(\Delta(ax)(y \otimes 1))) \\ &= \psi((\iota \otimes (\omega_2 \circ S^{-1}))(\Delta(ax))y).\end{aligned}$$

因此, $\langle (\iota \otimes \widehat{\varphi})(\widehat{\Delta}(\omega_1)(1 \otimes \omega_2)), x \rangle = \varepsilon(\iota \otimes (\omega_2 \circ S^{-1}))(\Delta(ax)) = (\omega_2 \circ S^{-1})(ax)$. 于是, 有 $(\iota \otimes \widehat{\varphi})(\widehat{\Delta}(\omega_1)(1 \otimes \omega_2)) = (\omega_2 \circ S^{-1})(a\cdot)$, 并且 $\widehat{S}(\iota \otimes \widehat{\varphi})(\widehat{\Delta}(\omega_1)(1 \otimes \omega_2)) = \omega_2(\cdot S^{-1}(a)) = \psi(\cdot S^{-1}(a)b)$. 可见等式左右两边都相等.

这便完成了 $(\widehat{A}, \widehat{\Delta})$ 是代数量子超群的证明.

最后, 如果 (A, Δ) 是 $*$ 代数量子超群, 由于 $\widehat{A}$ 是一个 $*$ 代数, 并且 Δ 是一个 $*$ 映射, 从而可得 $(\widehat{A}, \widehat{\Delta})$ 也是一个 $*$ 代数量子超群. 证毕. □

如果像 (A, Δ) 一样, 设 $\widehat{\psi} = \widehat{\varphi} \circ \widehat{S}$, 易得当 $\omega = \varphi(\cdot a)$ 时, 有 $\widehat{\psi}(\omega) = \varepsilon(a)$. 我们将会在下面定理 3.3.12 的证明中用到这个公式.

在 $*$ 代数量子超群的情形下, 如同在早先提到的 (见定义 3.1.5 后的注记), 假设积分是正的是有意义的. 现在假设在 A 上积分 ψ 是正的. 然后可以证明 $\widehat{\varphi}$ 在 $\widehat{A}$ 上也是正的. 事实上, 设 $\omega = \psi(a\cdot)$, 其中 $a \in A$. 然后由命题 3.3.3 的第 4 个公式,

有 $\omega\omega^* = \psi(e\cdot)$, 其中 $e = (\iota \otimes (\omega^* \circ S^{-1}))\Delta(a)$. 因此

$$\widehat{\varphi}(\omega\omega^*) = \varepsilon(e) = \omega^*(S^{-1}(a)) = \omega(a^*)^- = \psi(aa^*)^-.$$

所以, 若 ψ 是正的, 则 $\widehat{\varphi}$ 也是正的. 注意没有显然的方法来证明当一个正的右积分存在时, 一个正的左积分也存在. 这个结果对于 $*$ 代数量子群是成立的[63], 但证明是比较复杂的.

在本节的最后, 将通过 3.1 节的启发性例子 (例 3.1.11) 来阐明主要结果. 在下一节, 将讨论与对偶 $(\widehat{A}, \widehat{\Delta})$ 有关的对象 (模元素 $\widehat{\delta}$、模自同构 $\widehat{\sigma}$ 与 $\widehat{\sigma}'$, 以及对偶的标量常数), 以及它们如何由代数量子超群 (A, Δ) 的条件得出.

现在, 将证明取 $(\widehat{A}, \widehat{\Delta})$ 的对偶会回到最初的 (A, Δ), 这便是下面关于代数量子超群的 Pontryagin 对偶定理的内容 (代数量子超群的双对偶).

定理 3.3.12 (Pontryagin 对偶定理) 设 (A, Δ) 是代数量子超群. 设 $(\widehat{A}, \widehat{\Delta})$ 是对偶的代数量子超群. 对于 $a \in A$ 和 $\omega \in \widehat{A}$, 设 $\Gamma(a)(\omega) = \omega(a)$. 则对任意 $a \in A$, 有 $\Gamma(a) \in \widehat{\widehat{A}}$. 更进一步, Γ 是代数量子超群 (A, Δ) 和 $(\widehat{\widehat{A}}, \widehat{\widehat{\Delta}})$ 之间的一个同构. 在 $*$ 条件下, 有 Γ 是一个 $*$ 同构.

证明 对于 A 中的 a, 记 $\Gamma(a)$ 为 $\widehat{A}$ 一个上的线性函数, 定义为 $\langle \omega, \Gamma(a) \rangle = \omega(a)$, 这里 $\omega \in \widehat{A}$. 首先说明 $\Gamma(a) \in \widehat{\widehat{A}}$. 为此, 记 $\omega = \varphi(\cdot S(a))$ 并且取 $\widehat{A}$ 中任意 ω_1. 利用公式 (1) 和命题 3.3.3 可得 $\omega_1\omega = \varphi(\cdot d)$, 这里

$$d = ((\omega_1 \circ S^{-1}) \otimes \iota)\Delta(S(a)) = S((\iota \otimes \omega_1)\Delta(a)).$$

因而 $\widehat{\psi}(\omega_1\omega) = \varepsilon(d) = \omega_1(a) = \langle \omega_1, \Gamma(a) \rangle$, 从而有 $\Gamma(a) = \psi(\cdot\omega)$ 且 $\Gamma(a) \in \hat{\hat{A}}$.

易见 Γ 是线性空间 A 和 $\hat{\hat{A}}$ 之间的一个同构. 因为乘法是余乘的对偶, 反之亦然, 由此直接可得 Γ 保持乘法和余乘. 从而 Γ 是代数量子超群间的一个同构.

在 $*$ 代数的情况下, 容易证明 Γ 也是一个 $*$ 同构. □

由代数量子超群中余单位、对极和积分的唯一性, 有 Γ 保持这些对象. 以余单位为例, 有

$$\widehat{\widehat{\varepsilon}}(\Gamma(a)) = \widehat{\widehat{\varepsilon}}(\widehat{\psi}(\cdot\omega)) = \widehat{\psi}(\omega) = \varepsilon(S(a)) = \varepsilon(a),$$

这里 $a \in A$ 且 $\omega = \varphi(\cdot S(a))$. 对于对极, 可以大致地得到结果, 因为 $\widehat{A}$ 上对极定义为 A 上对极的伴随 (见定理 3.3.11 的证明). 最后, 对于积分, 这部分相对复杂. 当约定 $\psi = \varphi \circ S$ 和 $\widehat{\psi} = \widehat{\varphi} \circ \widehat{S}$ 时, 这里 $\widehat{\varphi}$ 和定义 3.3.10 中一样由 ψ 定义, 可以说明对任意 a 有 $\widehat{\widehat{\varphi}}(\Gamma(a)) = \varphi(a)$. 为了证明这个结果, 需要关于 $\widehat{\psi}$ 的模自同构的一个公式. 将在下节中给出这个公式的证明, 并给出等式 $\widehat{\widehat{\varphi}}(\Gamma(a)) = \varphi(a)$ 的证明 (见命题 4.1.1 后的注记).

下面通过寻找一些特殊情况和例子来结束本节. 首先考虑拥有紧型的代数量子超群 (A, Δ)(见定义 3.1.13). 从而, A 有单位元 1 且 $\Delta(1) = 1 \otimes 1$. 则有 $\varphi \in \widehat{A}$

并由命题 3.3.3 的公式 (1) 易见, 对任意 $\omega \in \widehat{A}$, 有 $\omega\varphi = \widehat{\varepsilon}(w)\varphi$. 类似地, 对任意 $\omega \in \widehat{A}$, 有 $\psi \in \widehat{A}$ 且 $\psi\omega = \widehat{\varepsilon}(\omega)\psi$. 这可从同样命题的公式 (3) 中得到. 于是引出如下定义.

定义 3.3.13 设 (A, Δ) 是一个带有余单位 ε 的代数量子超群. 元素 $h \in A$ 称为一个*左余积分*, 如果 h 是非零的并且对于任意的 $a \in A$ 有 $ah = \varepsilon(a)h$. 类似地, 一个*右余积分*是一个非零的元素 $k \in A$, 并且对于任意的 $a \in A$ 有 $ka = \varepsilon(a)k$.

容易看到, 一个左余积分存在的充分必要条件是一个右余积分存在 (应用对极). 从而得到下面的定义.

定义 3.3.14 称一个代数量子超群为*离散型*, 如果它含有一个左余积分.

在定义 3.3.13 前的注记中看到, 当 A 有一个单位元时, $(\widehat{A}, \widehat{\Delta})$ 有余积分. 事实上, 有下述结论:

命题 3.3.15 设 (A, Δ) 是一个代数量子超群且 $(\widehat{A}, \widehat{\Delta})$ 为其对偶. 则 (A, Δ) 是紧型当且仅当 $(\widehat{A}, \widehat{\Delta})$ 是离散型.

证明 我们已经给出了一个方向的证明. 现在将要证明相反的方向. 假设 (A, Δ) 是离散型, 设 h 是一个左余积分. 对 A 中所有的 a, 有 $\varphi(ah) = \varepsilon(a)\varphi(h)$. 因为 φ 是忠实的且 $h \neq 0$, 从而有 $\varphi(h) \neq 0$. 故 $\varepsilon \in \widehat{A}$ 从而 $\widehat{A}$ 是有单位的. 因此得 $\widehat{A}$ 是紧型的. □

不难说明, 若 (A, Δ) 既是紧型又是离散型的, 则 A 一定是有限维的. 事实上, 设 h 是一个左余积分, 有 $\varphi(h) \neq 0$, 从而可假设 $\varphi(h) = 1$. 因此对于 A 中所有的 a 有 $\Delta(a)(1 \otimes h) = (\iota \otimes \varepsilon)\Delta(a) \otimes h = a \otimes h$ 从而 $(\iota \otimes \varepsilon)(\Delta(a)(1 \otimes h)) = a$. 由对极的性质可得 $S(a) = (\iota \otimes \varepsilon)((1 \otimes a)\Delta(h))$, 并且有 A 是 $\Delta(h)$ 的 "左支" 的一部分. 如果 $1 \in A$, 这是 A 的一个有限维子空间, 从而 A 自身必须是有限维的.

相反地, 当 A 是有限维的, 它必须是紧型的和离散型的. 此证明较容易. 通过命题 3.1.6 知, A 有局部单位元. 因为 A 是有限维的, 它一定有一个单位. 类似地, 考虑对偶 $\widehat{A}$. 当 A 是有限维的时, 称 (A, Δ) 是有限型.

最后, 仍然考虑例 3.1.11.

例 3.3.16 回忆 G 是一个群, H 是一个有限子群. 代数 A 为定义在 G 上具有有限支撑且在双边 H 陪集上取值为常数的复函数构成的空间. 乘积为点向运算且余积 Δ 定义为

$$\Delta(f)(p, q) = \frac{1}{n} \sum_{h \in H} f(phq),$$

这里 n 为 H 中元素个数, $p, q \in G$, $f \in A$. 余单位 ε 由 $\varepsilon(f) = f(e)$ 给定, 这里 e 为 G 的单位元. 对极 S 由 $S(f)(p) = f(p^{-1})$ 给定, 这里 $f \in A, p \in G$. 左积分 φ 由

$$\varphi(f) = \sum_{p \in G} f(p)$$

给出, 并且右积分 ψ 等于 φ.

由对偶的定义可立即得到, $\widehat{A}$ 也可看作定义在 G 上具有有限支撑且在双边 H 陪集上取值为常数的复函数构成的空间, 并有

$$\langle f,g\rangle=\sum_{p\in G}f(p)g(p),$$

这里 $f\in A,g\in\widehat{A}$. $\widehat{A}$ 中的乘积对偶于 A 中的余积, 容易算出并且得到如下卷积:

$$(g_1g_2)(p)=\sum_{q\in G}g_1(q)g_2(q^{-1}p),$$

这里 $g_1,g_2\in\widehat{A},p\in G$. 另一方面, 对于 $\widehat{\Delta}$ 上的余积 $\widehat{\Delta}$, 有 $\widehat{\Delta}(\phi(p))=\phi(p)\otimes\phi(p)$, 对 $p\in G$, 取

$$\phi(p)=\frac{1}{n^2}\sum_{h,h'\in H}\lambda_{hph'},$$

这里 λ_q 为 G 上的函数, 且该函数在 q 处值为 1 在其他地方值为 0. $\widehat{A}$ 中的余单位 $\widehat{\varepsilon}$ 由 $\widehat{\varepsilon}(\phi(p))=1$(对所有的 p) 给出. $\widehat{A}$ 上的对极 $\widehat{S}$ 由 $\widehat{S}(\phi(p))=\phi(p^{-1})$ 给出. 对偶左积分 $\widehat{\varphi}$ 由 $\widehat{\varphi}(\phi(p))=0$(除了 $\phi(p)=\phi(e)$ 的情形) 给出. 右积分 $\widehat{\psi}$ 同样等于左积分 $\widehat{\varphi}$.

事实上, 有一个更好的看这些例子的方法. 设 B 是 G 上具有有限支撑的所有的复函数构成的代数, 带有卷积运算且余积由 $\Delta\lambda_p=\lambda_p\otimes\lambda_p$ 给出. 考虑 B 中的元素 $u=\dfrac{1}{n}\sum\limits_{h\in H}\lambda_h$(这刚好是上面给出的元素 $\phi(e)$). 则有 $u^2=u$ 且

$$\Delta(u)(1\otimes u)=u\otimes u.$$

这意味着, u 是一个所谓的群像投射 (见文献 [67] 中定义 1.1). 从而对任意 $b\in\widehat{A}$, 有 $\widehat{A}=uBu$ 和 $\widehat{\Delta}(b)=(u\otimes u)\Delta(b)(u\otimes u)$. B 上的余单位、对极及积分分别是余单位、对极及积分在 $\widehat{A}$ 上的限制. 于是, 得到一个紧型代数量子超群 (如文献 [67] 中的第二节) 的典型例子. $\widehat{A}$ 的单位元不是别的恰好是 u.

当然, 例 3.1.11 是一个离散型代数量子超集的典型例子. 一个左余积分是在 H 上值是 1, 其他地方值是 0 的函数. 在这种情况下, 一个左余积分也是一个右余积分.

对于非平凡的例子, 可以参考文献 [68].

3.4 代数量子超群的更多性质及其对偶

本节将得到介绍更多的涉及代数量子超群 (A,Δ) 及其对偶 $(\widehat{A},\widehat{\Delta})$ 的结果和公式. 同时, 也将考虑 A 及其对偶 $\widehat{A}$ 的一些模结构.

因此, 下面设 (A,Δ) 是一个代数超群带有余单位 ε、对极 S、左积分 φ 和右积分 ψ. 假定 $\psi=\varphi\circ S$. 与左右积分相关的模元素为 δ, 与 φ 和 ψ 相关的自同构分别为 σ 和 σ'. 最后, 存在标量常数 τ, 于是有 3.2 节中所获得的所用的相关公式. 由于对偶 $(\widehat{A},\widehat{\Delta})$ 也是一个代数量子超群, 所以也有相应的元素和公式. 例如: $\widehat{\varphi}(w)=\varepsilon(a)$ 当 $w=\psi(a\cdot), a\in A$; $\widehat{\psi}=\widehat{\varphi}\circ\widehat{S}$, 然后, 正如我们前面所见, 有 $\widehat{\psi}(w)=\varepsilon(a)$ 当 $w=\varphi(\cdot a)$, 其中 $a\in A$.

于是有下面的公式, 观察这些公式, 与代数量子群[29, 60] 的情况一样.

命题 3.4.1 作为 A 上的线性函数, 模元素 $\widehat{\delta}$ 及其逆 $\widehat{\delta}^{-1}$ 满足下面式子:

$$\widehat{\delta}=\varepsilon\circ\sigma^{-1}=\varepsilon\circ\sigma'^{-1},\qquad \widehat{\delta}^{-1}=\varepsilon\circ\sigma=\varepsilon\circ\sigma'.$$

另一方面, 与 $\widehat{\varphi}$ 和 $\widehat{\psi}$ 分别相关的自同构 σ 和 σ' 分别满足:

$$\langle\widehat{\sigma}(w),a\rangle=\langle w,S^2(a)\delta^{-1}\rangle \quad 和 \quad \langle\widehat{\sigma}'(w),a\rangle=\langle w,\delta^{-1}S^2(a)\rangle$$

对于所有的 $a\in A, w\in\widehat{A}$.

证明 首先证明这个公式对于模元素 $\widehat{\delta}$ 成立. 在 $\widehat{A}$ 中取 w_1,w_2, 由命题 3.2.5 有

$$(\widehat{\varphi}\otimes\iota)(\widehat{\Delta}(w_1)(1\otimes w_2))=\widehat{\varphi}(w_1)\delta w_2. \tag{2}$$

为了计算等式 (2) 的左边, 令 $w_1=\psi(a\cdot), w_2=\varphi(\cdot b), a,b\in A$. 对于所有的 $x,y\in A$, 有

$$\begin{aligned}\langle\widehat{\Delta}(w_1)(1\otimes w_2),x\otimes y\rangle&=\langle w_1\otimes w_2,(x\otimes 1)\Delta(y)\rangle\\&=\psi(axS^{-1}(\iota\otimes\varphi)((1\otimes y)\Delta(b)\\&=\psi((\sigma'^{-1}\circ S^{-1})(\iota\otimes\varphi)((1\otimes y)\Delta(b))ax).\end{aligned}$$

因此得到

$$\begin{aligned}\langle(\widehat{\varphi}\otimes\iota)(\widehat{\Delta}(w_1)(1\otimes w_2)),y\rangle&=\varepsilon(a)(\varepsilon\circ\sigma'^{-1}\circ S^{-1})((\iota\otimes\varphi)((1\otimes y)\Delta(b)))\\&=\widehat{\varphi}(w_1)\varphi(y((\varepsilon\circ\sigma'^{-1}\circ S^{-1})\otimes\iota)\Delta(b).\end{aligned}$$

下面计算等式 (2) 的右边. 应用命题 3.3.4, 对于所有 $y\in A$, 有

$$\widehat{\varphi}(w_1)\langle\widehat{\delta}w_2,y\rangle=\widehat{\varphi}\varphi(y(((\widehat{\delta}\circ S^{-1})\otimes\iota)\Delta(b))).$$

现比较等式 (2) 的左边和右边, 对于所有 $w_1,w_2\in\widehat{A}$, 利用 A 上的左积分 φ 是忠实的, 对于所有 $b\in B$ 有

$$((\varepsilon\circ\sigma'^{-1}\circ S^{-1})\otimes\iota)\Delta(b)=((\widehat{\delta}\circ S^{-1})\otimes\iota)\Delta(b).$$

把余单位 ε 作用到等式的两边, 得到

$$((\varepsilon \circ \sigma'^{-1} \circ S^{-1})(b) = (\widehat{\delta} \circ S^{-1}(b)), \quad \forall b \in A.$$

故作为 A 上的线性函数 $\widehat{\delta} = \varepsilon \circ \sigma'^{-1}$.

由命题 3.2.7, 对所有 $a \in A$, $\delta\sigma(a) = \sigma'(a)\delta$. 再者, 对所有 $a \in A$, $\delta\sigma'^{-1}(a) = \sigma^{-1}(a)\delta$. 由于 $\varepsilon(\delta) = 1$, 于是得到 $\varepsilon \circ \sigma = \varepsilon \circ \sigma'$, 且 $\varepsilon \circ \sigma^{-1} = \varepsilon \circ \sigma'^{-1}$, 另一方面, 利用命题 3.2.7 的其他关系, 即 $\sigma S \sigma' = S$, 作用对极, 有关于 $\widehat{\delta}^{-1}$ 的公式.

现在证明关于自同构 $\widehat{\sigma}$ 和 $\widehat{\sigma}'$ 的公式. 自同构 $\widehat{\sigma}$ 由 $\widehat{\varphi}(\omega_1\omega_2) = \widehat{\varphi}(\omega_2\widehat{\sigma}(\omega_1))$ 决定, 这里 $\omega_1, \omega_2 \in \widehat{A}$. 现在令 $\omega_1 = \psi(a\cdot)$ 及 $\omega_2 = \psi(b\cdot)$, 其中 $ab \in A$. 利用命题 3.3.3 的公式 (4), 得到 $\omega_1\omega_2 = \psi(d\cdot)$, 这里 $d = (\iota \otimes (\omega_2 \otimes \circ S^{-1}))\Delta(a)$. 因此

$$\widehat{\varphi}(\omega_1\omega_2) = \varepsilon(d) = \psi(bS^{-1}(a)) = \psi(S^{-1}(aS(b))) = \psi(aS(b)\delta^{-1}) = \omega_1(S(b)\delta^{-1}).$$

现在假设 $\omega_3 = \psi(c\cdot)$, 其中 $c \in A$. 由上面类似的方式, 得到 $\widehat{\varphi}(\omega_2\omega_3) = \psi(cS^{-1}(b))$. 如果要证 $\omega_3 = \widehat{\sigma}(\omega_1)$, 则需要元素 c 满足, 对所有的 $b \in A$,

$$\omega_1(S(b)\delta^{-1}) = \psi(cS^{-1}(b)).$$

因此, 必须对所有的 b, 有 $\omega_1(S^2(b\delta^{-1})) = \psi(cb)$, 并且 $\widehat{\sigma}(\omega_1)(b) = (\omega_1 \circ S^2)(b\delta^{-1})$.

自同构 $\widehat{\sigma}'$ 的公式可由相似的方法得到, 但用 $\widehat{\sigma} \circ S \circ \widehat{\sigma}' = S$, 可由 $\widehat{\sigma}$ 的公式更容易的推导出来. □

于是得到如下有趣的结果: 由于在 A 上有 $\widehat{\delta} = \varepsilon \circ \sigma^{-1}$, 可见 $\widehat{\delta}$ 是 A 上的一个代数同态. 因此得到 $\langle aa', \widehat{\delta}\rangle = \langle a, \delta\rangle\langle a', \widehat{\delta}\rangle$. 可以在对偶空间 $(A \otimes A)'$ 上把这个公式转换为 $\widehat{\Delta}(\widehat{\delta}) = \widehat{\delta} \otimes \widehat{\delta}$. 通过对偶, 可以在对偶空间 $(\widehat{A} \otimes \widehat{A})'$ 上得到公式 $\Delta(\delta) = \delta \otimes \delta$.

考虑这些公式分别在 $M(\widehat{A} \otimes \widehat{A})$ 及 $M(A \otimes A)$ 上有意义是更加困难的, 这是由于首先要扩张余乘而这是很微妙的, 因为余乘不再是同态.

命题 3.4.1 的公式现在可以用于证明这个结果, 在前面的章节证明定理 3.3.1 之后已经声明了 (联系双对偶). 如果 $\Gamma : A \longrightarrow \hat{\hat{A}}$ 同前面那样定义, 并且若 $\omega = \varphi(\cdot S(a)$, 可以得到

$$\begin{aligned}\hat{\hat{\varphi}}(\Gamma(a)) &= \hat{\hat{\varphi}}(\widehat{\psi}(\cdot\omega)) = \hat{\hat{\varphi}}(\widehat{\psi}((\widehat{\sigma}')^{-1}(\omega)\cdot)) = \widehat{\varepsilon}((\widehat{\sigma}'^{-1}(\omega))) \\ &= \widehat{\varepsilon}((\omega \circ S^2)(\delta\cdot)) = \omega(\delta) = \varphi(\delta S(a)) = \varphi S(a\delta^{-1})\varphi(a\delta^{-1}\delta) = \varphi(a).\end{aligned}$$

现在观察代数量子超群的显著模结构. 如前令 (A, Δ) 和 $(\widehat{A}, \widehat{\Delta})$ 分别为一个代数量子超群和它的对偶. 正如普通的代数量子群的情况, 考虑四种模结构, 记作如下形式:

$$A \rightharpoonup \widehat{A}, \quad \widehat{A} \leftharpoonup A, \quad \widehat{A} \rightharpoonup A, \quad A \leftharpoonup \widehat{A}.$$

下面给出具体的定义.

定义 3.4.2　对 $a \in A$ 和 $\omega \in \widehat{A}$, 这些模作用由如下公式定义:

$$a \rightharpoonup \omega = \omega(\cdot a), \qquad \omega \leftharpoonup a = \omega(a \cdot),$$

$$\omega \rightharpoonup a = (\iota \otimes \omega)\Delta(a), \qquad a \leftharpoonup \omega = (\omega \otimes \iota)\Delta(a).$$

第一行的公式定义了左、右 A 模是因为 A 上的乘法是结合的. 第二行的公式定义了左、右 $\widehat{A}$ 模是因为 A 上的余乘是余结合的. 观察对于所有 $\omega, \omega' \in \widehat{A}, a \in A$, 有 $\langle \omega', \omega \rightharpoonup a \rangle = \langle \omega'\omega, a \rangle$, 且必定也有 $\langle \omega', \omega \leftharpoonup a \rangle = \langle \omega'\omega, a \rangle$. 如果 (A, Δ) 是代数量子群, 在这个意义上 Δ 也是一个代数同态, 这些模结构是模代数[134].

模 $A \rightharpoonup \widehat{A}$ 和 $\widehat{A} \leftharpoonup A$ 在 $A \rightharpoonup \widehat{A} = \widehat{A} = \widehat{A} \leftharpoonup A$ 的意义下是单位模. 这个结果来源于命题 3.1.6 中得到的局部单位元的存在性. 类似地, 由于 A 上积分的忠实性以及应用引理 3.1.8, 有 $\widehat{A} \rightharpoonup A = A = A \leftharpoonup \widehat{A}$. 注意到对于所有的 $a \in A$, 存在一个元素 $\omega \in \widehat{A}$, 使得 $\omega \rightharpoonup a = a$. 事实上, 对 $\omega_i \in \widehat{A}$ 及 $a_i \in A$, 有 $a = \sum \omega_i \rightharpoonup a_i$, 并且利用命题 3.1.6(应用对偶), 可以选择 $\widehat{\omega} \in \widehat{A}$, 使得对所有 i 的有 $\omega\omega_i = \omega_i$. 因此得到

$$\omega \rightharpoonup a = \sum \omega\omega_i \rightharpoonup a_i = \sum \omega_i \rightharpoonup a_i = a.$$

通过观察可知, 模结构 $\widehat{A} \rightharpoonup A$ 可以很自然地扩充为 $M(\widehat{A}) \rightharpoonup A$. 例如 $\widehat{\delta} \rightharpoonup a = \widehat{\delta}\omega \rightharpoonup a$, 其中 $\omega \in \widehat{A}$, 且使得 $\omega \rightharpoonup a = a$. 可以验证这个定义并不依赖于 $\widehat{A}$ 上 ω 的选择.

还将 A 与 $\widehat{A}$ 之间的配对扩充为一个 $M(\widehat{A}) \times A$ 上的双线性映射 (参见命题 3.3.4 下的注). 利用上述模作用, 得到的式子可以重写, 有

$$\langle f\omega, a \rangle = \langle f, \omega \rightharpoonup x \rangle \quad 和 \quad \langle \omega f, x \rangle = \langle f, x \leftharpoonup \omega \rangle.$$

其中 $\omega \in \widehat{A}$, $f \in M(\widehat{A})$, $x \in A$. 对 $f \in \widehat{A}$ 也可以完全按照之前类似的公式来考虑.

这个观察对更好地理解命题 3.4.3 的前两个式子也很重要. 在这一部分的最后一个命题, 还可以得出关于对极的四次方的 Radford 公式是其他公式的一个简单结论.

命题 3.4.3　对所有的 $a \in A$, 有

$$\sigma(a) = \sigma^{-1} \rightharpoonup S^2(a), \qquad \sigma'(a) = S^{-2}(a) \leftharpoonup \widehat{\delta}^{-1},$$

$$S^4(a) = \delta^{-1}(\widehat{\delta} \rightharpoonup a \leftharpoonup \widehat{\delta}^{-1})\delta.$$

证明　从本质上说, 前面两个式子在证明命题 3.2.7 的最后一部分时已经见过. 对公式中的 σ, 再次考虑这个结论. 关于 σ' 的公式可以用类似的方法证明, 或用结论 $\sigma S \sigma' = S$(见命题 3.2.7(1)) 可得.

现在，由同一命题的 (5) 得到，对所有的 $a \in A$，有 $\Delta(\sigma^{-1}(a)) = (S^{-2} \otimes \sigma^{-1})\Delta(a)$. 在命题 3.4.1 中已经证明了 $\widehat{\delta} = \varepsilon \circ \sigma^{-1}$ 是 A 上的一个线性映射. 结合这些结论，对所有 $a \in A$，有 $\widehat{\delta} \rightharpoonup a = S^2(\sigma^{-1}(a))$. 现在易得关于 $\sigma(a)$ 的公式.

然后，回顾命题 3.2.7(1) 知，对所有的 $a \in A$，有 $\delta\sigma(a) = \sigma'(a)\delta$. 将上面的式子代入方程，导出等式

$$\delta(\widehat{\delta}^{-1} \rightharpoonup S^4(a)) = (a \leftharpoonup \widehat{\delta}^{-1})\delta,$$

对所有的 $a \in A$ 成立. 这意味着 $S^4(a) = \widehat{\delta} \rightharpoonup (\delta^{-1}(a \leftharpoonup \widehat{\delta}^{-1})\delta)$.

现在，由于 $\sigma^{-1}(\delta) = \tau\delta$(见命题 3.2.7)，因而得到对所有的 x，有 $\widehat{\delta} \rightharpoonup (x\delta) = S^2\sigma^{-1}(x\delta) = \tau(S^2\sigma^{-1}(x))\delta = \tau(\widehat{\delta} \rightharpoonup x)\delta$. 类似地，对所有的 x，有 $\widehat{\delta} \rightharpoonup (\delta^{-1}x) = \tau^{-1}\delta^{-1}(\widehat{\delta} \rightharpoonup x)$. 因此对所有的 a，有 $S^4(a) = \delta^{-1}(\widehat{\delta} \rightharpoonup a \leftharpoonup \widehat{\delta}^{-1})\delta$. 证毕. □

注意到这个命题的前两个式子和命题 3.4.1(对偶情况) 的最后两个式子本质上相同，这里的证明有些不同但更适应新的公式表示.

由文献 [114] 定理 1.6 得到了代数量子群情况下 σ, σ' 和 S^4 的相同的公式，这里的新结果比文献 [114] 的结果更一般，并且证明过程更加简单透明. 关于 S^4 的 Radford 公式在有限维、无限维 Hopf 代数、双 Frobenius 代数、弱 Hopf 代数、Hopf 群余代数甚至范畴的情况下是众所周知的，见文献 [4, 5, 34, 45, 46, 81, 89].

我们看到 Radford 公式不仅可以推广到代数量子群上，也可以推广到代数量子超群上. 正如我们已经提到的，它是数据间不同关系的简单推论. 另见文献 [34] 中讨论 Radford 公式的方法.

3.5 结论和进一步的研究

本章发展了代数量子超群的理论. 定义 3.1.10 可能不是最终的. 对极的性质 (见定义 3.1.9) 利用左积分来刻画对极. 因此，似乎不可能将 (乘子)Hopf 代数的概念推广到余乘不再是代数同态的情形，且定义带有积分的代数量子超群[109, 114].

另一方面，对偶成立的事实是定义正确的一强有力的说明. 此外，所有的数据以及数据之间的关系对于原来的代数量子群是已知的，且对于代数量子群是保持的. 而且，在一般情形下的证明与在代数量子超群的情形下相比不是太困难，反而某些论述的证明更加简单.

基本的例子是例 3.1.11，从 G 的有限子群 H 构造，不必是正规子群. 也存在此例的对偶情况 (例 3.1.16). 这两个例子都是文献 [67] 中一般情形的特例. 事实上，这篇文章促使我们研究代数量子超群，其对象自然来源于文献 [67]. 其中一个例子 (3.1.11) 是离散型的，另一例子 (3.1.16) 是紧型的. 不幸的是，这些例子太简单，不能说明本章发展的代数量子超群的良好的性质. 在文献 [32] 中读者可以发现更加

复杂的例子.

在带有正积分的 $*$ 代数量子群的情形下, 可以将底 $*$ 代数表示为 Hilbert 空间的有界算子代数. 任意这样的 $*$ 代数量子群可以"完备"成 C^* 代数量子群[52](或用更流行的说法, 如局部紧量子群[65,66]). 事实上, 局部紧量子群理论的发展起源于 $*$ 代数量子群理论[109, 114] 和 C^* 代数的研究. 因此, 有一个明显的问题：是否可以对带有正积分的 $*$ 代数量子超群做相同的过程. 此时, 底 $*$ 代数可以表示为 Hilbert 空间的有界算子 $*$ 代数, 余乘可以连续扩充到这个代数的闭包吗? 如果可以, 这个过程应该最终导致局部紧量子超群理论的发展.

与之相关的是如下的非平凡的问题：如果有一个 $*$ 代数量子超群 (A, Δ) 上的正的左积分 φ, 存在正的右积分吗? 这在 $*$ 代数量子群情形下是已知的, 这个结果是很不平凡的[52]. 一般地, 当 φ 是正的时, 右积分的自然代表 $\varphi \circ S$ 应该是正的, 这是毫无疑问的. S 不是 $*$ 同态导致了这一问题. 粗略地说, 需要的是乘子代数 $M(A)$ 中的模元素 δ 的"自伴随"平方根 $\delta^{1/2}$. 然后, 可以令 $\psi = \varphi(\delta^{1/2} \cdot \delta^{1/2})$. 另一解法是从对极的分解得到. 成分之一是 $*$ 反自同构, 它交换余乘, 这将使正的左积分转变为正的右积分[30]. 对于代数量子超群, 这一结果仍然是对的. 当 (A, Δ) 上存在正的右积分时, 其对偶 $(\widehat{A}, \widehat{\Delta})$ 上存在正的左积分, 这是一强烈的迹象 (对于代数量子群, 这一结论成立).

紧量子超群理论同时存在[12]. 我们期待：如果将以上的过程应用到带有正积分的紧型 $*$ 代数量子超群, 将产生文献 [12] 意义下的紧量子超群.

参考代数量子超群的观点, 本章中的术语被看作局部紧量子超群理论发展的一步, 它们应该是局部紧空间的 (在底代数是在这些空间上在无穷远点趋于 0 的连续复函数构成的 C^* 代数的非交换相似意义下) 量子化. 底量子空间称为紧的, 如果代数含有单位元. 这就是来源于本章"紧型"的概念 (3.1.13). 类似地, 有离散的情形. 但是, 如果参照局部紧交换群的 Pontryagin 对偶, 将会更好地理解紧群的对偶是离散的 (反之亦然).

另一主题是量子偶的构造和其他代数量子超群新例子的构造以及代数量子超群的应用.

第 4 章　有界型量子超群的 Pontryagin 对偶

本章发展了有界型量子超群的理论，旨在扩展第 3 章所定义的代数量子超群理论到有界型向量空间中，除了余乘不再被假定为一个同态，这非常类似于在第 2 章中所建立的有界型量子群的理论. 我们依然要求有一个左积分和一个右积分，依然用这些积分来刻画对极. 本章将研究 Fourier 变换并发展有界型量子超群上的 Pontryagin 对偶理论. 作为一个应用，利用有界型量子超群及其对偶的模函数来证明一个关于对极的四次乘方的 Radford 公式. 本章只考虑凸的，并且是完备的有界型向量空间.

4.1　有界型向量空间和乘子代数

本节主要介绍与本章有关的有界型向量空间和乘子代数的概念.

设 V, W 是两个有界型向量空间. 从 V 到 W 的有界线性映射空间用 $\mathrm{Hom}(V, W)$ 来表示. 特别地，用 $\mathrm{End}(V)$ 来表示 $\mathrm{Hom}(V, V)$.

对于两个完备的有界型向量空间 V 和 W，把张量积写作 $V\hat{\otimes}W$. 并用 ι_V，或简单地 ι 来描述 V 上的恒等映射.

回顾一个有界型代数是一个有乘法结合律的完备的有界型向量空间 A，这个乘法结合律由一个有界线性映射 $\mu: A\hat{\otimes}A \longrightarrow A$ 给出. 注意到，有界型代数不一定有单位元. 设 A 是有界型代数，那么 A 上左 A 模、右 A 模、左右 A 模以及它们的同态可以各自以显然的方法定义. 设 A 和 B 是有界型代数. 左 A 线性(相应地，右 A 线性、左–右 (A, B) 双线性) 的向量空间在两个左 A 模 (相应地，右 A 模、左–右 (A, B) 双模)M 和 N 之的映射可以记作 $\mathrm{Hom}_{A-}(M, N)$(相应地，$\mathrm{Hom}_{-A}(M, N), \mathrm{Hom}_{A-B}(M, N)$).

回顾一个左 A 模 M(相应地，右 A 模 N) 称作是本质的，如果 $A\hat{\otimes}_A M\cong M$ (相应地，$N\hat{\otimes}_A A\cong N$). 对于有界型代数 A 和 B，一个同态 $f: A\to M(B)$ 自然地导出一个左和右 A 模 B. 称 f 是本质的，如果它将 B 变成一个本质的左 A 模和右 A 模.

对于一个有界型代数 A，由第 2 章知 $\lambda \in \mathrm{Hom}(A, A)$ 称为 A 的*左乘子*，如果对所有的 $a, b \in A$，$\lambda(ab) = \lambda(a)b$. 相似地，称 $\rho \in \mathrm{Hom}(A, A)$ 是 A 的一个*右乘子*，如果对所有的 $a, b \in A$，$\rho(ab) = a\rho(b)$. 用 $L(A)$ 和 $R(A)$ 来分别描述左右乘子空间. 有两个自然线性映射 $L: A \to L(A)$，$L(a)(b) = \lambda_a(b) = ab$ 以及 $R: A \to R(A)$，$R(a)(b) = \rho_a(b) = ba$. A 的*乘子代数*$M(A)$ 是所有的 (λ, ρ) 对构成的空间，这里

$\lambda \in L(A)$, $\rho \in R(A)$, 并且对于所有 $a, b \in A$, $a\lambda(b) = \rho(a)b$.

现在总结以下事实：

命题 4.1.1 记号如上, 那么有

(1) 具有 End(A) 的子空间有界型结构的空间 $L(A)$ 和 $R(A)$ 都是有界型代数, 其乘法是映射的合成.

(2) $M(A)$ 的有界型代数结构是由 $L(A) \oplus R(A)$ 继承而来, 换句话说, $M(A)$ 是一个有单位元的代数, 有乘法：

$$xy = (\lambda_a \circ \lambda_y, \rho_y \circ \rho_x)$$

对于所有的 $x = (\lambda_x, \rho_x), y = (\lambda_y, \rho_y) \in M(A)$, 且单位 $1 = (id, id)$.

(3) 有自然代数映射

$$i_a : A \hookrightarrow M(A), \qquad i_a(a) = (\lambda_a, \rho_a),$$

$$\Upsilon_A^l : M(A) \to L(A), \quad \Upsilon_A^l((\lambda, \rho)) = \lambda,$$

$$\Upsilon_A^r : M(A) \to R(A), \quad \Upsilon_A^r((\lambda, \rho)) = \rho.$$

(4) 如果 A 是一个有界型代数, B 是本质的有界型代数, 任何本质的 $f : A \to M(B)$ 有唯一的单位同态扩张 $F : M(A) \to M(B)$, 使得 $Fi = f$, 其中 $i : A \to M(A)$ 是标准映射.

(5) $M(A)$ 是一个左–右 (A, A) 双模, 其模作用定义如下：对于任一 $z = (\lambda, \rho) \in M(A)$, $a \in A$,

$$a \cdot z = (a\lambda(\cdot), \rho(\cdot a)), \quad z \cdot a = (\lambda(a \cdot), \rho(\cdot)a).$$

(6) 如果 i_A 是单射, 换句话说, A 是非退化的, 那么 A 是 $M(A)$ 中双边理想.

命题 4.1.2 记号同上, 那么

(1) A 是非退化当且仅当 $L = \Upsilon_A^l \circ i_A$ 和 $R = \Upsilon_A^l \circ i_A$ 是单射, 特别地, i_A 也是单射.

(2) 如果 M 是左 (右)A 模, 那么 M 是一个左 (右)$M(A)$ 模, 这里作用定义为

$$x \cdot m = \sum_i \lambda(a_i) \cdot m_i \quad \left(n \cdot x = \sum_j n_j \cdot \rho(b_j) \right)$$

对于所有的 $x = (\lambda, \rho) \in M(A)$, $m = \sum_i a_i m_i \in AM$, $n = \sum_j n_j b_j$, 特别地, A 是一个左–右 $(M(A), M(A))$ 双模, 左右作用定义如下：

$$x \cdot a = \lambda(a), \quad a \cdot x = \rho(a),$$

对于所有的 $a \in A$.

命题 4.1.3 设 A 和 B 是本质的有界型代数. 那么

(1) 如果 $f: A \to L(B)$ 是代数映射, 那么 B 是左 A 模, 其作用定义为 $a \cdot b := f(a)(b)$, 对于所有 $a \in A, b \in B$.

(2) 如果 $f: A \to R(B)^{\mathrm{op}}$ 是代数映射, 那么 B 是一个右 A 模, 其作用定义为 $b \cdot a := f(a)(b)$, 对于所有 $a \in A, b \in B$.

(3) 如果 $f: A \to M(B)$ 是代数映射, 那么 B 是左–右 (A, A) 双代数, 其中作用由 (1),(2) 定义.

(4) 设 A_1 和 B_1 是有界型代数, 如果 $f_1: A \to M(A_1), f_2: B \to M(B_1)$ 是本质的代数同态, 那么诱导的同态 $f_1 \widehat{\otimes} f_2: A \widehat{\otimes} B \longrightarrow M(A_1 \widehat{\otimes} B_1)$ 是本质的.

4.2 模的扩张

本节考虑在有界型向量空间上的模扩张, 一些结果是上节结果的推广.

命题 4.2.1 设 A 是一个有界型代数, 设 X 是左 (非退化)A 模, Y 是右 (非退化)A 模, 那么

(1) 映射 $i: X \hookrightarrow \mathrm{Hom}_{A-}(A, X)$, $x \mapsto \rho_x(\rho_x(a) = ax)$ 是单射. 特别地, 如果 A 有单位元, 那么 $\mathrm{Hom}_{A-}(A, X) = X$.

(2) $\mathrm{Hom}_{A-}(A, X)$ 是一个左 A 模, 其作用为 $(a \cdot \rho)(b) = \rho(ba)$, 对于所有的 $a, b \in A$ 和 $\rho \in \mathrm{Hom}_{A-}(A, X)$. 特别地, X 是子模, 而且上述的映射 i 是左 A 线性的.

(3) 如果 $A^2 = A$, 那么扩张模 $\mathrm{Hom}_{A-}(A, X)$ 是非退化的.

(4) 映射 $j: Y \hookrightarrow \mathrm{Hom}_{-A}(A, Y)$, $y \mapsto \lambda_y(\lambda_y(a) = ya)$ 是单的. 特别地, 如果 A 有单位元, 那么 $\mathrm{Hom}_{-A}(A, Y) = Y$.

(5) $\mathrm{Hom}_{-A}(A, Y)$ 是一个右 A 模, 其右作用为 $(\lambda \cdot a)(b) = \lambda(ab)$ 对于所有的 $a, b \in A$, $\lambda \in \mathrm{Hom}_{-A}(A, Y)$. 特别地, Y 是子模, 而且上述映射 j 是右 A 线性的.

(6) 如果 $A^2 = A$, 那么扩张模 $\mathrm{Hom}_{-A}(A, Y)$ 是非退化的.

定义 4.2.2 设 X 是一个 (非退化的) 左–右 (A, B) 双模. 用 $M(A:B, X)$ 表示从 A 到 X 的线性映射对 (λ, ρ) 构成的空间, 且满足

$$a \cdot \lambda(b) = \rho(a) \cdot b,$$

对于所有的 $a \in A, b \in B$.

命题 4.2.3 设 X 是一个 (非退化的) 左–右 (A, B) 双模. 那么

(1) 如果 $(\lambda, \rho) \in M(A:B, X)$, 那么 $\lambda \in \mathrm{Hom}_{-B}(B, X), \rho \in \mathrm{Hom}_{A-}(A, X)$.

(2) 映射 $\Xi: X \hookrightarrow M(A:B, X)$, $x \mapsto (\lambda_x, \rho_x)$ 是单的. 特别地, 如果 A 和 B 有单位元, 那么 $M(A:B, X) = X$.

(3) 对于任意 $z = (\lambda, \rho) \in M(A:B, X)$, $a \in A, b \in B$, 定义

$$a \cdot z = (a\lambda(\cdot), \rho(\cdot a)), z \cdot b = (\lambda(b \cdot), \rho(\cdot)b),$$

这将 $M(A:B,X)$ 变成了一个左–右 (A,B) 双模. 特别地, 如上定义的嵌入映射 Ξ 是一个左–右 (A,B) 线性的.

(4) 扩张双模 $M(A:B,X)$ 总是非退化的.

(5) 考虑线性映射

$$R:\mathrm{Hom}_{A-}(A,X)\to\mathrm{Hom}_{A-B}(A\otimes B,X),\quad R(\rho)(a\otimes b)=\rho(a)\cdot b,$$

$$L:\mathrm{Hom}_{-B}(B,X)\to\mathrm{Hom}_{A-B}(A\otimes B,X),\quad L(\lambda)(a\otimes b)=a\cdot\lambda(b).$$

那么 $M(A:B,X)$ 是 L 和 R 在所有完备的有界型向量空间范畴中的拉回 (pull-back), 换句话说是下图的拉回：

$$\begin{array}{ccc} M(A:B,X) & \longrightarrow & \mathrm{Hom}_{A-}(A,X) \\ \downarrow & & \downarrow R \\ \mathrm{Hom}_{-B}(B,X) & \xrightarrow{L} & \mathrm{Hom}_{A-B}(A\otimes B,X) \end{array}$$

证明　(1) 对于所有的 $a\in A,\ b,b'\in B$, 有

$$a\cdot\lambda(bb')=\rho(a)\cdot(bb')=(\rho(a)\cdot b)\cdot b'=(a\cdot\lambda(b))\cdot b'=a\cdot(\lambda(b)\cdot b'),$$

又因为 X 是一个非退化左 A 模, 所以 $\lambda(bb')=\lambda(b)\cdot b'$, 因而 $\lambda\in\mathrm{Hom}_{-B}(B,X)$. 相似地, 得到 $\rho\in\mathrm{Hom}_{A-}(A,X)$.

(2)~(5) 显然. □

4.3　有界型量子超群

本节介绍有界型量子超群的概念.

设 A 是一个本质的有界型代数, 满足逼近性质. 设 $\Delta:A\to M(A\widehat{\otimes}A)$ 是有界线性映射. 左–右、右–左、左–左、右–右缠绕映射 $T_{lr},T_{rl},T_{ll},T_{rr}:A\widehat{\otimes}A\to A\widehat{\otimes}A$ 分别定义如下：

$$T_{lr}(a\otimes b)=\Delta(a)(1\otimes b),\quad T_{rl}(a\otimes b)=(a\otimes 1)\Delta(b),$$

$$T_{ll}(a\otimes b)=\Delta(a)(b\otimes 1),\quad T_{rr}(a\otimes b)=(1\otimes a)\Delta(b).$$

缠绕映射的术语是从余环的缠绕结构理论中激发而来的, 例子可参见文献 [11] 和 [160].

当然, 这些映射不是缠绕结构, 除非 Δ 是一个代数同态.

命题 4.3.1　记号如上. 设以上的缠绕映射是有界的, 那么

(1) 如果 ω 是 A 上有界线性泛函, 对于任意 $a\in A$, 那么 $(\omega\widehat{\otimes}\iota)\Delta(a)$ 是 $M(A)$ 中的一个乘子, 定义如下：

$$((\omega\widehat{\otimes}\iota)\Delta(a))(b)=(\omega\widehat{\otimes}\iota)T_{lr}(a\otimes b),\quad (b)((\omega\widehat{\otimes}\iota)\Delta(a))=(\omega\widehat{\otimes}\iota)T_{rr}(b\otimes a).$$

(2) 如果 ω 是 A 上有界线性泛函, 对于任意 $a \in A$, 那么 $(\iota\widehat{\otimes}\omega)\Delta(a)$ 是 $M(A)$ 中的一个乘子, 定义如下:

$$((\iota\widehat{\otimes}\omega)\Delta(a))(b) = (\iota\widehat{\otimes}\omega)T_{ll}(a \otimes b), \quad (b)((\iota\widehat{\otimes}\omega)\Delta(a)) = (\iota\widehat{\otimes}\omega)T_{rl}(b \otimes a).$$

证明 (1) 对此, 观察到

$$(1 \otimes c)T_{lr}(a \otimes b) = T_{rr}(c \otimes a)(1 \otimes b).$$

(2) 与 (1) 相似. □

定义 4.3.2 一个有界线性映射 $\Delta : A \to M(A\widehat{\otimes}A)$ 称为余乘, 如果在以下意义下是余结合的:

$$(T_{rl}\widehat{\otimes}\iota)(\iota\widehat{\otimes}T_{lr}) = (\iota\widehat{\otimes}T_{lr})(T_{rl}\widehat{\otimes}\iota).$$

定义 4.3.3 设 Δ 是 A 上一个余乘, 设缠绕映射 $T_{lr}, T_{rl}, T_{ll}, T_{rr}$ 是有界线性映射, 那么一个非零有界线性泛函 $\varphi : A \to \mathbb{C}$ 称为*左积分*, 如果

$$(\iota\widehat{\otimes}\varphi)T_{rl}(b \otimes a) = \varphi(a)b,$$

对于所有的 $a, b \in A$. 类似地, 一个非零有界线性泛函 $\psi : A \to \mathbb{C}$ 称为*右积分*, 如果

$$(\psi\widehat{\otimes}\iota)T_{lr}(a \otimes b) = \psi(a)b,$$

对于所有 $a, b \in A$.

注 左 (右) 积分 $\varphi(\psi)$ 有时也称为左 (右) 不变函数或左 (右)Haar 测度泛函.

定义 4.3.4 设 Δ 是 A 上一个余乘, 一个本质的代数同态 $\varepsilon : A \to \mathbb{C}$ 称作一个余单位, 如果

$$(\varepsilon\widehat{\otimes}\iota)T_{lr}(b \otimes a) = ab = (\iota\widehat{\otimes}\varepsilon)T_{rl}(a \otimes b),$$

对于所有的 $a, b \in A$.

推论 4.3.5 设 Δ 是 A 上一个余乘且带有一个余单位 ε、一个左积 φ 和一个右积 ψ. 那么

(1) $(\iota\widehat{\otimes}\varphi)T_{ll}(a \otimes b) = \varphi(a)b$;

(2) $(\psi\widehat{\otimes}\iota)T_{rr}(b \otimes a) = \psi(a)b$;

(3) $(\varepsilon\widehat{\otimes}\iota)T_{rr}(a \otimes b) = ab = (\iota\widehat{\otimes}\varepsilon)T_{ll}(a \otimes b)$,

对于所有的 $a, b \in A$.

命题 4.3.6 设 Δ 是 A 上一个余乘, 假设 ε 是一个余单位, 那么

(1) 如果 ε' 是任意从 A 到 $\mathbb{C}$ 的有界线性映射, 且满足对所有的 $a, b \in A$, $(\iota\widehat{\otimes}\varepsilon')T_{rl}(a \otimes b) = ab$, 那么 $\varepsilon = \varepsilon'$.

(2) 如果 ε' 是任意从 A 到 $\mathbb{C}$ 的有界线性映射, 且满足对所有的 $a, b \in A$, $(\iota\widehat{\otimes}\varepsilon')T_{ll}(a \otimes b) = ab$, 那么 $\varepsilon = \varepsilon'$.

(3) 如果 ε' 是任意从 A 到 $\mathbb{C}$ 的有界线性映射, 且满足对所有的 $a,b\in A$, $(\varepsilon'\widehat{\otimes}\iota)T_{lr}(a\otimes b)=ab$, 那么 $\varepsilon=\varepsilon'$.

(4) 如果 ε' 是任意从 A 到 $\mathbb{C}$ 的有界线性映射, 且满足对所有的 $a,b\in A$, $(\varepsilon'\widehat{\otimes}\iota)T_{rr}(a\otimes b)=ab$, 那么 $\varepsilon=\varepsilon'$.

证明 注意到 ε 是一个代数映射, 证明本质上和文献 [31] 命题 1.4 的证明是相同的. □

命题 4.3.7 设 Δ 是 A 上一个余乘, 并假设 ε 是 A 上一个余单位, 如果 f 是 A 上忠实的有界线性泛函, 那么任何元素 $a\in A$ 被包含在形如 $(\iota\widehat{\otimes}f)T_{lr}(b\otimes c),\forall b,c\in A$ 的元素的闭线性扩张里.

注 (1) 对于所有的 $x\in A$, 有

$$x\in sp\{(\iota\widehat{\otimes}f)T_{rr}(b\otimes a)|a,b\in A\},\quad x\in sp\{(f\widehat{\otimes}\iota)T_{ll}(a\otimes b)|a,b\in A\},$$
$$x\in sp\{(f\widehat{\otimes}\iota)T_{rl}(a\otimes b)|a,b\in A\},$$

这里 sp 用来表示 A 中一组元素的闭线性扩张.

(2) 特别地, 若假定一个左积 φ 和一个右积 ψ 是忠实的有界的, 则有

$$A=sp\{(\iota\widehat{\otimes}\varphi)T_{lr}(a\otimes b)|a,b\in A\}=sp\{(\iota\widehat{\otimes}\varphi)T_{rr}(b\otimes a)|a,b\in A\},$$
$$A=sp\{(\psi\widehat{\otimes}\iota)T_{rl}(b\otimes a)|a,b\in A\}=sp\{\psi(\widehat{\otimes}\iota)T_{ll}(a\otimes b)|a,b\in A\},$$

这里 sp 用来表示 A 中一组元素的闭线性扩张.

定义 4.3.8 设 Δ 是 A 上一个余乘, 假设有一个忠实的左积分 φ 和一个线性同构 $S:A\to A$ 满足

$$S((\iota\widehat{\otimes}\varphi)T_{lr}(a\otimes b))=((\iota\widehat{\otimes}\varphi)T_{rr}(a\otimes b)),\tag{4.1}$$

对于所有的 $a,b\in A$. 如果进一步地, 这个映射 S 是一个代数反同态, 那么 S 称为一个与 φ 有关的对极.

注意到, 对于 A 上一个右积 ψ, 有

$$S((\psi\widehat{\otimes}\iota)T_{rl}(a\otimes b))=((\psi\widehat{\otimes}\iota)T_{ll}(a\otimes b)),\tag{4.2}$$

对于所有的 $a,b\in A$.

定义 4.3.9 一个有界型量子超群是一个满足逼近性质的本质的有界型代数 A 带有一个余乘 $\Delta:A\to M(A\widehat{\otimes}A)$、一个余单位 ε、一个忠实的左积分 φ 和一个与 φ 有关的对极 S.

命题 4.3.10 设 A 是一个有界型量子超群. 那么有 $\varepsilon S=S$ 和 $\Delta S=\zeta(S\widehat{\otimes}S)\Delta$, 这里 ζ 是换位映射 (flip map).

证明 由命题 4.3.7, 令 $x=(\iota\widehat{\otimes}\varphi)T_{lr}(a\otimes b)$, 对于所有 $a,b\in A$. 由 (4.1), 有 $S(x)=(\iota\widehat{\otimes}\varphi)T_{rr}(a\otimes b)$. 对两个等式应用 ε, 并且由定义 4.3.4 和推论 4.3.5(3) 有 $\varepsilon(x)=\varphi(ab)=\varepsilon(S(x))$. 这证明了第一个结论.

为了证明第二个结论, 有

$$
\begin{aligned}
T_{rl}(c\otimes S(x)) &= T_2(c\otimes S(\iota\widehat{\otimes}\varphi)T_{lr}(a\otimes b))\\
&= T_2(c\otimes(\iota\widehat{\otimes}\varphi)T_{rr}(a\otimes b))\\
&= (\iota\widehat{\otimes}\iota\widehat{\otimes}\varphi)(\iota\widehat{\otimes}T_{rr})(\zeta\widehat{\otimes}\iota)(\iota\widehat{\otimes}T_{rl})(\iota\widehat{\otimes}\zeta)(a\otimes b\otimes c)\\
&= (\iota S(\iota\widehat{\otimes}\varphi)T_{lr})(\zeta\otimes\iota)(\iota\widehat{\otimes}T_{rl})(\iota\widehat{\otimes}\zeta)(a\otimes b\otimes c)\\
&= \zeta(S\widehat{\otimes}\iota)(\iota\widehat{\otimes}m^{op})(\iota\widehat{\otimes}(\iota\widehat{\otimes}\phi)T_{rr}\widehat{\otimes}\iota)(\Delta\widehat{\otimes}\iota\widehat{\otimes}\iota)(a\otimes b\otimes c)\\
&= \zeta(S\widehat{\otimes}S)(\iota\widehat{\otimes}m)(\iota\widehat{\otimes}(\iota\widehat{\otimes}\phi)T_{lr}\widehat{\otimes}\iota)(\Delta\widehat{\otimes}\iota\widehat{\otimes}\iota)(\iota\widehat{\otimes}\iota\widehat{\otimes}S^{-1})(a\otimes b\otimes c)\\
&= \zeta(S\widehat{\otimes}S)T_{lr}((\iota\widehat{\otimes}\phi)T_{lr}(a\otimes b)\widehat{\otimes}S^{-1}(c))\\
&= \zeta(S\widehat{\otimes}S)T_{lr}(x\widehat{\otimes}S^{-1}(c)),
\end{aligned}
$$

这里 ζ 是换位映射. 这说明 $\Delta S=\zeta(S\widehat{\otimes}S)\Delta$, 并表明了 S 是一个余代数反同态. 当然, S^{-1} 也是一个余代数反同态. □

例 4.3.11 任意有界型量子群 A 是一个有界型量子超群. 特别地, 如果 Γ 是一个有限生成离散群, 那么代数 $l^1(\Gamma),\mathscr{S}(\Gamma),\mathscr{O}(\Gamma),\mathscr{S}^\omega(\Gamma)$(见命题 2.9.4) 是有界型量子超群[104].

事实上, 对于所有的 $a,b\in A$, 有 $T_{lr}(a\otimes b)=\sum_i T_{ll}(a_i\otimes b_i)$, 对于一些 $a_i,b_i\in A$. 这推出 $T_{rr}(a\otimes b)=(S\widehat{\otimes}\iota)\sum_i(b_i\otimes a_i)$. 对上面两式应用 $(\iota\widehat{\otimes}\varphi)$, 由推论 4.3.5, 有

$$(\iota\widehat{\otimes}\varphi)T_{rr}(a\otimes b)=\sum_i S(b_i)\varphi(a_i)=S((\iota\widehat{\otimes}\varphi)\sum_i T_{ll}(a_i\otimes b_i))=S((\iota\widehat{\otimes}\varphi)T_{lr}(a\otimes b)).$$

下面是本节的主要结果.

定理 4.3.12 设 (A,Δ) 是一个有界型量子超群. 进一步地, 如果 Δ 是一个代数映射, 那么 (A,Δ) 是一个有界型量子群.

证明 设 (A,Δ) 是一个有界型量子超群, 且它有余单位 ε、一个左忠实的积 φ, 以及一个与 φ 有关的对极 S. 如果 Δ 是一个代数同态, 那么有[104]

$$m(S\widehat{\otimes}\iota)T_{lr}=\varepsilon\widehat{\otimes}\iota,\quad m(\iota\widehat{\otimes}S)T_{rl}=\iota\widehat{\otimes}\varepsilon.$$

以下将只给出第一个等式的证明, 因为第二个的证明是完全类似的.

定义 $\psi=\varphi S$, 那么 ψ 是 A 上一个忠实的右积分. 对于所有 $a,b\in A$, 令 $x=(\psi\widehat{\otimes}\iota)T_{rl}(b\otimes a)$. 对所有 $y\in A$, 计算得

$$
\begin{aligned}
T_{lr}(x\otimes y) &= (\psi\widehat{\otimes}\iota\widehat{\otimes}\iota)((\iota\widehat{\otimes}\Delta)T_{rl}(b\otimes a)(1\otimes 1\otimes y))\\
&= (\psi\widehat{\otimes}\iota\widehat{\otimes}\iota)((b\otimes 1\otimes 1)(\Delta\widehat{\otimes}\iota)T_{lr}(a\otimes y)).
\end{aligned}
$$

对这个等式应用 $(S\widehat{\otimes}\iota)$, 并利用式 (4.2), 有 $m(S\widehat{\otimes}\iota)T_{lr}=\varepsilon\widehat{\otimes}\iota$. □

4.4 在有界型量子超群结构中的模元素

本节讨论一个有界型量子超群上积分的模性质.

命题 4.4.1 设 A 是一个有界型量子超群. 那么左积分 φ 是唯一的 (在相差一个标量的意义下). 特别地, 对极是唯一的.

证明 设 φ 和 φ' 是两个 A 上的积. 对于所有 $a,b\in A$, 计算

$$\begin{aligned}\varphi'(S(a))\varphi(b) &= \varphi'(S(\iota\widehat{\otimes}\varphi)T_{lr}(a\otimes b))\\ &= \varphi'((\iota\widehat{\otimes}\varphi)T_{rr}(a\otimes b))\\ &= \varphi(a\delta_b),\end{aligned}$$

这里 $\delta_b a=(\varphi'\widehat{\otimes}\iota)T_{lr}(b\otimes a)$. 因为 φ 是忠实的, 必然有一个乘子 $\delta\in M(A)$, 使得 $\delta_b=\varphi(b)\delta$, 对于所有的 $b\in A$. 现在应用 ε, 得到 $\varphi'(b)=\varphi(b)\varepsilon(\delta)$, 对于所有 $b\in A$. 关于对极唯一性问题的讨论是显然的. □

作为命题 4.4.1 的证明的一个推论, 有

推论 4.4.2 设 A 是一个有界型量子超群, 那么存在一个唯一可逆乘子 $\delta\in M(A)$ 使得

$$(\varphi\widehat{\otimes}\iota)\Delta(a)=\varphi(a)\delta,$$

对于所有的 $a\in A$. 进一步有 $\Delta(\delta)=\delta\otimes\delta$, $\varepsilon(\delta)=1$ 和 $S(\delta)=\delta^{-1}$.

由推论 4.4.2, 对于 A 上一个右积分 ψ, 推得 $(\iota\widehat{\otimes}\psi)\Delta(a)=\psi(a)\delta^{-1}$, 以及 $\varphi(S(a))=\varphi(a\delta)$ 对于所有 $a\in A$.

命题 4.4.3 设 A 是一个有界型量子超群, 并设 φ 和 ψ 分别是 A 上忠实的左、右不变积分. 那么存在 A 上的唯一有界代数同构 σ, 使得 $\varphi(ab)=\varphi(b\sigma(a))$, 对于所有的 $a,b\in A$. 类似地, 存在 A 的唯一有界代数同构 σ', 使得 $\psi(ab)=\psi(b\sigma'(a))$, 对所有的 $a,b\in A$.

证明 设 $a=(\varphi\widehat{\otimes}\iota)T_{rl}(S^{-1}\widehat{\otimes}\iota)(q\otimes p), b=(\iota\widehat{\otimes}\psi)T_{lr}(\iota\widehat{\otimes}S^{-1})(q\otimes p)$, 对所有 $p,q,x\in A$, 计算

$$\begin{aligned}&\psi(x(\iota\widehat{\otimes}\varphi S)T_{lr}(\iota\widehat{\otimes}S^{-1}(q\otimes p))\\ =&(\psi\widehat{\otimes}\varphi)((1\otimes p)(\iota\widehat{\otimes}S)T_{rl}(x\otimes q))\\ =&\varphi(p(\psi\widehat{\otimes}\iota)T_{ll}(x\otimes q))\\ =&\psi((\iota\widehat{\otimes}\varphi)(T_{rr}(p\otimes x)(q\otimes 1))\\ =&\psi(S((\iota\widehat{\otimes}\varphi)T_{lr}(p\otimes x))q)\\ =&\varphi((\psi S\widehat{\otimes}\iota)T_{rl}(S^{-1}\widehat{\otimes}\iota)(q\otimes p)x).\end{aligned}$$

现在设 $\psi=\varphi S$. 那么有 $\psi S=\lambda\varphi$ 对于某个 $\lambda\in\mathbb{C}\setminus\{0\}$, 以及 $\psi(y)=\varphi(y\delta)$ 对于所

有 $y \in A$. 那么以上计算可以得到等式 $\varphi(ax) = \varphi\left(x\dfrac{1}{\lambda}b\delta\right)$, 对于所有的 $x \in A$. 现在, 定义一个线性映射 $\sigma: A \to A, a \mapsto \dfrac{1}{\lambda}b\delta$, 它是良定义的, 因为 φ 是忠实的. 不难看出 σ 是双射.

为了证明 σ 是一个代数同态, 对于所有 $a, b, c \in A$, 计算

$$\varphi(c\sigma(ab)) = \varphi((ab)c) = \varphi(a(bc)) = \varphi((bc)\sigma(a)) = \varphi((c\sigma(a))\sigma(b)).$$

由积分 φ 的忠实性, 有 $\sigma(ab) = \sigma(a)\sigma(b)$, 对于所有 $a, b \in A$.

利用 $\psi = \varphi S$ 容易得到 ψ 的陈述, 这就完成了命题 4.4.3 的证明. □

从命题 4.4.3 可以得到 $\varphi(\sigma(a)) = \varphi(a)$ 和 $\psi(\sigma'(a)) = \psi(a)$, 对于所有 $a \in A$. 从上面命题的证明过程, 我们有下面一些有用的公式.

命题 4.4.4 设 A 是一个有界型量子超群, 记号如前. 那么对于所有 $a \in A$,

(1) $\sigma S \sigma' = S, \sigma'(a) = \delta\sigma(a)\delta^{-1}$;

(2) $\sigma(\delta) = \dfrac{1}{\lambda}, \sigma'(\delta) = \dfrac{1}{\lambda}\delta$, 对$0 \neq \lambda \in \mathbb{C}$;

(3) $\sigma S^2 = S^2\sigma, \sigma' S^2 = S^2\sigma', \sigma\sigma' = \sigma'\sigma$;

(4) $\Delta(\sigma(a)) = (S^2\widehat{\otimes}\sigma)\Delta(a), \Delta(\sigma'(a)) = (\sigma'\widehat{\otimes}S^{-2})\Delta(a)$;

(5) $\Delta(S^2(a)) = (\sigma\widehat{\otimes}\sigma'^{-1})\Delta(a)$.

下面命题的证明是容易的.

命题 4.4.5 设 A 是一个有界型量子超群. 如果对极 S 是 A 上恒等映射的卷积逆, 那么缠绕映射 T_{lr}, T_{rl}, T_{ll} 和 T_{rr} 都是双射.

4.5 Fourier 变换和 Pontryagin 对偶

本节构造一个有界型量子超群 $\widehat{A}$ 的对偶量子超群, 研究 A 中 Fourier 变换[101,104,138]. 进一步地, 在有界型量子超群的框架下给出类似于 Pontryagin 的对偶. 从现在起, 总设 φ 和 ψ 分别是 A 上忠实的左积分和右积分.

定义从 A 到对偶空间 $A' = \mathrm{Hom}(A, \mathbb{C})$ 的有界线性映射 $\mathfrak{F}_{lr}$ 和 $\mathfrak{F}_{lr}$ 如下:

$$\mathfrak{F}_{lr}(b)(a) = \varphi(ab), \quad \mathfrak{F}_{ll}(b)(a) = \varphi(ba).$$

相似地, 定义从 A 到对偶空间 $A' = \mathrm{Hom}(A, \mathbb{C})$ 的有界线性映射 $\mathfrak{F}_{rr}$ 和 $\mathfrak{F}_{rl}$ 为

$$\mathfrak{F}_{rr}(b)(a) = \psi(ab), \quad \mathfrak{F}_{rl}(b)(a) = \psi(ba),$$

对于所有的 $a, b \in A$.

引理 4.5.1 设 A 是一个有界型量子超群. 那么存在 A 的一个有界型同构 ν 使得 $\varphi(ab) = \varphi(a\nu(b))$, 对所有的 $a, b \in A$.

证明 类似于命题 3.2.6 或见文献 [114] 引理 4.2.5. □

由命题 4.4.3 和引理 4.5.1, 有

引理 4.5.2 设 A 是一个有界型量子超群. 记号同前, 那么

$$\mathfrak{F}_{ll}(a)=\mathfrak{F}_{lr}(\sigma(a)),\quad \mathfrak{F}_{lr}(\nu(a))=\mathfrak{F}_{rr}(a),\quad \mathfrak{F}_{rr}(\sigma(a))=\mathfrak{F}_{rl}(a),$$

对所有的 $a\in A$.

由命题 4.5.2 得到映射 $\mathfrak{F}_{ll},\mathfrak{F}_{rl},\mathfrak{F}_{lr}$ 和 $\mathfrak{F}_{rr}$ 在 A' 中的像集合相同. 记这个空间为 $\widehat{A}$, 这个 $\widehat{A}$ 再次满足了逼近性质. 因而, 任一 $\widehat{A}$ 中元素可以用上述四种不同的方式中的任意一种表出. 由于有积分的忠实性, 则 A 和 $\widehat{A}$ 之间的配对是非退化的.

自然地, 在代数量子超群的情况中, 对于 $\omega_1,\omega_2\in\widehat{A}$, 可以用下式来定义 A 上的一个线性泛函 $\omega_1\omega_2$:

$$(\omega_1\omega_2)(a)=(\omega_1\widehat{\otimes}\omega_2)\Delta(a),$$

对于所有 $a\in A$.

下面命题是命题 3.3.2 在有界型向量空间的一个推广.

命题 4.5.3 记号同上, 有 $\omega_1\omega_2\in\widehat{A}$. 进一步地, $\widehat{A}$ 是具有由上式给出的非退化积的有界型代数.

引理 4.5.4 对于 $\omega_1=\varphi(\cdot a)$ 和 $\omega_2=\varphi(\cdot b)$, $a,b\in A$, 定义卷积 $a{*}b\in A$:

$$a{*}b=(\omega_1 S^{-1}\widehat{\otimes}\iota)\Delta(b),$$

那么 $\omega_1\omega_2=\varphi(\cdot(a{*}b))$.

证明 对于任意 $x\in A$, 计算

$$\begin{aligned}\langle\omega_1\omega_2,x\rangle&=(\omega_1\widehat{\otimes}\varphi)(\Delta(x)(1\otimes b))\\&=(\omega_1\widehat{\otimes}\varphi)T_{lr}(x\otimes b)\\&=(\omega_1S^{-1})((\iota\widehat{\otimes}\varphi)T_{rr}(x\otimes b))\ by\ Eq.4.3.1\\&=\varphi(x(\omega_1S^{-1}\widehat{\otimes}\iota)\Delta(b))\\&=\varphi(x(a{*}b)),\end{aligned}$$

这就完成了这个命题的证明. □

相似地, 对于 $\omega_1=\psi(a\cdot)$ 和 $\omega_2=\psi(b\cdot)$, 其中 $a,b\in A$, 可以定义另一个卷积 $a{*}'b\in A$: $a{*}'b=(\iota\widehat{\otimes}\omega_2S^{-1})\Delta(a)$. 于是 $\omega_1\omega_2=\psi((a{*}'b)\cdot)$. 实际上

$$\begin{aligned}\langle\omega_1\omega_2,x\rangle&=(\psi\widehat{\otimes}\omega_2)((a\otimes 1)\Delta(x))\\&=(\psi\widehat{\otimes}\omega_2)T_{rl}(a\otimes x))\\&=(\omega_2S^{-1})((\psi\widehat{\otimes}\iota)T_{ll}(a\otimes x))\\&=\psi((a{*}'b)x).\end{aligned}$$

命题 4.5.5 记号同上, 对于任意 $a \in A, \omega \in \widehat{A}$,

$$\omega\mathfrak{F}_{ll}(a)=\mathfrak{F}_{ll}(b),\quad \omega\mathfrak{F}_{lr}(a)=\mathfrak{F}_{lr}(c),\quad \mathfrak{F}_{rl}(a)\omega=\mathfrak{F}_{rl}(d),\quad \mathfrak{F}_{rr}(a)\omega=\mathfrak{F}_{rr}(e),$$

这里 $b=(\omega S^{-1}\widehat{\otimes}\iota)\Delta(a)$, $c=(\omega S\widehat{\otimes}\iota)\Delta(a)$, $d=(\iota\widehat{\otimes}\omega S)\Delta(a)$, $e=(\iota\widehat{\otimes}\omega S^{-1})\Delta(a)$.

现在定义 $\widehat{A}$ 上的余乘 $\widehat{\Delta}$. 设 $\omega_1,\omega_2 \in \widehat{A}$, 定义

$$\langle(\omega_1\widehat{\otimes}1)\widehat{\Delta}(\omega_2), a\otimes b\rangle=\langle\omega_1\widehat{\otimes}\omega_2, T_{lr}(a\otimes b)\rangle,$$

$$\langle\widehat{\Delta}(\omega_1)(1\widehat{\otimes}\omega_2), a\otimes b\rangle=\langle\omega_1\widehat{\otimes}\omega_2, T_{rl}(a\otimes b)\rangle,$$

对所有 $a,b \in A$.

类似地, 记 $\widehat{T_{lr}}(\omega_1\widehat{\otimes}\omega_2)=\widehat{\Delta}(\omega_1)(1\widehat{\otimes}\omega_2)$ 和 $\widehat{T_{rl}}(\omega_1\widehat{\otimes}\omega_2)=(\omega_1\widehat{\otimes}1)\widehat{\Delta}(\omega_2)$ 对所有 $\omega_1,\omega_2 \in \widehat{A}$.

引理 4.5.6 记号同上, 于是 $\widehat{T_{lr}}(\omega_1\widehat{\otimes}\omega_2)$ 和 $\widehat{T_{rl}}(\omega_1\widehat{\otimes}\omega_2)$ 在 $\widehat{A}\widehat{\otimes}\widehat{A}$ 中. 进一步地, $\widehat{T_{lr}}$ 和 $\widehat{T_{rl}}$ 将 $\widehat{\Delta}(\omega)$ 定义成一个 $M(\widehat{A}\widehat{\otimes}\widehat{A})$ 中的乘子, 对所有 $\omega \in \widehat{A}$.

对于 $\widehat{A}$ 上映射 $\widehat{\Delta}$, 同样可设 $\widehat{T_{ll}}(\omega_1\widehat{\otimes}\omega_2)=\widehat{\Delta}(\omega_1)(\omega_2\widehat{\otimes}1)$ 和 $\widehat{T_{rr}}(\omega_1\widehat{\otimes}\omega_2)=(1\widehat{\otimes}\omega_1)\widehat{\Delta}(\omega_2)$ 对所有 $\omega_1,\omega_2 \in \widehat{A}$.

定理 4.5.7 记号同上. 映射 $\widehat{\Delta}:\widehat{A}\to M(\widehat{A}\widehat{\otimes}\widehat{A})$ 是 $\widehat{A}$ 上正则余乘.

证明 对于所有 $\omega_1,\omega_2,\omega_3 \in \widehat{A}$ 以及 $a,b,c \in A$, 有

$$\begin{aligned}
&\langle(\widehat{T}_{rl}\widehat{\otimes}\iota)(\iota\widehat{\otimes}\widehat{T}_{lr})(\omega_1\widehat{\otimes}\omega_2\widehat{\otimes}\omega_3), a\otimes b\otimes c\rangle\\
=&\langle\omega_1\widehat{\otimes}\omega_2\widehat{\otimes}\omega_3, (T_{rl}\widehat{\otimes}\iota)(\iota\widehat{\otimes}T_{lr})(a\otimes b\otimes c)\rangle\\
=&\langle\omega_1\widehat{\otimes}\omega_2\widehat{\otimes}\omega_3, (\iota\widehat{\otimes}T_{lr})(T_{rl}\widehat{\otimes}\iota)(a\otimes b\otimes c)\rangle\\
=&\langle(\iota\widehat{\otimes}\widehat{T}_{lr})(\widehat{T}_{rl}\widehat{\otimes}\iota)(\omega_1\widehat{\otimes}\omega_2\widehat{\otimes}\omega_3), a\otimes b\otimes c\rangle,
\end{aligned}$$

故 $(\widehat{T}_{rl}\widehat{\otimes}\iota)(\iota\widehat{\otimes}\widehat{T}_{lr})=(\iota\widehat{\otimes}\widehat{T}_{lr})(\widehat{T}_{rl}\widehat{\otimes}\iota)$. 这表明 $\widehat{\Delta}$ 在定义 4.3.2 意义下是满足余结合律的.

最后, 关于 $\widehat{\Delta}$ 的正则性的证明可参照命题 3.3.7. □

设 $\omega \in \widehat{A}$ 并假设 $\omega=\mathfrak{F}_{ll}(a)$, 其中 $a \in A$. 定义 $\widehat{\varepsilon}(\omega)=\varphi(a)$. 实际上, 存在一个元素 $e \in A$ 使得 $a=ea$. 这样就有 $\widehat{\varepsilon}(\omega)=\varphi(a)=\varphi(ea)=\mathfrak{F}_{ll}(a)(e)$. 还可以用其他映射 $\mathfrak{F}_{lr},\mathfrak{F}_{rl},\mathfrak{F}_{rr}$ 来定义 ε.

命题 4.5.8 记号同上, $\widehat{\varepsilon}$ 是一个本质的代数同态, 满足

$$(\widehat{\varepsilon}\widehat{\otimes}\iota)\widehat{T}_{lr}(\omega_1\widehat{\otimes}\omega_2)=\omega_1\omega_2=(\iota\widehat{\otimes}\widehat{\varepsilon})\widehat{T}_{rl}(\omega_1\widehat{\otimes}\omega_2),$$

对所有 $\omega_1,\omega_2 \in \widehat{A}$.

对于 A 上一个右积分 ψ, 定义 $\widehat{\varphi}(\omega)=\varepsilon(a)$, 对于所有 $\omega=\mathfrak{F}_{rr}(a)$, 其中 $a \in A$. 由文献 [114] 知 $\widehat{\varphi}$ 是 $\widehat{A}$ 上的忠实的左积分. 相似地, 一个 $\widehat{A}$ 上右积分 $\widehat{\psi}$ 可以由方程 $\widehat{\psi}(\omega)=\varepsilon(a)$ 给出, 这里 $\omega=\mathfrak{F}_{ll}(a)=\varphi(\cdot a)$.

推论 4.5.9　记号同上, 设 $\omega_1=\varphi(\cdot a),\omega_2=\varphi(\cdot b)\in\widehat{A}$. 于是

$$\widehat{\psi}(\omega_1\omega_2)=\omega_1(S^{-1}(b)),\qquad \widehat{\psi}(\omega_1\omega_2)=\omega_1(S(b)),$$
$$\widehat{\varphi}(\omega_1\omega_2)=\omega_2(S(a)),\qquad \widehat{\varphi}(\omega_1\omega_2)=\omega_2(S^{-1}(a)).$$

由于 φ 和 ψ 的忠实性, 映射 $\mathfrak{F}_{ll}$, $\mathfrak{F}_{lr}$, $\mathfrak{F}_{rl}$ 和 $\mathfrak{F}_{rr}$ 都是单射. 实际上, 它们都是双射[31].

最后, 对于所有 $\omega\in\widehat{A}$, 在 A 上定义 $\widehat{S}(\omega)=\omega S$, 然后有以下推论:

推论 4.5.10　记号同上. 那么 $\widehat{S}$ 是一个和 $\widehat{\varphi}$ 有关的对极.

实际上, 现在已经完成了下面定理的证明.

定理 4.5.11　设 A 是一个有界型量子超群. 那么, 那些具有本节所叙述的结构映射的 $\widehat{A}$ 也是一个有界型量子超群.

定理 4.5.12 (Pontryagin 对偶定理)　设 A 是一个有界型量子超群, 其对偶为 $\widehat{A}$. 那么由 $\Gamma(a)(\omega)=\omega(a)$ 所定义的映射 $\Gamma: A\to\hat{\hat{A}}$ 是一个同构.

注　明显地, 根据推论 4.5.9, 有对偶同构 $\Gamma=\widehat{\mathfrak{F}}_{rr}\mathfrak{F}_{lr}S$, 或等价地 $\Delta=\widehat{\mathfrak{F}}_{ll}\mathfrak{F}_{rl}S$.

例 4.5.13　设 G 是一个李群, 并设 $H\subset G$ 是一个紧子群. 用 $\mathbb{C}_c^\infty(G)$ 来表示 G 上光滑函数的有界型代数, 乘积为点向运算. 记 $\mathbb{C}_c^\infty(G//H)\subset\mathbb{C}_c^\infty(G)$ 为 $\mathbb{C}_c^\infty(G)$ 中元素满足. 当 $f\in\mathbb{C}_c^\infty(G)$ 时, 对所有 $h,h'\in H,p\in G$, 有 $f(hph')=f(p)$ 的子代数. 选择 H 上的标准 Haar 测度 dt, 并记 δ 为 G 的模函数. 定义余积 $\Delta:\mathbb{C}_c^\infty(G//H)\to M(\mathbb{C}_c^\infty(G//H)\widehat{\otimes}\mathbb{C}_c^\infty(G//H))$ 为

$$\Delta(f)(p,q)=\int_H f(psq)ds,$$

对于所有 $p,q\in G$ 和 $f\in\mathbb{C}_c^\infty(G//H)$, 这里利用了 H 上的标准的 Haar 测度. 定义余单位 $\varepsilon:\mathbb{C}_c^\infty(G//H)\to\mathbb{C}$ 为 $\varepsilon f=f(e)$, 这里 e 表示 G 中的单位元, 同时定义对极 S 为 $S(f)(p)=f(p^{-1})$, 其中 $p\in G,f\in\mathbb{C}_c^\infty(G//H)$. 一个 $\mathbb{C}_c^\infty(G//H)$ 上左积分 φ 由 Haar 测度整体给出. 于是 $\mathbb{C}_c^\infty(G//H)$ 成为一个有界型量子超群. $\mathbb{C}_c^\infty(G//H)$ 中模元素由模函数 δ 给出.

为了说明一般的对偶理论, 设 $A=\mathbb{C}_c^\infty(G//H)$, 下面将描述 A 的对偶 $\widehat{A}$. 可以把 $\widehat{A}$ 看作 G 的光滑群代数, 其底有界型向量空间是 G 上带有紧支撑的光滑函数空间. 容易计算 $\widehat{A}$ 中的乘积 (是 $\mathbb{C}_c^\infty(G//H)$ 上余乘的对偶), 得到 (普通的) 卷积

$$(f*g)(s)=\int_G f(t)g(t^{-1}s)dt.$$

这就把 $\widehat{A}$ 变成了有界型代数.

注意到 $\widehat{A}$ 没有单位元, 除非 G 是离散的. 于是得到光滑群代数 $\widehat{A}$ 的乘子代数是 G 上带有紧支撑的分布函数构成的代数 $\mathbb{C}(G)$[77,138]. 进一步地, 对于 $p\in G$, 设

$$\pi(p)=\int_H\int_H\lambda(hph')dhdh',$$

这里 $\lambda(q)$ 是 G 上函数, 在 q 上取值为 1, 其余为 0, 且这里在 H 上使用了标准的 Haar 测度. 那么复群代数 $\mathbb{C}G$ 包含在 $M(\widehat{A})=\mathbb{C}(G)$ 中, 作为一个子代数通过这些元素 $\pi(p), p\in G$ 线性扩张.

于是, $\widehat{A}$ 上的余乘 $\widehat{\Delta}:\widehat{A}\longrightarrow M(\widehat{B})$, 这里 $B=\mathbb{C}_c^\infty(G\times G)$ 可以通过下式来描述:

$$\widehat{\Delta}(\pi(p))=\pi(p)\widehat{\otimes}\pi(p).$$

余单元 $\widehat{\varepsilon}:\widehat{A}\longrightarrow\mathbb{C}$ 由 $\widehat{\varepsilon}(\pi(p))=1, p\in G$ 给出且对极 $\widehat{S}:\widehat{A}\longrightarrow\widehat{A}$ 由 $\widehat{S}(\pi(p))=\pi(p^{-1})$ 来定义. $\widehat{A}$ 上的对偶左积分 $\widehat{\varphi}$ 定义为 $\widehat{\varphi}(\pi(p))=1, p\in G$, 除了 $\pi(p)=\pi(e)$. 右积分 $\widehat{\psi}$ 和左积分 $\widehat{\varphi}$ 相等. 这样, G 的光滑群代数 $\widehat{A}$ 就是一个有界型量子超群.

4.6 对极的四次方

本节根据有界型量子超群及其对偶的模元素来说明关于对极四次方的 Radford 公式.

在对偶有界型量子超群中, 模元素 δ 就像在命题 4.4.2 中定义的那样, 即一个从 $\widehat{A}$ 到 $\mathbb{C}$ 的本质的代数同态. 和 A 的情形相同, 有

命题 4.6.1 设 A 是一个有界型量子超群. 那么在 $\widehat{A}$ 中存在一个唯一的模元素 $\widehat{\delta}\in M(\widehat{A})$, 使得 $(\widehat{\varphi}\widehat{\otimes}\iota)\widehat{\Delta}(\omega)=\widehat{\varphi}(\omega)\widehat{\delta}$, 对所有的 $\omega\in\widehat{A}$. 进一步地, 有 $\widehat{\delta}=\varepsilon\sigma^{-1}=\varepsilon\sigma'^{-1}$ 和 $\widehat{\delta}^{-1}=\varepsilon\sigma=\varepsilon\sigma'$.

命题 4.6.2 设 A 是一个有界型量子超群. 那么存在唯一有界代数自同构 $\widehat{\sigma}$ 和 $\widehat{\sigma}'$, 使得 $\widehat{\varphi}(\omega_1\omega_2)=\widehat{\varphi}(\omega_2\widehat{\sigma}(\omega_1))$ 以及 $\widehat{\psi}(\omega_1\omega_2)=\widehat{\psi}(\omega_2\widehat{\sigma}'(\omega_1))$, 对所有的 $\omega_1,\omega_2\in\widehat{A}$. 进一步地, 有 $\langle\widehat{\sigma}(\omega),a\rangle=\langle\omega,S^2(a)\delta^{-1}\rangle$ 以及 $\langle\widehat{\sigma}'(\omega),a\rangle=\langle\omega,\delta^{-1}S^{-2}(a)\rangle$, 对所有的 $a\in A$ 和 $\omega\in\widehat{A}$.

类似于代数量子超群, 考虑由下面式子定义的四个模作用:

$$(a\rightharpoonup\omega)(b)=\omega(ba),\qquad b(\omega\rightharpoonup a)=(\iota\widehat{\otimes}\omega)T_2(b\otimes a),$$
$$(\omega\leftharpoonup a)(b)=\omega(ab),\qquad (a\leftharpoonup\omega)b=(\omega\widehat{\otimes}\iota)T_1(a\otimes b),$$

对所有的 $a,b\in A$ 和 $\omega\in\widehat{A}$.

明显地, 有

$$(\omega\rightharpoonup a)(b)=(\iota\widehat{\otimes}\omega)T_{ll}(a\otimes b)\quad 和\quad b(a\leftharpoonup\omega)=(\omega\widehat{\otimes}\iota)T_{rr}(b\otimes a).$$

有界型量子超群的积分在标量倍数意义下是唯一的. 在许多场合, 可以很方便地将其标准化. 但在下面的讨论中, 不需要留意这些积分的纯量[138]. 在一个有界型

量子超群中, 如果 ω_1 和 ω_2 是线性泛函, 且如果有一个非零纯量 λ 使得 $\omega_1 = \lambda\omega_2$, 就记 $\omega_1 \equiv \omega_2$.

由 4.4 节, 对 Fourier 变换有下面关系:

$$\mathfrak{F}_{lr}(a\delta) \equiv \mathfrak{F}_{rr}(a) \quad 和 \quad \mathfrak{F}_{ll}(\delta a) \equiv \mathfrak{F}_{rl}(a).$$

引理 4.6.3 记号同上. 有

$$\sigma(a) = \widehat{\delta}^{-1} \rightharpoonup S^2(a) \quad 和 \quad \sigma'(a) = S^{-2}(a) \leftharpoonup \widehat{\delta}^{-1},$$

对所有 $a \in A$.

由 Pontryagin 对偶, 有

引理 4.6.4 记号同上, 对所有 $a \in A$,

(1) $S^{-1}(\widehat{\delta} \rightharpoonup a) \equiv \widehat{\mathfrak{F}}_{lr}\mathfrak{F}_{lr}(a)$;

(2) $\mathfrak{F}_{lr}(S^2(a)) \equiv \mathfrak{F}_{ll}(\widehat{\delta} \rightharpoonup a)$;

(3) $\widehat{\mathfrak{F}}_{lr}\mathfrak{F}_{lr}(a) \equiv S((a\delta^{-1}) \leftharpoonup \widehat{\delta})$;

(4) $\widehat{\mathfrak{F}}_{ll}\mathfrak{F}_{ll}(S(a)) \equiv \widehat{\mathfrak{F}}_{ll}\mathfrak{F}_{rl}(\delta^{-1}S(a)) = a\delta$;

(5) $\mathfrak{F}_{ll}(S^2(a)) = \mathfrak{F}_{lr}(\delta^{-1}(a \leftharpoonup \widehat{\delta}^{-1})\delta)$.

现在可以得到本节的主要结论.

定理 4.6.5 设 A 是一个有界型量子超群. 设 δ 和 $\widehat{\delta}$ 分别是 A 和 $\widehat{A}$ 的模元素. 那么

$$S^4 = \delta^{-1}(\widehat{\delta} \rightharpoonup a \leftharpoonup \widehat{\delta}^{-1}),$$

对所有的 $a \in A$.

证明 计算

$$\mathfrak{F}_{lr}(S^4(a)) \equiv \mathfrak{F}_{ll}(\widehat{\delta} \rightharpoonup S^2(a)) \equiv \mathfrak{F}_{ll}(S^2(\widehat{\delta} \rightharpoonup a)) \equiv \mathfrak{F}_{lr}(\delta^{-1}(\widehat{\delta} \rightharpoonup a \leftharpoonup \widehat{\delta}^{-1})\delta).$$

由于 $\mathfrak{F}_{lr}$ 是一个同构, 有 $S^4 = \delta^{-1}(\widehat{\delta} \rightharpoonup a \leftharpoonup \widehat{\delta}^{-1})\delta$. □

第 5 章　弱乘子 Hopf 代数

在本章中, 对于类似于乘子 Hopf 代数的启发性例子, 考虑无限群胚 (groupoid), 以此来作为推广和发展弱乘子 Hopf 代数理论的基本例子; 主要阐述研究这一理论的动机思想方法和解释一些假设条件的来源. 在为了得到弱乘子 Hopf 代数的一个好的定义过程中, 读者可以体会到我们的研究思路, 尽可能利用基本的例子, 尤其是有限维弱 Hopf 代数的例子来说明相关的概念和性质.

本章始终设 A 是复数域 $\mathbb{C}$ 上的一个非退化的代数, 即一个结合代数, 其乘法是非退化的且可以无单位元. 同时, 将考虑 $*$ 代数 A. 此时 A 有一共轭线性对合 $a \mapsto a^*$, 满足对任意的 $a, b \in A$, $(ab)^* = b^*a^*$. 在此情形下, 自然地 $M(A)$ 是一 $*$ 代数. 对 $A \otimes A$ 与 $M(A \otimes A)$ 同样正确.

5.1　余乘和余单位

首先有如下一个基本的例子: 设 X 是一集合, A 是 X 上的有限支撑复函数构成的代数 $K(X)$. 对于点向乘积, A 是带有非退化乘法的代数. 显然地, $A \otimes A$ 自然地等于 $K(X \times X)$, 而 $M(A)$ 和 $M(A \otimes A)$ 分别等于 X 和 $X \times X$ 上的所有复函数构成的代数 $\mathbb{C}(X)$ 和 $\mathbb{C}(X \times X)$. 在 A 上有自然的 $*$ 结构, $f^*(x) = \overline{f(x)}$, $f \in K(X)$, $x \in X$.

下面仅仅考虑幂等代数 A, 即满足 $A^2 = A$. 然而在此处不需要这个条件.

现在介绍余乘 (余积) 的概念.

定义 5.1.1　设 A 是一个非退化的代数. A 上的余乘是一代数同态 $\Delta : A \to M(A \otimes A)$ 满足:

(i) 对所有的 $a, b \in A$, $\Delta(a)(1 \otimes b), (a \otimes 1)\Delta(b) \in A \otimes A$;

(ii) 在下述意义下, Δ 是余结合的:

$$(a \otimes 1 \otimes 1)(\Delta \otimes \iota)(\Delta(b)(1 \otimes c)) = (\iota \otimes \Delta)((a \otimes 1)\Delta(b))(1 \otimes 1 \otimes c)$$

对任意的 $a, b, c \in A$, 其中 ι 表示 A 上的恒等映射. 在 $*$ 代数的情形下, 假设 Δ 是 $*$ 同态.

注　(i) 使得 (ii) 有意义. 如此定义与第 1 章中的定义 1.1.2 相同. 但是, 第 1 章中的乘子 Hopf 代数中余结合性的定义也有另一种方法, 这种方法是建立在余乘的非退化性上, 将 $\Delta \otimes \iota$ 和 $\iota \otimes \Delta$ 扩充到 $M(A \otimes A)$. 此时余结合性可以简单地用一般的形式书写, 即 $(\Delta\otimes\iota)\Delta=(\iota\otimes\Delta)\Delta$. 然而, 当 Δ 不是非退化时, 它不会如此简单.

另一方面, 正如乘子 Hopf 代数理论和基本的例子知道 (i) 是非常自然的. 这个条件使得我们可以定义如下的典范映射.

记号 5.1.2 设 Δ 是 A 上的余乘. 记 $A\otimes A$ 到其自身的线性映射 T_1,T_2 如下：对 $a,b\in A$,

$$T_1(a\otimes b)=\Delta(a)(1\otimes b),\quad T_2(a\otimes b)=(a\otimes 1)\Delta(b).$$

注 借助于上述映射, 定义 5.1.1 中的余结合性可以写成

$$(T_2\otimes\iota)(\iota\otimes T_1)=(\iota\otimes T_1)(T_2\otimes\iota).$$

一般地, 定义在 $M(A\otimes A)$ 中的元素 $\Delta(a)(b\otimes 1)$ 和 $(1\otimes a)\Delta(b)$ 不一定属于 $A\otimes A$. 这使得我们有如下的定义和记号.

定义 5.1.3 非退化代数 A 上的余乘 Δ 称为*正则的*, 如果

(iii) 对任意的 $a,b\in A$, 元素 $\Delta(a)(b\otimes 1)$ 和 $(1\otimes a)\Delta(b)$ 都属于 $A\otimes A$.

若 Δ 是正则的, 则 $\Delta^{\mathrm{cop}}=\tau\Delta$ 同样是定义 5.1.1 意义下的余乘, 这里 τ 是换位映射 (flip map). 在 $*$ 代数的情况下, 由于 Δ 是 $*$ 同态, 正则是自然的. 若代数是交换的或余乘是余交换的 (即 $\Delta^{\mathrm{cop}}=\Delta$), 正则是自然的.

在正则余乘的情形下, 引入如下的记号：

记号 5.1.4 对于非退化代数 A 上的正则余乘 Δ, 记从 $A\otimes A$ 到其自身的线性映射 T_3,T_4 如下：对 $a,b\in A$,

$$T_3(a\otimes b)=(1\otimes b)\Delta(a),\quad T_4(a\otimes b)=\Delta(b)(a\otimes 1).$$

在 $*$ 代数情形下, 这种记法使得 (T_1,T_2) 通过对合转化为 (T_3,T_4). 另一方面, 这种记法可能源于对偶 (见下面内容).

这里给出对偶对的初步定义, 更加完备的定义可参见文献 [129], 但是目前是不需要的.

定义 5.1.5 设 (A,Δ) 和 (B,Δ) 是两个具有余乘的非退化代数. 用记号 5.1.2 中的符号. (A,Δ) 和 (B,Δ) 之间的一个*配对* (pairing) 是一从 $A\times B$ 到 $\mathbb{C}$ 非退化的双线性映射 $(a,b)\mapsto\langle a,b\rangle$, 使得对任意的 $a,a'\in A$, $b,b'\in B$,

$$\langle T_1(a\otimes a'),b\otimes b'\rangle=\langle a\otimes a',T_2(b\otimes b')\rangle,$$

$$\langle T_2(a\otimes a'),b\otimes b'\rangle=\langle a\otimes a',T_1(b\otimes b')\rangle.$$

如果代数有单位元, 那么这两个条件等价于：一个代数中的余乘与另一个代数的乘法对偶.

到目前为止, 没有任何条件说明 Δ 不会平凡 (即等于 0). 当然, 我们将会排除这种情况. 但是首先考虑群胚 (groupoid) 的例子, 有如下的两个命题.

命题 5.1.6 设 G 是一群胚. 设 A 是 G 上的有限支撑复函数 $K(G)$, 其积为点向运算. 定义 Δ 如下：

$$\begin{aligned}\Delta(f)(p,q) &= f(pq) \quad (\text{若 } pq \text{ 有定义}) \\ &= 0 \quad (\text{其他}).\end{aligned}$$

则 Δ 是 A 上的正则余乘. 进一步, 考虑自然的 $*$ 结构：$f^*(p) = \overline{f(p)}$, 其中 $f \in K(G), p \in G$, 则 Δ 是 $*$ 同态.

证明 显然地, Δ 是从 A 到 $M(A \otimes A)$ 的代数同态, 对于 A 上定义的自然的 $*$ 运算是 $*$ 同态.

取 $f, g \in A$, 考虑函数 $\Delta(f)(1 \otimes g)$. 如果 pq 有定义, 它将 (p,q) 映射到 $f(pq)g(q)$, 否则为 0. 事实上, g 的出现使得 q 属于有限集 (对于结果非零). 而 pq 也属于有限集合而且因为当 pq 有定义时 $p = (pq)q^{-1}$, 所以除了 p 属于有限集外结果全为 0. 因此 $\Delta(f)(1 \otimes g) \in K(G \times G)$. 对于 $(f \otimes 1)\Delta(g)$ 结果类似, 所以定义 5.1.1 (i) 满足.

如定义 5.1.1 (ii) 所示的 Δ 的余结合性可由 G 中积的结合性直接得到. 由于代数是交换的, 正则性显然. □

这个代数中的单位元是将所有 G 中元素映射到 1 的函数, 当 G 为有限时属于 A. 然而, 对于 $\Delta(1)$, 有自然的候选, 它是 $G \times G$ 上的函数：当 pq 有定义, 它将 (p,q) 映射到 1, 否则为 0. 这在 $\mathbb{C}(G \times G)$ 中是自伴随幂等的, 且对 $f \in K(G)$, 有 $\Delta(1)\Delta(f) = \Delta(f)$. 进一步可知 $\Delta(1)$ 是具有此性质的最小的幂等元.

在下面的命题中, 考虑对偶的情形.

命题 5.1.7 设 G 是一群胚. 设 B 是 G 上的有限支撑复函数构成的空间 $\mathbb{C}G$. 对于卷积 (在下面定义), 它是非退化的结合代数. 用 $p \mapsto \lambda_p$ 表示 G 到 $\mathbb{C}G$ 的嵌入. 对任意的 $p \in G$, 定义 B 上的 $\Delta : \Delta(\lambda_p) = \lambda_p \otimes \lambda_p$, 得到 B 上的正则余乘. 进一步考虑 B 上的自然的 $*$ 结构 $\lambda_p^* = \lambda_{p^{-1}}$, 则 Δ 是 $*$ 同态.

证明 B 上的卷积定义如下：当 pq 有定义时, $\lambda_p\lambda_q = \lambda_{pq}$, 否则为 0. 这使得 B 成为以结合代数 (因为 G 中乘法的结合性), 它不一定有单位元. 因为这个乘子代数中的单位元是 $\sum \lambda_e$, 其中求和取遍 G 中所有的单位元 e. $\sum \lambda_e$ 属于 B 当且仅当单位元的集合是有限的. 否则, 得到一个没有单位元的代数. 但是积是非退化的, 为了说明这点, 令 $a = \sum a(p)\lambda_p$ 是 B 中的一个元素, 假设对所有的 b, $ab = 0$. 固定 p_0, 设 q 是 G 中 p_0 的源, 且 $b = \lambda_q$. 则 $\sum_p a(p)\lambda_p = 0$, 其中 p 只取与 p_0 具有相同源的 G 中的元素. 这说明对这些元素 $a(p) = 0$, 特别地, $a(p_0) = 0$. 因此 $a = 0$.

在这个例子中, $\Delta(B) \subseteq B \otimes B$, 定义 5.1.1 和定义 5.1.3 中的条件 (i) 和 (ii) 是自然满足的. 余结合性也是直接的. 对于对合结构, 最后的论述也同样正确. □

这个例子中 $\Delta(1)$ 有自然的候选是 $\sum \lambda_e \otimes \lambda_e$, 其中求和取遍 G 中所有的单位元 e. 它满足对所有的 $p \in G$, $\Delta(1)\Delta(\lambda_p) = \Delta(\lambda_p)$ 和 $\Delta(\lambda_p)\Delta(1) = \Delta(\lambda_p)$, 且它是 $M(B \otimes B)$ 中具有如此性质的最小的幂等元. 代数 B 也是幂等的.

命题 5.1.6 和命题 5.1.7 给出的两个例子在定义 5.1.5 意义下是相互对偶的, 配对是明显的.

在本节的最后将再次考虑这两个例子和来源于有限维弱乘子 Hopf 代数的例子.

首先考虑余单位的概念.

定义 5.1.8　设 A 是非退化的代数, Δ 是 A 上的余乘. 余单位是一线性映射 $\varepsilon : A \to \mathbb{C}$ 满足: 对任意的 $a, b \in A$,

$$(\varepsilon \otimes \iota)(\Delta(a)(1 \otimes b)) = ab,$$
$$(\iota \otimes \varepsilon)((a \otimes 1)\Delta(b)) = ab.$$

若 A 有单位元, 且 $\Delta(A) \subseteq A \otimes A$, 这等价于一般的条件: 对所有的 $a \in A$,

$$(\varepsilon \otimes \iota)\Delta(a) = a, \quad (\iota \otimes \varepsilon)\Delta(a) = a.$$

如果 A 是正则的, 这两个条件等价于: 对任意的 $a, b \in A$,

$$(\varepsilon \otimes \iota)((1 \otimes b)\Delta(a)) = ba,$$
$$(\iota \otimes \varepsilon)(\Delta(b)(a \otimes 1)) = ba.$$

换句话说, ε 也是余乘 Δ^{cop} 的余单位.

在 $*$ 代数的情况下, 当 ε 是余单位时, 定义 $\overline{\varepsilon}(a) = \varepsilon(a^*)$, 则 $\overline{\varepsilon}$ 也是余单位. 取 $(\overline{\varepsilon} + \varepsilon)/2$, 可以看到此时余单位是自伴随的, 即 $\overline{\varepsilon} = \varepsilon$.

然而在此余单位的定义下, 存在一个问题, 将在下面的注中解释.

注 5.1.9　即使在平凡的情况下, 也无法证明余单位的唯一性. 如果余单位是一代数同态, 给出如下的讨论. 假设 ε 和 ε' 是代数同态且满足余单位的公理. 取 $a, b, c \in A$, 将 $\varepsilon \otimes \varepsilon'$ 作用在 $(c \otimes 1)\Delta(a)(1 \otimes b)$ 上. 首先利用 ε 是代数同态得到

$$\varepsilon(c)(\varepsilon'((\varepsilon \otimes \iota)\Delta(a)(1 \otimes b))),$$

再利用 ε 是余单位, 得到 $\varepsilon(c)(\varepsilon'((\varepsilon \otimes \iota)\Delta(a)(1 \otimes b))) = \varepsilon(c)\varepsilon'(ab)$. 类似地, 先利用 ε' 是代数同态, 再利用余单位性质, 得到表达式等于 $\varepsilon(c)(\varepsilon'((\varepsilon \otimes \iota)\Delta(a)(1 \otimes b))) = \varepsilon'(b)\varepsilon(ca)$. 这说明

$$\varepsilon(c)\varepsilon'(a)\varepsilon'(b) = \varepsilon'(b)\varepsilon(c)\varepsilon(a),$$

即 $\varepsilon = \varepsilon'$.

然而从例子和弱乘子 Hopf 代数的理论中, 我们不希望余单位一定是代数同态. 因此上述的讨论不能用来证明定义 5.1.8 中余单位的唯一性.

这就要求我们需要余乘上的另外的条件来使得定义 5.1.8 定义的余单位是唯一的.

定义 5.1.10 一个余乘称为完全的 (full), 如果满足

$$\Delta(A)(1 \otimes A) \subseteq V \otimes A \quad \text{和} \quad (A \otimes 1)\Delta(A) \subseteq A \otimes W$$

的最小的 A 的子空间 V 和 W 都等于 A 自身.

引理 5.1.11 若 Δ 是完全的, A' 是 A 的线性对偶空间, 那么 A 中形如 $(w \otimes \iota)((c \otimes 1)\Delta(b))$ 的元素张成的空间等于 A, 其中 $b, c \in A$, $w \in A'$. 类似地, 形如 $(\iota \otimes w)(\Delta(b)(1 \otimes c))$ 的元素张成的空间等于 A. 反之, 如果这些条件成立, 余乘是完全的.

证明 假设这些元素不能张成 A, 则存在 A 上的一非零线性函数 φ, 这个函数在这些元素上均为 0. 这说明对所有的 $w \in A'$ 和 $b, c \in A$, 有

$$w((\iota \otimes \varphi)((c \otimes 1)\Delta(b))) = 0.$$

则对所有的 $b, c \in A$, $(\iota \otimes \varphi)((c \otimes 1)\Delta(b)) = 0$. 如果现在设 W 是 φ 的核, 对所有的 $b, c \in A$, 有 $(c \otimes 1)\Delta(b) \in A \otimes W$. 由假设知 $W = A$, 因此 $\varphi = 0$. 矛盾. 对另一论述类似.

反之, 假设这些元素的扩张是 A, 且假设对于 A 的真子空间 W, $(A \otimes 1)\Delta(A) \subseteq A \otimes W$. 则对所有的 $a, b, c \in A$ 及 $w \in A'$, $(w(c\cdot) \otimes \iota)\Delta(a) \in W$, 矛盾. □

利用积的非退化性, 容易得到正则余乘 Δ 是完全的当且仅当 Δ^{cop} 是完全的.

下面是一简单的结论.

命题 5.1.12 如果余乘是完全的且余单位存在, 那么余单位是唯一的.

证明 若 ε 是余单位, 则有

$$\varepsilon((w(c\cdot) \otimes \iota)\Delta(b)) = w(cb),$$

对任意 $b, c \in A$, $w \in A'$. 由引理, A 中的元素都有如此的形式, 因此余单位是由此公式唯一确定的. □

注 在 $*$ 代数的情况下, 由余单位 ε 的唯一性, 有 $\varepsilon(a^*) = \overline{\varepsilon}(a)$. 当然, 当代数有单位元时, 如果存在余单位, 那么余乘是完全的. 当 A 没有单位元, 余单位是代数同态时依然成立. 然而, 此时代数没有单位元, 余单位不是代数同态. 因此, 余乘不会自动是完全的. 所以假设余单位的存在性和余乘的完全性看起来是必须的.

可以给相对弱一点的条件. 例如给定 $b \in A$, 若对所有的 $a \in A$, $\Delta(a)(1 \otimes b) = 0$ 得到 $b = 0$. 类似地, 例如给定 $c \in A$, 若对所有的 $a \in A$, $(c \otimes 1)\Delta(a) = 0$ 得到 $c = 0$. 如果存在余单位 (利用积的非退化性) 或余乘是完全的, 那么单位是唯一的.

然而, 为了方便, 下面总是假设余乘是完全的且存在余单位.

值得一提的是本节中的余乘的条件不是自对偶条件. 事实上, 在对偶配对 (如定义 5.1.5) 的情形下, 这不是很明显, 但是这些条件是很合理的. 事实上, 后面将看到其他的条件如何导出完全性.

例 5.1.13 (i) 设 G 是一群胚, 考虑代数 $A = K(G)$, 其余乘由命题 5.1.6 中给出. 余单位由公式 $\varepsilon(f) = \sum f(e)$ 给出, 其中求和取遍 G 中所有的单位元. 为了说明 Δ 是完全的, 取任意的 $p \in G$, 设 e 是 p 的值域. 取 $f = \delta_p$, 在 p 上取值为 1, 其余为 0. 则 $\Delta(f)(e, \cdot) = f$, 这说明 Δ 的右支 (right leg) 是所有的 A. 因此对所有的 $p \in G$, $(\delta_e \otimes 1)\Delta(\delta_p) = \delta_e \otimes \delta_p$. 类似地, 通过取一元素的源, 可以得到 Δ 的左支是所有的 A.

(ii) 设 G 是一群胚, 考虑代数 $B = \mathbb{C}G$, 其余乘由命题 5.1.7 给出. 余单位由公式 $\varepsilon(\lambda_p) = 1$ 给出, 对所有的 $p \in G$. 在此情况下, $\Delta(B) \subseteq B \otimes B$, 余乘自动地是完全的.

这种情形在弱 Hopf 代数条件下本质上是平凡的.

例 5.1.14 设 (A, Δ) 是有限维弱 Hopf 代数, 由假设余单位存在且由于 $\Delta(A) \subseteq A \otimes A$, 余乘是完全的.

5.2 对 极

在本节中, 设 A 是非退化的代数, (A, Δ) 中的余乘 Δ 满足 5.1 节中的假设. 此处不需要假设代数是幂等的. 然而, 假设 Δ 是完全的 (参考定义 5.1.10) 且存在唯一的余单位 ε 满足定义 5.1.8 的条件.

考虑映射 T_1 和 T_2(如 5.1.2 中定义) 和正则条件下的 T_3 和 T_4(如 5.1.4 定义).

在乘子 Hopf 代数的情形下, T_1 和 T_2 假设是 $A \otimes A$ 到其自身的双射. 那么由唯一的对极 S, 逆 T_1^{-1} 和 T_2^{-1} 由如下公式给定: 对 $a, b \in A$,

$$T_1^{-1}(a \otimes b) = ((\iota \otimes S)\Delta(a))(1 \otimes b),$$
$$T_2^{-1}(a \otimes b) = (a \otimes 1)((S \otimes \iota)\Delta(b)).$$

事实上, 利用上述公式, 可以从逆映射 T_1^{-1} 和 T_2^{-1} 来构造 S. 在乘子 Hopf 代数理论中余单位同样由这些映射构造出来.

关于这些公式有一些注记将在命题 5.2.4 的证明后给出.

现在, 不再假设 T_1 和 T_2 是双射, 因此没有逆. 然而像在乘子 Hopf 代数的情形, 利用广义 (或 von Neumann 正则) 逆的概念, 可以得到很多结论. 广义逆可以在任何的具有结合乘法的集合中应用. 在考虑的映射的情况下, 介绍广义逆如下. 此时仅考虑 T_1, 但是显然对 T_2 和正则情形下的 T_3 和 T_4 有相同的性质.

定义 5.2.1 映射 T_1 的一个广义逆是指一个线性映射 $R_1 : A \otimes A \to A \otimes A$, 满足

$$T_1 R_1 T_1 = T_1 \quad 和 \quad R_1 T_1 R_1 = R_1.$$

乘法是映射的合成. 如果对 T_1 有如此的逆 R_1, 且令 $P = T_1 R_1$, $Q = R_1 T_1$, 则 P 和 Q 是幂等的. 显然, P 映射到 T_1 的值域, Q 映射到 R_1 的值域. 另一方面, $1 - Q$(其中 1 表示恒等映射) 也是幂等的, 且映射到 T_1 的核. 给定 T_1, 广义逆 R_1 由 P 和 Q 完全的决定. 因此 R_1 的性质可以由 P 和 Q 来描述.

我们需要 T_1 的广义逆 R_1 存在, 且满足由 T_1 的性质诱导出来的自然的性质.

条件 5.2.2 对于 T_1 的广义逆 R_1, 考虑下面两个条件:

(i) $R_1(\iota \otimes m) = (\iota \otimes m)(R_1 \otimes \iota)$;

(ii) $(\Delta \otimes \iota) R_1 = (\iota \otimes R_1)(\Delta \otimes \iota)$,

其中 m 表示乘法, 看成是从 $A \otimes A$ 到 A 的线性映射.

第一个条件说明: 对所有的 $a, b, b' \in A$,

$$R_1(a \otimes bb') = (R_1(a \otimes b))(1 \otimes b').$$

这是自然的条件, 且 T_1 自身也满足. 为了看第二个公式来自何处, 在第一因子上左乘 A 的一个元素, 则条件变为

$$(T_2 \otimes \iota)(\iota \otimes R_1) = (\iota \otimes R_1)(T_2 \otimes \iota),$$

且这是可以自然的得到, 因为有余结合性

$$(T_2 \otimes \iota)(\iota \otimes T_1) = (\iota \otimes T_1)(T_2 \otimes \iota).$$

在 5.3 节, 将条件公式化到映射 $T_1 R_1$ 和 $R_1 T_1$.

完全类似地, 可以要求 T_2, T_3 和 T_4 的广义逆存在, 且满足相似的条件. 在本节的最后将看到, 对于我们考虑的例子, 这些逆自然存在.

观察到这两个条件的对称性. 这与对偶有关, 将在下面的注记中解释.

注 5.2.3 假设有两个具有余乘的代数 A 和 B, $\langle \cdot, \cdot \rangle$ 是 $A \times B$ 上的非退化的配对 (见定义 5.1.5). 显然, 余结合性条件是自对偶的, 即如果它的一个分支满足, 那么另一个也满足.

此外, $A \otimes A$ 上的 T_1 的广义逆 R_1 的伴随将会产生 $B \otimes B$ 上的 T_2 的广义逆 R_2, 且条件 5.2.2 的第一个条件将会产生 $B \otimes B \otimes B$ 上的等式:

$$(R_2 \otimes \iota)(\iota \otimes T_1) = (\iota \otimes T_1)(R_2 \otimes \iota).$$

因此, 5.2.2 的条件是自对偶的.

5.2.1　对极 S_1

首先说明关于 T_1 和 R_1 的对极 S_1 的存在性, 然后考虑其他情形.

命题 5.2.4　假设对于 T_1 有广义逆 R_1, 满足条件 5.2.2. 则存在从 A 到 A 的左乘子空间 $L(A)$ 的线性映射 S_1, 使得对所有的 $a, b \in A$,

$$R_1(a \otimes b) = \sum_{(a)} a_{(1)} \otimes S_1(a_{(2)})b.$$

最后的公式有意义的, 通过在第一个因子上左乘 A 的一个元素. 这个公式与 Hopf 代数和乘子 Hopf 代数中遇到的完全相似. 在证明之后将给出更多的评论.

证明　取 $a \in A$, 且定义 $S_1(a)$ 为: 对 $b \in A$,

$$S_1(a)b = (\varepsilon \otimes \iota)R_1(a \otimes b).$$

由 R_1 的第一个条件可得 $S_1(a)$ 是 A 的一个左乘子.

下面设 $a, b, c \in A$, 则利用 Sweedler 记号和条件 5.2.2 中关于 R_1 的第二个条件, 有

$$\begin{aligned}\sum_{(a)} ca_{(1)} \otimes S_1(a_{(2)})b &= \sum_{(a)} (\iota \otimes \varepsilon \otimes \iota)(\iota \otimes R_1)(ca_{(1)} \otimes a_{(2)} \otimes b)\\ &= (\iota \otimes \varepsilon \otimes \iota)(\iota \otimes R_1)(T_2 \otimes \iota)(c \otimes a \otimes b)\\ &= (\iota \otimes \varepsilon \otimes \iota)(T_2 \otimes \iota)(\iota \otimes R_1)(c \otimes a \otimes b)\\ &= (c \otimes 1)(R_1(a \otimes b)).\end{aligned}$$

这就是命题中的公式. □

S_1 可以完全由上述公式决定, 但是要求 Δ 是完全的. 由余单位的存在性则不能得到它.

也有一些相反结论. 若 $S_1 : A \to L(A)$ 存在且使得 R_1 由这个命题中的公式给定, 则条件 5.2.2 的条件自动满足.

注　由假设, 有 $R_1(a \otimes b) \in A \otimes A$, 这对于公式的右面 $\sum_{(a)} a_{(1)} \otimes S_1(a_{(2)})b$ 不很明显. 在乘子 Hopf 代数中也是如此. 然而, 当处理正则的对象时, 对极是双射, 这个表达式可以写为 $(\iota \otimes S_1)((1 \otimes c)\Delta(a))$, 其中 $c = S_1^{-1}(b)$, 则显然这个元素属于 $A \otimes A$.

下面两个在乘子 Hopf 代数中的著名公式在此时依然成立, 下面首先给出公式并证明, 然后说明公式的意义.

命题 5.2.5 如上命题的假设和 S_1 的定义, 则对所有的 $a \in A$,

$$\sum_{(a)} a_{(1)} S_1(a_{(2)}) a_{(3)} = a, \quad \sum_{(a)} S_1(a_{(1)}) a_{(2)} S_1(a_{(3)}) = a.$$

证明 若给定上述命题, 根据 S_1, 将 R_1 的公式代入到公式 $T_1 R_1 T_1 = T_1$ 和 $R_1 T_1 R_1 = R_1$ 中, 然后应用 ε(或 Δ 的完全性), 可以得到此两个公式. □

注 5.2.6 (i) 首先考虑第一个公式. 设 $b \in A$, 有 $\Delta(a)(1 \otimes b)$ 属于 $A \otimes A$. 把这个元素写作 $\sum_i p_i \otimes q_i$, 其中 $p_i, q_i \in A$. 那么有

$$\sum_{(a)} a_{(1)} S_1(a_{(2)}) a_{(3)} b = \sum_{i,(p_i)} p_{i(1)} S_1(p_{i(2)}) q_i,$$

并且这在 A 中是良定义的, 是因为元素 $\sum_{(p)} p_1 \otimes S_1(p_{(2)}) q$ 属于 $A \otimes A$ 中, 对于所有的 $p, q \in A$.

(ii) 对于第二个公式, 同样设 $b \in A$, 并且利用上面的 $\sum_{(a)} a_{(1)} \otimes S_1(a_{(2)}) b$ 在 $A \otimes A$ 中. 如果把这个元素写作 $\sum_i p_i \otimes q_i$, 其中 $p_i, q_i \in A$, 那么

$$\sum_{(a)} S_1(a_{(1)}) a_{(2)} S_1(a_{(3)}) b = \sum_{i,(p_i)} S_1(p_{i(1)}) p_{i(2)} q_i.$$

同样, 这在 A 中也是良定义的.

在 A 到自身的线性映射构成的卷积代数中, 以上公式可以用 $\iota * S_1 * \iota = \iota$ 和 $S_1 * \iota * S_1 = S_1$ 来说明.

满足上述命题中的公式的 S_1 产生了满足自然假设的 T_1 的广义逆 R_1.

定义 5.2.7 S_1 称为关于 T_1 的逆 R_1 的对极.

5.2.2 其他对极 S_2, S_3 和 S_4

对于 T_2, 可以用完全相似的方法来处理. 对于广义的 R_2 的逆, 有如下自然的假设: 当 $a, a' \in A$ 时,

(iii) $R_2(aa' \otimes b) = (a' \otimes 1) R_2(a \otimes b)$;

(iv) $(\iota \otimes \Delta) R_2(a \otimes b) = (R_2 \otimes \iota)(\iota \otimes \Delta)(a \otimes b)$.

最后一个等式等价于

$$(\iota \otimes T_1)(R_2 \otimes \iota) = (R_2 \otimes \iota)(\iota \otimes T_1).$$

这将产生一个从 A 到 A 的右乘子 $R(A)$ 的线性映射 S_2, 并且满足如下的等式: 对所有的 $a, b \in A$,

$$R_2(a \otimes b) = \sum_{(b)} a S_2(b_{(1)}) \otimes b_{(2)}.$$

称为关于 T_2 的逆 R_2 的对极, 并且同样满足以下两个等式: 对于 A 中的所有 a,

$$\sum_{(a)} a_{(1)}S_2(a_{(2)})a_{(3)} = a, \qquad \sum_{(a)} S_2(a_{(1)})a_{(2)}S_2(a_{(3)}) = a.$$

在正则的情况下, 同样分别有关于 T_3 和 T_4 的逆 R_3 和 R_4 的对极 S_3 和 S_4, 且分别可以由如下的公式给出:

$$R_3(a\otimes b) = \sum_{(a)} a_{(1)}\otimes bS_3(a_{(2)}) \quad \text{和} \quad R_4(a\otimes b) = \sum_{(b)} aS_4(b_{(1)})\otimes b_{(2)}$$

对所有的 $a, b \in A$, 有

$$\sum_{(a)} a_{(3)}S_i(a_{(2)})a_{(1)} = a, \quad \sum_{(a)} S_i(a_{(3)})a_{(2)}S_i(a_{(1)}) = a,$$

对于所有的 $a \in A$ 和 $i = 3, 4$.

注 5.2.8 (i) 在一般情况下, 事实上我们期望对所有的 a 都有 $S_1(a), S_2(a) \in M(A)$ 和 $S_1 = S_2$, 记作 S, 并称为对极. 此外, 在正则情况下我们期望对极 S 是 A 到其自身的映射, 而且是双射, 那样就有 $S_3 = S_4 = S^{-1}$.

(ii) 但是, 毫无疑问还需要另外的假设. 确实, 在 R_i 与其逆之间没有任何额外关系的情况下没有任何理由说明这些等式是正确的. 另一方面, 在这些逆上的假设看上去足够强使得可以唯一决定这些逆, 至少在原则上是可能的.

(iii) 在 $*$ 代数情况下, 同样期望映射 $a \mapsto S(a)^*$ 是对合的, 并且想确认在这里对合性是否必然的. 同样相信, 不单单是对这种情况而言, 哪怕仅仅是对于自然的性质, 也需要额外的假设.

在接下来的问题中, 我们试图寻找对极之间可能的联系及与其相关的可能的性质. 然而就目前而言, 结果是纯粹信息化的. 它们更应该被看作将要发现的动机的一部分. 这同样会帮助读者进一步深入的看待呈现的问题. 一种相似的方法在接下来的章节中将会得到应用.

5.2.3 对极的联系和性质

最容易考虑的情况是 $*$ 代数的情形. 事实上, 当 A 是 $*$ 代数, Δ 是 $*$ 同态时, 有

$$((\Delta(a)(1\otimes b))^* = (1\otimes b^*)\Delta(a^*),$$

对所有的 $a, b \in A$. 因此, 由 T_1 和 T_3 的定义, 有

$$T_3 = ({}^*\otimes{}^*)\circ T_1 \circ ({}^*\otimes{}^*).$$

事实上, T_3 就是如此定义使得这个等式成立. 详见注 5.1.4 后的注释.

于是很自然有如下结论:

命题 5.2.9 假设 A 是 $*$ 代数带有一个 $*$ 同态的余乘 Δ. 设 R_1 是 T_1 的一个广义逆且 S_1 是关于 T_1 的逆 R_1 的对极. 定义 R_3 如下:

$$R_3 = (^*\otimes^*) \circ R_1 \circ (^*\otimes^*).$$

那么它是 T_3 的一个广义逆, 而且对所有的 $a \in A$, 其相关的对极 S_3 满足

$$S_3(a) = S_1(a^*)^*.$$

证明 第一个叙述的证明是显然的.

为了指出对极之间的联系, 设 $a, b \in A$, 一方面 (因为由于 R_3 的假设)

$$R_3(a \otimes b) = \sum_{(a)} (a^*_{(1)} \otimes S_1(a^*_{(2)})b^*)^* = \sum_{(a)} a_{(1)} \otimes bS_1(a^*_{(2)})^*.$$

另一方面 (因为 S_3 的定义)

$$R_3(a \otimes b) = \sum_{(a)} a_{(1)} \otimes bS_3(a_{(2)}).$$

如果将 ε 应用到第一个因子, 便可得到结论. □

当然, 对于与 (T_2, R_2, S_2) 相关的三元组 (T_4, R_4, S_4), 可以得出相似的结论. 事实上, 根据惯例, 同样有

$$T_4 = (^*\otimes^*) \circ T_2 \circ (^*\otimes^*).$$

因此, 如果 R_2 是与对极 S_2 相关的 T_2 的一个广义逆, 则可以得到与对极 S_4 相关的 T_4 的一个广义逆 R_4, 使 $S_4(a) = S_2(a^*)^*$ 对于所有 $a \in A$ 都成立.

从有限维弱 Hopf 代数理论和乘子 Hopf 代数理论中可知, 在正则情况下, 对极 S 是从 A 到自身的双射, 同样也是反代数和反余代数映射. 现在, 假设有这样一个映射. 那么, 暂时假设有一个线性双射 $S : A \to A$ 使得 $S(ab) = S(b)S(a)$ 对于所有 a, b 成立, 且

$$\Delta(S(a)) = \sigma(S \otimes S)\Delta(a)$$

对所有 $a \in A$ (这里 σ 是换位映射 (flip map), 可以扩张到 $M(A \otimes A)$ 上). 则对所有 a, b, 有

$$T_1(S(a) \otimes S(b)) = \Delta(S(a))(1 \otimes S(b)) = \sigma(S \otimes S)((b \otimes 1)\Delta(a)),$$

且

$$T_2 = \sigma(S^{-1} \otimes S^{-1})T_1(S \otimes S)\sigma.$$

在此情形下, 有如下结论:

命题 5.2.10 设 $S : A \to A$ 定义如上. 令 R_1 是与对极 S_1 相关的 T_1 的广义逆. 如果定义 R_2 如下:

$$R_2 = \sigma(S^{-1} \otimes S^{-1})R_1(S \otimes S)\sigma,$$

那么它是 T_2 与对极 S_2 相关的广义逆, 并且满足

$$S_2 = S^{-1}S_1S.$$

证明同样是直接的.

于是现在有如下有趣的结论: 如果知道 S_1 是双射, 而且也是反代数和反余代数映射, 那么可以应用上述关于 S_1 的结论, 并且给定 R_1, 可以选择 R_2 使得 $S_2 = S_1$.

接下来的两个结论同样与这段注释相关.

命题 5.2.11 (i) 令 R_1 是 T_1 的广义逆, 并且假设与之相关的对极 S_1 是一个从 A 到自身的反代数双射. 那么 T_3 是从 $A \otimes A$ 到其自身的映射, 并且如果定义 R_3 如下:

$$R_3 = (\iota \otimes S^{-1})T_1(\iota \otimes S_1),$$

那么就得到了 T_3 的一个广义逆. 相关的对极满足 $S_3 = S_1^{-1}$.

(ii) 令 R_1 是 T_1 的广义逆, 并且假设与之相关的对极 S_1 是一个从 A 到自身的反余代数双射. 那么 T_4 是从 $A \otimes A$ 到其自身的映射, 并且如果定义 R_4 如下:

$$R_4 = \sigma(S_1 \otimes \iota)T_1(S_1^{-1} \otimes \iota)\sigma,$$

那么就得到了 T_4 的一个广义逆. 相关的对极满足 $S_4 = S_1^{-1}$.

证明 (i) 给定 $a, b \in A$, 有

$$R_1(a \otimes S_1(b)) = \sum_{(a)} a_{(1)} \otimes S_1(a_{(2)})S_1(b) = \sum_{(a)} a_{(1)} \otimes S_1(ba_{(2)}),$$

而且

$$T_3 = (\iota \otimes S_1^{-1})R_1(\iota \otimes S_1).$$

这就得到 T_3 是从 $A \otimes A$ 到其自身的映射. 显然, 如果令

$$R_3 = (\iota \otimes S_1^{-1})T_1(\iota \otimes S_1),$$

那么将得到 T_3 的一个逆. 通过简单的计算可以得出对于相关的对极有 $S_3 = S_1^{-1}$.

(ii) 同样给定 $a, b \in A$, 有

$$R_1(S_1^{-1}(a) \otimes b) = \sum_{(a)} S_1^{-1}(a_{(2)}) \otimes a_{(1)}b = \sigma \sum_{(a)} a_{(1)}b \otimes S_1^{-1}(a_{(2)}),$$

从上式可以得出

$$T_4 = \sigma(S_1 \otimes \iota)R_1(S_1^{-1} \otimes \iota)\sigma.$$

随即可以得出 T_4 是从 $A \otimes A$ 到其自身的映射, 并且可以定义广义逆 R_4 如下:

$$R_4 = \sigma(S_1 \otimes \iota)T_1(S_1^{-1} \otimes \iota)\sigma,$$

相关的对极 S_4 满足 $S_4 = S_1^{-1}$. □

结合之前的结论, 可以得出如下结果:

命题 5.2.12 假设 R_1 是 T_1 的广义逆, 而且它的相关的对极 S_1 是从 A 到自身的双射, 且同样也是反代数和反余代数映射. 那么余积是正则的而且可以分别定义 T_2, T_3 和 T_4 的广义逆 R_2, R_3 和 R_4 使得相关的对极满足下面关系式:

$$S_2 = S_1 \quad \text{和} \quad S_4 = S_3 = S_1^{-1}.$$

事实上, 可以找到 (A, Δ) 上的一些条件, 使得在命题 5.2.12 的证明中, 对于 R_1 和 S_1 的假设成立, 并且可以得到一个良好的对极 S. 而这正是后面章节中要做的.

定义 5.2.13 设 A 是一个代数带有一个正则的余积 Δ. 假设余积是完全的并且有一个余单位 ε. 设有一个映射 $S : A \to A$, 它既是线性双射又是反代数映射和反余代数映射, 且满足

$$\sum_{(a)} a_{(1)} S_1(a_{(2)}) a_{(3)} = a \quad \text{和} \quad \sum_{(a)} S(a_{(1)}) a_{(2)} S(a_{(3)}) = S(a),$$

对所有的 $a \in A$. 那么 (A, Δ, S) 称为统一乘子 Hopf 代数 (unifying multiplier Hopf algebra). 进一步, 如果 A 是 $*$ 代数, Δ 是 $*$ 同态而且 S 满足 $S(S(a)^*)^* = a$ 对所有 a 成立, 那么称 A 为统一乘子 Hopf $*$ 代数.

如果代数 A 有单位元, 且 Δ 是从 A 到 $A \otimes A$ 的映射, 那么称 A 为统一 Hopf $(*)$ 代数.

对极的条件与命题 5.2.4 中的条件一样, 且给出了四种典范映射的广义逆, 这些逆满足自然的的要求 (如条件 5.2.2). 同样, 在定义 5.2.13 中, 所有条件在注 5.2.3 解释的意义下都是自对偶的.

对于如上定义的统一乘子 Hopf 代数, 可以考虑它的源 (source) 映射和目标 (target) 映射 ε_s 和 ε_t, 定义如下:

$$\varepsilon_s(a) = \sum_{(a)} S(a_{(1)}) a_{(2)} \quad \text{和} \quad \varepsilon_t(a) = \sum_{(a)} a_{(1)} S(a_{(2)})$$

对所有 $a \in A$. 这些映射的值域在乘子代数 $M(A)$ 中[129].

关于统一乘子 Hopf 代数的研究参见文献 [128].

当然, 不能期望这是弱乘子 Hopf 代数的最终定义. 事实上, 不能说明有限维统一 (乘子)Hopf 代数是弱 Hopf 代数. 必须增加额外的条件在余单位 (关于代数的积) 和 (对偶地) 代替 $\Delta(1)$ 的幂等元上, 这将在下一节中说明.

先通过一些具体实例来论证这一节中的定义和结论.

例 5.2.14 (i) 首先考虑命题 5.1.6 中的例子. 存在对极 S, 定义如下：对 $f \in K(G), p \in G$, $s(f)(p) = f(p^{-1})$. 应用的基本性质是 $pp^{-1}p = p$ 和 $p^{-1}pp^{-1} = p^{-1}$, 对于所有的 $p \in G$. 明显地, 有在定义 5.2.13 中统一乘子 Hopf 代数的所有条件.

(ii) 另外, 考虑命题 5.1.7 中的例子. 这里对极 S 是通过 $S(\lambda_p) = \lambda_{p^{-1}}, \forall p \in G$ 给出的. 接下来的情形与第一个例子一样.

例 5.2.15 在有限维弱 Hopf 代数中, 满足定义 5.2.13 中的所有条件 (参见文献 [6] 中的引理 2.8 和命题 2.10 以及文献 [83] 中的命题 2.3.1). 所以任何有限维弱 Hopf 代数在以上定义的意义下都是统一 Hopf 代数[146].

5.3 $M(A \otimes A)$ 中的幂等元 E 和相关元素 F_1 和 F_2

本节将讨论产生弱乘子 Hopf 代数定义的最终假设.

我们的起点仍旧是由非退化代数 A 和 A 的余积 Δ 的构成的组 (A, Δ) (参见定义 5.1.1). 在本节稍后, 需要 A 是幂等的, 因此在这里假设如此. 还假设 Δ 是完全的 (参见定义 5.1.10)，而且 A 有一个余单位 ε (参见定义 5.1.8). 在 $*$ 代数中, 假设 Δ 是一个 $*$ 同态.

考虑映射 T_1 和 T_2 并且假设有广义逆 R_1 和 R_2 满足必要条件 (参见条件 5.2.2) 使得存在与之相关的对极 S_1 和 S_2, 如在之前章节里讨论的那样. 如果余积 Δ 是正则的 (参见定义 5.1.3), 同样考虑映射 T_3 和 T_4, 并且假设它们有与对极 S_3 和 S_4 相关的广义逆 R_3 和 R_4.

暂时不会要求这些逆有如上一节最后讨论的关系 (如命题 5.2.9). 然而它们中的一部分会在本节的最后予以重新考虑.

另一方面, 本节将会考虑关于幂等映射 T_1R_1 与 T_2R_2 和幂等映射 R_1T_1 与 R_2T_2 的附加条件, 将会看到这些关于逆 R_1 和 R_2 的条件在新的状况下得到的结论. 相反地, 将试图从幂等映射的公式和条件获得关于逆的公式和条件.

下面将讨论新的假设并且从不同方面讨论, 以观察这些结论是显然的, 并将会指出它们在基本例子中是满足的. 并且非常重要的是, 将会看到它们是如何密切相关的, 最后在下一节中给出弱乘子 Hopf 代数的一个良好的概念.

5.3.1 幂等元 E 及其相关性质

第一个假设是关于幂等元 T_1R_1 和 T_2R_2 的乘积. 这是一个初步假设, 之后将进一步加强这个假设 (参见假设 5.3.4).

假设 5.3.1 假设广义逆 R_1 和 R_2 以如下的方式选择: 对所有的 $a,a',b,b'\in A$,

(i) $T_1R_1(aa'\otimes b)=(T_1R_1(a\otimes b))(a'\otimes 1)$;

(ii) $T_2R_2(a\otimes b'b)=(1\otimes b')T_2R_2(a\otimes b)$.

因为对于 T_1 和 R_1(条件 5.2.2), 已经有关于其他因子乘积的性质, 如果同样假设此条性质, 可以推得 T_1R_1 是 $A\otimes A$ 的左乘子. 相似地, T_2R_2 是一个右乘子. 这使接下来的定义成为可能.

记号 5.3.2 定义 $A\otimes A$ 的一个左乘子 E 和一个右乘子 E' 如下: 对于 $a,b\in A$, 有

$$E(a\otimes b)=T_1R_1(a\otimes b),\quad (a\otimes b)E'=T_2R_2(a\otimes b).$$

有 $E^2=E$ 和 $E'^2=E'$, 因为 T_1R_1 和 T_2R_2 是幂等映射.

同样, T_1 的值域是 $E(A\otimes A)$ 而 T_2 的值域是 $(A\otimes A)E'$. 但是, 注意到这些假设需要 T_1 和 T_2 的值域有这样的形式, 而且可以选择具有额外性质的逆 R_1 和 R_2. 当然, 这种选择只有在这些假设的条件下才是可行的.

接下来的引理将会引出在一些微弱条件下这些幂等元的唯一性.

引理 5.3.3 假设有 $M(A\otimes A)$ 中两个幂等元 E 和 E', 使得

$$E'(A\otimes A)\subseteq E(A\otimes A),\quad (A\otimes A)E\subseteq (A\otimes A)E',$$

那么 $E=E'$.

证明 取 $a,b\in A$. 在这个证明中再次利用 1 作为单位映射. 从这些假设可以得到

$$(1-E)E'(a\otimes b)\in(1-E)E(A\otimes A),$$
$$(a\otimes b)E(1-E')\in(A\otimes A)E'(1-E'),$$

并且因为 $(1-E)E=0$ 和 $E'(1-E')=0$, 所以 $(1-E)E'=0$ 并且 $E(1-E')=0$. 从而推导出 $E=E'$. □

如果有一个幂等元 $E\in M(A\otimes A)$ 使得 $E(A\otimes A)=\mathrm{Ran}(T_1)$ 和 $(A\otimes A)E=\mathrm{Ran}(T_2)$($\mathrm{Ran}(T_1)$ 表示 T_1 的值域, 对 $\mathrm{Ran}(T_2)$ 类似), 那么这个幂等元是唯一的. 基于此, 接下来用更强的假设来代替假设 5.3.1.

假设 5.3.4 假设有广义逆 R_1 和 R_2 使得存在一个幂等元 $E\in M(A\otimes A)$ 满足: 对所有 $a,b\in A$, 有

$$T_1R_1(a\otimes b)=E(a\otimes b)\quad 和\quad T_2R_2(a\otimes b)=(a\otimes b)E.$$

当然, 这个幂等元将扮演 $\Delta(1)$ 的角色. 事实上, 有如下结论以佐证此论述.

命题 5.3.5 幂等元 E 是 $M(A\otimes A)$ 中满足如下性质的最小元素：对 $\forall a\in A$, 有

$$E\Delta(a)=\Delta(a) \quad 和 \quad \Delta(a)E=\Delta(a).$$

证明 由 E 的定义有

$$E(T_1(a\otimes b))=T_1R_1T_1(a\otimes b)=T_1(a\otimes b),$$

并由此得知对所有 $a,b\in A$, $E(\Delta(a)(1\otimes b))=\Delta(a)(1\otimes b)$. 因为积是非退化的, $E\Delta(a)=\Delta(a)$, 对所有 a 成立. 同理, 由 $(a\otimes b)E=T_2R_2(a\otimes b)$, 从 T_2 的定义得到对所有 a, $\Delta(a)E=\Delta(a)$.

现在假设 E' 是 $M(A\otimes A)$ 的另一个幂等元使得 $E'\Delta(a)=\Delta(a)$ 和 $\Delta(a)E'=\Delta(a)$ 对所有 a 均成立. 那么可以推出 $E'T_1(a\otimes b)=T_1(a\otimes b)$, 并由此可以得出 $E'E=E$. 同理可以得出 $EE'=E$, 这就是假设 E 小于 E'. □

在对合的情况下, 有 $E^*=E$. 事实上, 因为现在假设 Δ 是一个 $*$ 同态, 可以推出对所有的 a, $E^*\Delta(a)=\Delta(a)=\Delta(a)E^*$. 并且由之前的结论可以得出 $EE^*=E^*E=E$. 由此得出 $E=E^*$.

在正则情况下, 应该对逆 R_3 和 R_4 给出类似的假设, 即应该要求对所有 $a,b\in A$, 有

$$(a\otimes b)E=T_3R_3(a\otimes b), \quad E(a\otimes b)=T_4R_4(a\otimes b).$$

之后会论证这一点 (详见命题 5.3.9 之后的注释和下一节).

在研究幂等元 E 之前, 首先看一些具体的例子, 并在这些基本的例子中指出这些额外的条件是满足的.

例 5.3.6 (i) 首先考虑命题 5.1.6 及例 5.2.14 (i) 中的情况. 如果对 R_1 和 R_2 再次运用显然的对极 S, 则有

$$(T_1R_1f)(p,q)=f(pqq^{-1},q),$$
$$(T_2R_2f)(p,q)=f(p,p^{-1}pq),$$

其中 $f\in K(G)$, $p,q\in G$ 使得 pq 是有定义的, 即 $t(q)=s(p)$, 在其他情况下, 结果为 0. 在 $T_1R_1f=Ef$ 和 $T_2R_2f=Ef$ 的两种情况下有上面的结果, 其中 E 是 $G\times G$ 上的函数：当 pq 有定义时, 在 (p,q) 上取值为 1, 其他为 0. 注意到代数是交换的. 所以, 假设 5.3.4 是成立的. 当然, 由命题 5.1.6 之后的注释后可知 E 是 $\Delta(1)$ 的候选.

(ii) 考虑命题 5.1.7 及例 2.1.4 (ii) 中的对偶情况. 为了定义 R_1 和 R_2, 考虑显然的对极 S. 对 $p,q\in G$ 有

$$T_1R_1(\lambda_p\otimes\lambda_q)=\lambda_p\otimes\lambda_{pp^{-1}q},$$
$$T_2R_2(\lambda_p\otimes\lambda_q)=\lambda_{pq^{-1}q}\otimes\lambda_q.$$

这里为了得到非 0 的结果, 要求对第一个等式有 $t(q)=t(p)$, 对第二个等式有 $s(q)=s(p)$. 所以, 如果 E 的定义为 $\sum_e\lambda_e\otimes\lambda_e$ (这里, 求和是对所有的单位元 e 而言), 那么可以得出 T_1R_1 是 E 的左乘子而 T_2R_2 是 E 的右乘子. 同样假设 5.3.4 也是成立的. 由命题 5.1.7 之后的注可知 E 同样是 $\Delta(1)$ 的一个候选.

例 5.3.7 在有限维弱 Hopf 代数 (A,Δ) 的情形下, 有同样的结果. 如果 S 是对极且 R_1 和 R_2 是通过这个对极定义的, 那么得到 (运用文献 [83] 中的定义 2.1.1 和命题 2.2.1)

$$\begin{aligned}T_1R_1(a\otimes b)&=\sum_{(a)}a_{(1)}\otimes a_{(2)}S(a_{(3)})b\\&=\sum_{(a)}a_{(1)}\otimes\varepsilon_t(a_{(2)})b\\&=\Delta(1)(a\otimes b),\end{aligned}$$

对所有 $a,b\in A$. 类似有 $T_2R_2(a\otimes b)=(a\otimes b)\Delta(1)$. 所以正如预期的一样, 由 $E=\Delta(1)$ 知假设满足.

幂等元 E 已经被考虑为 $\Delta(1)$ 的替代, 这点在命题 5.3.5 中已经详细论证过了. 这里有一些新颖而重要的结论.

命题 5.3.8 Δ 有唯一一个同态扩张 $\Delta_1:M(A)\to M(A\otimes A)$, 并且满足 $\Delta_1(1)=E$.

对于这一命题的详细证明可参考附录, 这里只说明这种扩张的刻画：

$$\Delta_1(m)(\Delta(a)(1\otimes b))=\Delta(ma)(1\otimes b)\quad 和\quad ((a\otimes 1)\Delta(b))\Delta_1(m)=(a\otimes 1)\Delta(bm),$$

对所有 $a,b\in A$ 和 $m\in M(A)$, 及对所有 $m\in M(A)$, 有

$$\Delta_1(m)=\Delta_1(m)E,\quad \Delta_1(m)=E\Delta_1(m).$$

这里要求代数 A 是幂等的. 和往常一样, 把这种扩张仍然记作 Δ.

类似地, 可以将同态 $\Delta\otimes\iota$ 和 $\iota\otimes\Delta$ 扩张到从 $M(A\otimes A)$ 到 $M(A\otimes A\otimes A)$ 的代数同态：对所有的 $m\in M(A\otimes A)$, 有

$$(\Delta\otimes\iota)(m)=(\Delta\otimes\iota)(m)(E\otimes 1)\quad 和\quad (\Delta\otimes\iota)(m)=(E\otimes 1)(\Delta\otimes\iota)(m).$$

由这些定义, 可以得出如下结论：

命题 5.3.9 $(\Delta\otimes\iota)(E)=(1\otimes E)(E\otimes 1)$, $(\iota\otimes\Delta)(E)=(1\otimes E)(E\otimes 1)$.

证明　因为对 T_1(通过定义) 和 R_1 (通过假设) 有交换律,

$$(\Delta \otimes \iota)T_1R_1 = (\iota \otimes T_1R_1)(\Delta \otimes \iota).$$

如果将这个等式应用到 $a \otimes b$, 因为 $\Delta \otimes \iota$ 仍是 $M(A \otimes A)$ 的同态, 则有

$$(\Delta \otimes \iota)(E)(\Delta(a) \otimes b) = (1 \otimes E)(\Delta(a) \otimes b),$$

对所有 $a, b \in A$. 这说明

$$(\Delta \otimes \iota)(E) = (\Delta \otimes \iota)(E)(E \otimes 1) = (1 \otimes E)(E \otimes 1),$$

这里利用了公式 $(\Delta \otimes \iota)(m) = (\Delta \otimes \iota)(m)(E \otimes 1), \forall m \in M(A \otimes A)$. 这样就证明了第一个公式.

同理, 由

$$(\iota \otimes \Delta)T_2R_2 = (T_2R_2 \otimes \iota)(\iota \otimes \Delta),$$

可以推出第二个公式. □

因此, 特别地, $(\Delta \otimes \iota)(E) = (\iota \otimes \Delta)(E)$. 同样, 对每一个乘子 $m \in M(A)$ 有

$$(\Delta \otimes \iota)(\Delta(m)) = (\iota \otimes \Delta)(\Delta(m)).$$

下面将考虑正则的情况. 由对合的情形开始. 令 A 是一个 $*$ 代数而 Δ 是一个 $*$ 同态. 在引理 5.3.3 中的结论知 $E^* = E$. 又由 $(\iota \otimes \Delta)(E) = (1 \otimes E)(E \otimes 1)$, 再由伴随可以得知 $(\iota \otimes \Delta)(E) = (E \otimes 1)(1 \otimes E)$, 且 $(1 \otimes E)$ 和 $(E \otimes 1)$ 可交换.

正如命题 5.2.9 所示, 给定 R_1, 可以选取 $R_3 = ({}^* \otimes {}^*) \circ R_1 \circ ({}^* \otimes {}^*)$, 对 T_3 和 T_1 有相似的公式, 有

$$T_3R_3 = ({}^* \otimes {}^*) \circ T_1R_1 \circ ({}^* \otimes {}^*).$$

因为 $E^* = E$, 故可以推出 $T_3R_3(a \otimes b) = (a \otimes b)E$.

这表明即便在一般正则情况下, 自然的假设对所有 a, b 有 $T_3R_3(a \otimes b) = (a \otimes b)E$. 如果利用已给出的 T_3 和 R_3 与 $(\Delta \otimes \iota)$ 的交换律, 便可得到

$$(\Delta(a) \otimes b)(\Delta \otimes \iota)(E) = (\Delta(a) \otimes b)(\iota \otimes E),$$

从此可以推出

$$(\Delta \otimes \iota)(E) = (E \otimes 1)(1 \otimes E).$$

再由命题 5.3.9 中的 $(\Delta \otimes \iota)(E) = (1 \otimes E)(E \otimes 1)$, 同样可以得到 $(1 \otimes E)$ 和 $(E \otimes 1)$ 可交换.

这就导致了如下自然的假设:

假设 5.3.10 假设

$$(E\otimes 1)(1\otimes E)=(1\otimes E)(E\otimes 1).$$

这推出

$$(\Delta\otimes\iota)(E)=(1\otimes E)(E\otimes 1)=(E\otimes 1)(1\otimes E).$$

在这种条件下, 可以证明下面的交换律.

命题 5.3.11 (i) $(\iota\otimes\Delta)T_1R_1=(T_1R_1\otimes\iota)(\iota\otimes\Delta)$;

(ii) $(\Delta\otimes\iota)T_2R_2=(\iota\otimes T_2R_2)(\Delta\otimes\iota)$.

证明 由对所有 $a,b\in A$, $T_1R_1(a\otimes b)=E(a\otimes b)$ 成立可以把第一个公式写为

$$(\Delta\otimes\iota)(E)(a\otimes\Delta(b))=(E\otimes 1)(a\otimes\Delta(b)),$$

对所有 $a,b\in A$. 消去 a 并令 $\Delta(b)=E\Delta(b)$, 由假设 5.3.10 即可推出 (i). 同理可得 (ii). □

可以给出一些逆向的结论. 事实上, 如果满足命题 5.3.11 中的一个性质, 便可推出假设 5.3.10. 为了证明这点, 将证明中的公式与 $1\otimes 1\otimes c$ 相乘并且由 T_1 的值域等于 $E(A\otimes A)$, 这说明由 (i) 可以推出 $(\Delta\otimes\iota)(E)=(E\otimes 1)(1\otimes E)$.

注 如果把假设 5.3.1 中对 T_1R_1 和 T_2R_2 中的假设写作

$$T_1R_1(m^{\mathrm{op}}\otimes\iota)=(m^{\mathrm{op}}\otimes\iota)(\iota\otimes T_1R_1)\quad 和\quad T_2R_2(\iota\otimes m^{\mathrm{op}})=(\iota\otimes m^{\mathrm{op}})(T_2R_2\otimes\iota),$$

那么易知. 这些条件与命题 5.3.11 中的条件几乎都是对偶的. 如果这些条件被写作 R_1T_1 和 R_2T_2 而非 T_1R_1 和 T_2R_2, 那么可以得到对偶条件.

现在可以看出, 假设 5.3.10 在上面例子中都是满足的. 在 $A=K(G)$ (例 5.3.6 (i) 中, 代数是交换的. 在 $A=\mathbb{C}G$ (例 5.3.6 (ii)) 中, 立刻可以推出

$$(\iota\otimes\Delta)(E)=(\Delta\otimes\iota)(E)=\sum_e \lambda_e\otimes\lambda_e\otimes\lambda_e$$

(这里, 求和是遍及 G 中所有的单位元 e 的), 并且确实等于 $(1\otimes E)(E\otimes 1)$ 和 $(E\otimes 1)(1\otimes E)$.

在弱 Hopf 代数中, 这些等式都是成立的, 事实上, 它们是公理的一部分.

5.3.2 幂等映射 R_1T_1 和 R_2T_2 中的条件

之前观察了幂等映射 T_1R_1 和 T_2R_2 并且发现了 $M(A\otimes A)$ 中幂等元 E 的合理的条件, 可代替 $\Delta(1)$ 且满足一些期望的条件. 现在观察幂等元 R_1T_1 和 R_2T_2, 通过对偶将发现一些自然的条件. 这是基于映射 R_1T_1 和 R_2T_2 与 T_1R_1 和 T_2R_2 是彼此对偶的.

在 $A \otimes A \otimes A$ 上有如下性质:

$$T_1(\iota \otimes m) = (\iota \otimes m)(T_1 \otimes \iota) \quad \text{和} \quad T_2(m \otimes \iota) = (m \otimes \iota)(\iota \otimes T_2),$$

而在 $A \otimes A$ 上有如下性质:

$$(\Delta \otimes \iota)T_1 = (\iota \otimes T_1)(\Delta \otimes \iota) \quad \text{和} \quad (\iota \otimes \Delta)T_2 = (T_2 \otimes \iota)(\iota \otimes \Delta).$$

第二个假设与第一个是对偶的. 在 5.2 节假设了对于广义逆 R_1 和 R_2 相同的交换律, 同样, 把这些法则应用到映射 T_1R_1, R_1T_1, T_2R_2 和 R_2T_2 中. 下面把这些法则叫做原始交换律.

在本节的前两项内容里, 增加的这些所谓的新交换律可以描述如下: 在 $A \otimes A \otimes A$ 上,

$$T_1R_1(m^{\mathrm{op}} \otimes \iota) = (m^{\mathrm{op}} \otimes \iota)(\iota \otimes T_1R_1) \quad \text{和} \quad T_2R_2(\iota \otimes m^{\mathrm{op}}) = (\iota \otimes m^{\mathrm{op}})(T_2R_2 \otimes \iota),$$

在 $A \otimes A$ 上

$$(\iota \otimes \Delta)T_1R_1 = (T_1R_1 \otimes \iota)(\iota \otimes \Delta) \quad \text{和} \quad (\Delta \otimes \iota)T_2R_2 = (\iota \otimes T_2R_2)(\Delta \otimes \iota).$$

第一对公式是对已经在假设 5.3.1 中提到过的假设的改进, 而第二对公式则是对在假设 5.3.10 中提到且在命题 5.3.11 中证明过的假设的改进.

但是这些新条件并不是自对偶的, 因为对偶条件必须给出包括其他幂等映射 R_1T_1 和 R_2T_2 的交换律.

对偶法则 (见定义 5.1.5) 一个直接的应用便是这四种新的法则的对偶. 称为第二种新交换律.

假设 5.3.12 假设在 $A \otimes A \otimes A$ 上

$$R_1T_1(m \otimes \iota) = (m \otimes \iota)(\iota \otimes R_1T_1) \quad \text{和} \quad R_2T_2(\iota \otimes m) = (\iota \otimes m)(R_2T_2 \otimes \iota),$$

在 $A \otimes A$ 上,

$$(\iota \otimes \Delta^{\mathrm{cop}})R_1T_1 = (R_1T_1 \otimes \iota)(\iota \otimes \Delta^{\mathrm{cop}}) \quad \text{和} \quad (\Delta^{\mathrm{cop}} \otimes \iota)R_2T_2 = (\iota \otimes R_2T_2)(\Delta^{\mathrm{cop}} \otimes \iota).$$

所以, 利用对偶可知这些假设是合理的. 从下面的注释可知这些假设也是自然的.

注 5.3.13 (i) 假设在 5.2 节定义的与 R_1 相关的对极 S_1 是从 A 到自身的双射和反代数同态. 那么有

$$R_1(a \otimes S(b)) = \sum_{(a)} a_{(1)} \otimes S(a_{(2)})b = \sum_{(a)} a_{(1)} \otimes S_1(ba_{(2)}),$$

对所有 $a,b\in A$. 由此可得

$$R_1=(\iota\otimes S_1)T_3(\iota\otimes S_1^{-1}).$$

如果选定 R_3 (如命题 5.2.11) 使得

$$T_1=(\iota\otimes S_1)R_3(\iota\otimes S_1^{-1}),$$

可以推出

$$R_1T_1=(\iota\otimes S_1)T_3R_3(\iota\otimes S_1^{-1}).$$

现在, 如之前解释的那样, 期望

$$T_3R_3(a\otimes b)=(a\otimes b)E,$$

并由此推得

$$R_1T_1(a\otimes S_1(b))=(\iota\otimes S_1)((a\otimes b)E).$$

(2) 这将可以证明假设

$$R_1T_1(a'a\otimes b)=(a'\otimes 1)R_1T_1(a\otimes b),$$

对所有 $a,a',b\in A$. 同理, 如果处理与 R_2 相关的对极 S_2, 可得对所有 $a,b,b'\in A$, 有

$$R_2T_2(a\otimes bb')=(R_2T_2(a\otimes b))(1\otimes b').$$

当然, 当没有对对极 S_1 和 S_2 进行任何假设时, 运用对偶是较好的推理.

再次说明一下, 这些假设是关于核 $\mathrm{Ker}(T_1)$ 和 $\mathrm{Ker}(T_2)$ 的重要条件, 而假设 5.3.1 中的假设是关于值域 $\mathrm{Ran}(T_1)$ 和 $\mathrm{Ran}(T_2)$ 的首要条件. 这一点在之前已经提到过.

由注 5.3.13 可知

$$R_1T_1(a\otimes b)=(a\otimes 1)F_1(1\otimes b),$$

$$R_2T_2(a\otimes b)=(a\otimes 1)F_2(1\otimes b),$$

对所有 $a,b\in A$, 其中 $F_1=(\iota\otimes S_1)E$, $F_2=(S_2\otimes\iota)E$. 事实上, 作为假设 5.3.12 中额外假设的结果, 可以得到给出幂等元 R_1T_1 和 R_2T_2 作为乘子的公式, 可以将其与记号 5.3.2 中的公式相比较.

命题 5.3.14 存在 $A\otimes A^{\mathrm{op}}$ 的右乘子 F_1 和 $A^{\mathrm{op}}\otimes A$ 的左乘子 F_2 使得对所有 $a,b\in A$, 在 $A\otimes A$ 中有如下式子:

$$R_1T_1(a\otimes b)=(a\otimes 1)F_1(1\otimes b),$$

$$R_2T_2(a\otimes b)=(a\otimes 1)F_2(1\otimes b).$$

证明非常简单. 利用原始的和新的交换性质可得

$$R_1T_1(a'a\otimes b)=(a'\otimes 1)(R_1T_1(a\otimes b)),$$
$$R_1T_1(a\otimes bb')=(R_1T_1(a\otimes b))(1\otimes b'),$$

对所有 $a,a',b,b'\in A$ 成立. 同样对 R_2T_2 有类似结论.

注 对幂等元 T_1R_1 和 T_2R_2, 已经添加了关于两者的额外条件 (假设 5.3.4). 我们期望 F_1 和 F_2 之间有某些联系, 但是这不是简单的, 将在下一节讨论. 另一方面, 从关于余乘的原始的和新的交换律可得到下面的公式. 将之与命题 5.3.9 中关于 E 的公式进行对比.

命题 5.3.15 (i) $(\Delta\otimes\iota)F_1=(E\otimes 1)(1\otimes F_1)$ 和 $(\iota\otimes\Delta)F_2=(F_2\otimes 1)(1\otimes E)$;
(ii) $(\iota\otimes\Delta)F_1=(F_1)_{13}(1\otimes E)$ 和 $(\Delta\otimes\iota)F_2=(E\otimes 1)(F_2)_{13}$.

已经将代数同态 $\Delta\otimes\iota$ 和 $\iota\otimes\Delta$ 扩充到乘子代数 $M(A\otimes A)$, 这里应用这些映射到左和右乘子. 然而, 可以像在下面证明中的那样用右乘一个 A 中的元素来解释这些公式.

证明 将下面的原始公式与命题 5.3.14 中的公式联系起来:

$$(\Delta\otimes\iota)R_1T_1=(\iota\otimes R_1T_1)(\Delta\otimes\iota),$$
$$(\iota\otimes\Delta)R_2T_2=(\iota\otimes T_2R_2)(\iota\otimes\Delta),$$

可以容易地得到 (i). 比如, 考虑 (i) 中的第一个公式, 将它应用到 $a\otimes b$, $a,b\in A$, 得到

$$(\Delta\otimes\iota)((a\otimes 1)F_1(1\otimes b))=(\Delta(a)\otimes\iota)(1\otimes F_1)(1\otimes 1\otimes b).$$

消去 b, 有

$$(\Delta\otimes\iota)((a\otimes 1)F_1)=(\Delta(a)\otimes 1)(1\otimes F_1),$$

考虑到 $\Delta\otimes\iota$ 的扩充, 上式说明 $(\Delta\otimes\iota)F_1=(E\otimes 1)(1\otimes F_1)$. 同理, 第二个公式成立.

将下面的公式与命题 5.3.14 中的公式结合起来

$$(\iota\otimes\Delta^{\mathrm{cop}})R_1T_1=(R_1T_1\otimes\iota)(\iota\otimes\Delta^{\mathrm{cop}}),$$
$$(\Delta^{\mathrm{cop}}\otimes\iota)R_2T_2=(\iota\otimes R_2T_2)(\Delta^{\mathrm{cop}}\otimes\iota),$$

应用换位映射 (flip map) 得到: 对所有的 $a,b\in A$, 有

$$(\iota\otimes\Delta)(F_1(1\otimes b))=(F_1)_{13}(1\otimes\Delta(b)),$$
$$(\Delta\otimes\iota)((a\otimes 1)F_2)=(\Delta(a)\otimes 1)(F_2)_{13}.$$

这就给出了命题的第二组公式. □

下面先给出另一个非常重要的注释.

注 5.3.16 (i) 由 E 的介绍, 可对 T_1 和 T_2 的值域投射做出选择. 由 F_1 和 F_2, T_1 和 T_2 核上的投射做相同的工作, 则决定了广义逆 R_1 和 R_2. 因此元素 E, F_1 和 F_2 决定逆 R_1 和 R_2, 见定义 5.2.1 后的注.

(ii) 逆 R_1 和 $\iota\otimes m$ 的交换律 (见条件 5.2.2) 是自动满足的, 因为交换律对 T_1, T_1R_1 和 R_1T_1 都成立. 对于逆 R_2 类似.

(iii) 最终地, R_1 和 $\Delta\otimes\iota$ 的交换律 (见条件 5.2.2) 也是自动满足的, 因为根据包含 Δ 和 E 的公式 (命题 5.3.9、命题 5.3.10), 交换律对于 T_1, T_1R_1 和 R_1T_1 是正确的. 对于逆 R_2 类似.

(iv) 应用 5.2 节的结果, 幂等元上的这些条件将导致与之相关的对极 S_1 和 S_2 的存在性. 因此, 这节的条件强于上节.

本节最后的例子中将考虑这些额外的假设.

5.3.3 E, F_1 和 F_2 之间的关系

对于 T_1 和 T_2 的值域, 容易联系它们: 简单地取假设 5.3.4 中的 $E=E'$(由记号 5.3.2). 然而, 如之前提到的, 对于乘子 F_1 和 F_2 没有简单的等价条件.

由本节早期的讨论, 若 S_1 是双射的反代数同态, 我们期望 $F_1=(\iota\otimes S_1)E$. 类似地, 若 S_2 是双射的反代数同态, 我们期望 $F_2=(S_2\otimes\iota)E$.

然而, 若假设 S_1, S_2 相等, 则有例外的方式联系 E, F_1 和 F_2, 这将在下一命题中得到. 特别地, 我们将看到对极如何满足期望的性质.

命题 5.3.17 对极 S_1, S_2 相等当且仅当

$$E_{13}(F_1\otimes 1)=E_{13}(1\otimes E) \quad \text{和} \quad (1\otimes F_2)E_{13}=(E\otimes 1)E_{13}.$$

证明 回顾 S_1 是作为左乘子被定义, S_2 作为右乘子被定义, 因此 S_1, S_2 相等意味着对所有的 $a,b,c\in A$, $c(S_1(a)b)=(cS_2(a))b$.

对 A 中的所有 a, 有

$$\sum_{(a)}(E\otimes 1)(a_{(1)}\otimes 1\otimes a_{(2)})=\sum_{(a)}a_{(1)}\otimes a_{(2)}S_1(a_{(3)})\otimes a_{(4)},$$

$$\sum_{(a)}(a_{(1)}\otimes 1\otimes 1)(1\otimes F_2)(1\otimes 1\otimes a_{(2)})=\sum_{(a)}a_{(1)}\otimes a_{(2)}S_2(a_{(3)})\otimes a_{(4)}.$$

因此, $(E\otimes 1)E_{13}=(1\otimes F_2)E_{13}$, 当且仅当对于所有 a, 有

$$\sum_{(a)}a_{(1)}S_1(a_{(2)})=\sum_{(a)}a_{(1)}S_2(a_{(2)}).$$

类似地, $E_{13}(1\otimes E)=E_{13}(F_1\otimes 1)$, 当且仅当对于所有 a, 有

$$\sum_{(a)} S_1(a_{(1)})a_{(2)}=\sum_{(a)} S_2(a_{(1)})a_{(2)}.$$

特别地, 如果 $S_1=S_2$, 则得到结论.

另一方面, 如果这些公式都满足条件, 通过上面的结果可得, 对所有 a, 有

$$\begin{aligned} S_1(a) &= \sum_{(a)} S_1(a_{(1)})a_{(2)}S_1(a_{(3)}) \\ &= \sum_{(a)} S_2(a_{(1)})a_{(2)}S_1(a_{(3)}) \\ &= \sum_{(a)} S_2(a_{(1)})a_{(2)}S_2(a_{(3)}) \\ &= S_2(a). \end{aligned}$$

□

前面命题的结果非常出色, 并且证明是最后定义的关键所在, 下面对此进行解释.

注 5.3.18 (i) 首先可以观察到命题中的公式决定了 F_1 和 F_2. 例如, 假设 $a\in A$ 并且 $E(a\otimes 1)=0$. 这表明对于所有 $b,c\in A$, $\Delta(b)(a\otimes c)=0$. 因为余积被认为是完全的, 便可得到对所有 $d\in A$, $da=0$. 然后有 $a=0$, 这是因为乘积是非退化的. 因此 F_1 完全由公式 $E_{13}(F_1\otimes 1)=E_{13}(1\otimes E)$ 决定. 类似地, 如果 $a\in A$ 并且 $(1\otimes a)E=0$, 那么 $a=0$. 这将表明 F_2 由公式 $(1\otimes F_2)E_{13}=(E\otimes 1)E_{13}$ 决定.

(ii) 事实上, 这两个公式能够用于定义乘子 F_1 和 F_2.

(iii) 不仅如此, 用 (i) 中的观察可以相对容易得到, F_1 和 F_2 这两个元素必须满足命题 5.3.16, 它们将是关于 E 的给定公式的结果 (就像命题 3.10 和假设 3.12 中那样).

(iv) 也可以证明 F_1 和 F_2 (在合适的代数中) 是幂等的, 并且 $1-F_1$ 和 $1-F_2$ 是值域分别在 T_1 和 T_2 核中的投射. 如果假设它们投影到上述核中, 那么广义逆 R_1 和 R_2 也就被确定下来. 它们会自动满足条件 5.2.2, 同时给出相关的对极 S_1 和 S_2.

(v) 在命题 5.3.17 中, 由 $S_1=S_2$ 推出了 F_1 和 F_2 的定义公式. 现在, 如果像上面一样得到 S_1 和 S_2, 就能够证明 $S_1=S_2$. 这并非意义重大. 然而, 以此种方法得到的对极 S 将会是一个反代数和反余代数同态.

这意味着就 (具有正确的特性的) 幂等元 E 而言, 给定关于 T_1 和 T_2 值域的条件, $S_1=S_2$ 决定了这些映射的核, 也确定了这些核上定义投射的一个好的选择, 同时给出了具有正确属性的对极 S.

下面讨论正则的情况, 将会看到所有这些公式针对一个 $*$ 代数的对合结构是如何起作用的.

例 5.3.19 (i) 对于 $A = K(G)$ 的情形, 由例 5.3.6 (i) 可知, $M(A \otimes A)$ 中的元素 E, 在 $s(p) = t(p)$ 的对 (p,q) 上定义为 1, 则 F_1 由在 $s(p) = s(q)$ 的对 (p,q) 上定义为 1 的函数给出, F_2 由在 $t(p) = t(q)$ 的对 (p,q) 上定义为 1 的函数给出. 证明留给读者作为练习. 下面只看命题 5.3.18 的第一个公式. $(E_{13}(F_1 \otimes 1))(p,q,v) = 1$ 成立当且仅当 $s(p) = t(v)$ 并且 $s(p) = s(q)$. 另一方面, $(E_{13}(1 \otimes E))(p,q,v) = 1$ 成立当且仅当 $s(p) = t(v)$ 并且 $s(q) = t(v)$. 这些条件都是相同的.

(ii) 对于 $A = \mathbb{C}G$ 的情形, 由例 5.3.6 (ii) 可知, $E = \sum_e \lambda_e \otimes \lambda_e$, 这里是对群胚中的单位元求和. 因为 $S(\lambda_e) = \lambda_e$ 对于每一单位元都成立, 所以就能得到 F_1 和 F_2 有相同的表达式. 证明留给读者作为练习.

例 5.3.20 考虑弱 Hopf 代数, $E = \Delta(1)$ 且 $F_1 = (\iota \otimes S)\Delta(1)$, $F_2 = (S \otimes \iota)\Delta(1)$, 这里 S 是对极. 再次考虑命题 5.3.18 的第一个公式. 在参考文献 [83] 的命题 2.3.4 中, 当 $x \in A_s$ 时, $E(x \otimes 1) = E(1 \otimes S(x))$, 这里要记住 A_s 是 E 的左支. 有

$$E_{13}(F_1 \otimes 1) = (\iota \otimes S \otimes \iota)(E_{13}(E \otimes 1)) = E_{13}(1 \otimes E),$$

这是因为 $\sigma(S \otimes S)E = E$.

5.4 (正则) 弱乘子 Hopf 代数的定义

现在准备给出弱乘子 Hopf 代数的定义, 整个过程主要通过推广乘子 Hopf 代数的原始定义. 这部分也会深入考虑正则的情况. 在文献 [128] 中, 将会给出等价的定义.

5.4.1 弱乘子 Hopf 代数的定义

假设 A 是一个非退化的幂等代数, 有一个完全的余积 Δ 使得存在一个余单位 ε. 余单位是唯一确定的, 因为假设余积是完全的 (见命题 5.1.12).

现在考虑 $A \otimes A$ 到自身的映射 T_1 和 T_2, 如第 5.1 节的定义

$$T_1(a \otimes b) = \Delta(a)(1 \otimes b), \quad T_2(a \otimes b) = (a \otimes 1)\Delta(b),$$

其中 $a, b \in A$. 像以前一样, 用 $\mathrm{Ran}(T_1)$ 和 $\mathrm{Ran}(T_2)$ 分别代表 T_1 和 T_2 的值域, $\mathrm{Ker}(T_1)$ 和 $\mathrm{Ker}(T_2)$ 分别代表 T_1 和 T_2 的核.

在乘子 Hopf 代数情况下, 这些映射被假定是双射. 下面就是关于典范映射值域与核的弱乘子 Hopf 代数的定义. 再次考虑文献 [129] 中的定义, 并以此作为弱乘子 Hopf 代数理论发展的起点.

定义 5.4.1 设 (A, Δ) 是一带有如上余积的代数. 称 (A, Δ) 为一个弱乘子 Hopf 代数 (weak multiplier Hopf algebra), 如果下面条件满足:

(a) 假设 $M(A\otimes A)$ 中有一个幂等的乘子 E, 使得

$$\operatorname{Ran}(T_1)=E(A\otimes A) \quad 和 \quad \operatorname{Ran}(T_2)=(A\otimes A)E, \tag{5.1}$$

并且满足

$$(\iota\otimes\Delta)(E)=(\Delta\otimes\iota)(E)=(1\otimes E)(E\otimes 1)=(E\otimes 1)(1\otimes E). \tag{5.2}$$

(b) 令 F_1 为 $A\otimes A^{\mathrm{op}}$ 的一个右乘子, F_2 为 $A^{\mathrm{op}}\otimes A$ 的一个左乘子, 使得

$$E_{13}(F_1\otimes 1)=E_{13}(1\otimes E) \quad 和 \quad (1\otimes F_2)E_{13}=(E\otimes 1)E_{13}, \tag{5.3}$$

并且有

$$\operatorname{Ker}(T_1)=(A\otimes 1)(1-F_1)(1\otimes A) \quad 和 \quad \operatorname{Ker}(T_2)=(A\otimes 1)(1-F_2)(1\otimes A), \tag{5.4}$$

注 5.4.2 (i) 条件 (5.1) 唯一确定了 E (见引理 5.3.3 和命题 5.3.5), 并且使 Δ, $\iota\otimes\Delta$ 和 $\Delta\otimes\iota$ 扩充到乘子代数成为可能. 所以条件 (5.2) 在 $M(A\otimes A\otimes A)$ 中有意义. 条件 (5.2) 将余积与映射 T_1, T_2 和 T_1R_1, T_2R_2 (见命题 5.3.9 和 5.3.10) 的交换律表示出来.

(ii) 公式 (5.3) 有意义, 并且刻画了乘子 F_1 和 F_2, 使得它们完全由 E 决定 (也就是由余积本身决定). 事实上, 笼统地讲, 公式 (5.3) 能够用来定义乘子 F_1 和 F_2, 且 F_1 和 F_2 自动满足与 Δ 的交换法则.

(iii) 因为 E, F_1, F_2 由余积本身唯一确定, 就不需要在弱乘子 Hopf 代数的记号中包括它们. 对于余单位 ε 和对极 S 也是同样情况.

(iv) 如果 $E=1$, 那么当假设映射 T_1 和 T_2 是满射时, 必须假设 $F_1=1$ 和 $F_2=1$, 从而有乘子 Hopf 代数.

(v) 最后, 公式 (5.2) 和 (5.3) 仅涉及了 E, F_1, F_2 的左支, 这允许我们在今后的理论上有新的发展.

公式 (5.4) 和 (5.1) 决定了 T_1 和 T_2 的广义逆 R_1 和 R_2. (5.2) 中的公式给出了值域中余积交换的规则, (5.3) 中的公式给出 (5.2) 中法则的同时, 还给出了余积在核中的交换规则. 于是便可以得到与此相关的对极 S_1 和 S_2, 且满足 $S_1=S_2$. 因此, 定义的对极 S 既是反代数同态的, 也是反余代数同态的.

首先考虑群胚的函数.

命题 5.4.3 令 G 是一个群胚, A 是在 G 上有限支撑的复函数构成的代数. 定义 A 上的余积 $\Delta:\Delta(f)(p,q)=f(pq)$, 如果 $p,q\in G$ 并且 pq 有定义. 否则, 令 $\Delta(f)(p,q)=0$. 那么 (A,Δ) 就是一个弱乘子 Hopf 代数 (在定义 5.4.1 下). 对极的定义为 $S(f)(p)=f(p^{-1})$, 对于所有的 $f\in A$ 和 $p\in G$.

证明 如前面关于 A 的定义, Δ 是代数 A 上一个有余单位的完全的余积 (见命题 5.1.6 和例 5.1.13 (i)). 5.3 节已经定义了 $G \times G$ 上的函数 E, 即如果 $p, q \in G$ 并且 $s(q) = t(q)$, $E(p,q) = 1$; 否则, 令 $E(p,q) = 0$. E 是 $M(A \otimes A)$ 中满足式 (5.1) 和 (5.2) 的幂等元, 见命题 5.3.6 (i) 和例 5.3.19 (i).

然后, 定义 $M(A \otimes A)$ 中的 F_1 和 F_2. 注意到 A 是交换的, 所以 A^{op} 和 A 相同. 对于 $p, q \in G$, 如果 $s(p) = s(q)$, 就令 $F_1(p,q) = 1$, 否则 $F_1(p,q) = 0$. 类似地, 如果 $t(p) = t(q)$, 就令 $F_2(p,q) = 1$, 否则 $F_2(p,q) = 0$. 如在例 5.3.19 (i) 中提到的, 一个简单论证就能够说明这些等幂元满足定义 (5.1) 中的等式 (5.3). 例如, $(E_{13}(F \otimes 1))(u,v,w) = 1$ 当且仅当 $s(u) = t(w)$, $s(u) = s(v)$. 类似地, $(E_{13}(1 \otimes E))(u,v,w) = 1$ 当且仅当 $s(u) = t(w)$, $s(v) = t(w)$. 这两个条件是相同的.

同样也可以检验定义 5.4.1 中的条件 (5.4). 例如, 假设 $\sum_i \Delta(a_i)(1 \otimes b_i) = 0$, 对有限的 $a_i, b_i \in A$ 成立. 那么, 如果 $p, q \in G$ 并且 pq 有定义, 则有

$$\sum_i (\Delta(a_i)(1 \otimes b_i))(p,q) = \sum_i a_i(pq) b_i(q).$$

这意味着只要 $s(u) = s(q)$, 就有 $\sum_i a_i(u) b_i(q) = 0$. 另一方面, 对于所有使得 $s(u) = s(q)$ 的 $u, q \in G$, 有

$$\sum_i ((a_i \otimes 1) F_1 (1 \otimes b_i))(u,q) = \sum_i ((a_i \otimes b_i))(u,q).$$

于是 $\sum_i \Delta(a_i)(1 \otimes b_i) = 0$ 当且仅当 $\sum_i ((a_i \otimes 1) F_1 (1 \otimes b_i)) = 0$. 对于另一个的证明是类似的. 这表明有一个满足定义 5.4.1 弱乘子 Hopf 代数.

不仅如此, 也可以容易证明相关的对极可以通过 $(S(f))(p) = f(p^{-1})$ 来定义. 并且可以得到, $F_1 = (\iota \otimes S)E$ 和 $F_2 = (S \otimes \iota)E$(因为 $t(p^{-1}) = s(p)$ 对于所有 $p \in G$ 成立). □

对偶的情况是类似的.

命题 5.4.4 设 G 是群胚, B 是群代数 $\mathbb{C}G$, 在 B 上定义 $\Delta : \Delta(\lambda_p) = \lambda_p \otimes \lambda_p$, 这里 $p \longmapsto \lambda_p$ 是 G 到群代数 $\mathbb{C}G$ 中的一个嵌入映射. 那么, (B, Δ) 就是一个弱乘子 Hopf 代数. 对极 S 通过下面的公式给出: $S(\lambda_p) = \lambda_{p^{-1}}$, 对于所有的 $p \in S$. 且 $S^{-1} = S$.

证明 在命题 5.1.7 中已经证明 Δ 是 B 上的一个正则的余积.

在 5.3 节得到了这种情况的乘子 E, 其形式为 $\sum_e \lambda_e \otimes \lambda_e$, 这里的求和是对所有的单位. 在例 5.3.6 (ii) 和例 5.3.19 (ii) 中可以看出, 乘子满足条件 (5.1) 和公式 (5.2). 定义 F_1 和 F_2 时都用了关于 E 的相同公式, 并且在例 5.3.19 (ii) 已经提到, 得到的如定义 5.4.1 的乘子满足公式 (5.3). 下面要检验的就是公式 (5.4).

例如, 假设对于 B 中有限的 a_i, b_i, 有 $\sum_i \Delta(a_i)(1 \otimes b_i) = 0$ 成立. 对于所有 i, 改写

$$a_i = \sum_p a_i(p)\lambda_p, \quad b_i = \sum_q b_i(q)\lambda_q.$$

那么, 有

$$\sum_i \Delta(a_i)(1 \otimes b_i) = \sum_{i,p,q} a_i(p)b_i(q)\lambda_p \otimes \lambda_{pq},$$

这里仅对 pq 有定义的对 (p,q) 进行求和. 如果结果为 0, 那么就有 $\sum_i a_i(p)b_i(q) = 0$ 对于所有满足 $s(p) = t(q)$ 的对成立. 另一方面, 有

$$\begin{aligned}\sum_i (a_i \otimes 1)F_1(1 \otimes b_i) &= \sum_{i,p,q,e} a_i(p)b_i(q)\lambda_{pe} \otimes \lambda_{eq} \\ &= \sum_{i,p,q} a_i(p)b_i(q)\lambda_p \otimes \lambda_q,\end{aligned}$$

这里最后一个求和是对所有满足 $s(p) = t(q)$ 的对 (p,q) 进行. 于是再一次轻松得出结论: $\sum_i \Delta(a_i)(1 \otimes b_i) = 0$ 当且仅当 $\sum_i (a_i \otimes 1)F_1(1 \otimes b_i) = 0$.

因此, 可以证明 (B, Δ) 也是一个弱乘子 Hopf 代数. 在例 5.2.14 (i) 中已经看到了通过 $S(\lambda_p) = \lambda_{p^{-1}}$ (对于所有 $p \in G$) 给出的对极. □

下面证明一个 (有限维的) 弱 Hopf 代数, 如文献 [6] 中所定义的, 也是一个弱乘子 Hopf 代数. 引用文献 [83] 中关于弱乘子 Hopf 代数的性质进行证明, 同时引用了文献 [83] 中的记号.

命题 5.4.5 令 (A, Δ) 是一个有限维的弱 Hopf 代数[6], 那么它就是一个弱乘子 Hopf 代数.

证明 假设有一个余单位, 而且因为 Δ 将 A 映射到 $A \otimes A$, 余积自动是完全的.

设 $E = \Delta(1)$ 时, 定义 5.4.1 的条件 (5.1) 和 (5.2) 是满足的 (见 5.3 节).

如果令 $F_1 = (\iota \otimes S)E$ 和 $F_2 = (S \otimes \iota)E$, 就能分别得到 $A \otimes A^{\rm op}$ 和 $A^{\rm op} \otimes A$ 中的幂等元素, 这是因为 S 是反代数同态. 由例 5.3.20 知, 定义 5.4.1 的条件 (5.3) 是满足的.

最后证明定义 5.4.1 中的条件 (5.4) 也是满足的. 再次假设 $\sum_i \Delta(a_i)(1 \otimes b_i) = 0$, 对于 A 中有限的元素 (a_i) 和 (b_i) 成立. 如果运用对极 S 与 R_1, 则 $\sum_i (a_i \otimes 1)F_1(1 \otimes b_i) = 0$, 因为 $R_1 T_1(a \otimes b) = (a \otimes 1)F_1(1 \otimes b)$ 对于所有 a, b 成立. □

5.4.2 正则弱乘子 Hopf 代数

在非正则的情况下, 会有一些特别难以理解的东西. 下面将会看到, 当假定弱乘子 Hopf 代数是正则的形式的时候, 这些难点就会消失.

先假设有一个弱乘子 Hopf 代数, 令 R_1 和 R_2 是由 E, F_1 和 F_2 唯一确定的 T_1 和 T_2 的广义逆映射, S 是相关的对极. 映射 $S: A \to M(A)$ 是反代数映射, 也是反余代数映射.

下面给出正则的弱乘子 Hopf 代数的定义:

定义 5.4.6 令 (A, Δ) 是一个弱乘子 Hopf 代数, 称为*正则的*, 如果对极 S 将 A 映射到本身, 且是双射.

参考一般的乘子 Hopf 代数的正则性, 这确实是我们所期望的正则弱乘子 Hopf 代数. 在本节的后面将会给出余积的正则性的充要条件. 然后考虑弱乘子 Hopf $*$ 代数, 并证明它们自动满足正则性.

当然, 到目前为止所考虑的例子都是正则的, 因为在这些群胚的例子中, 对极 S 满足 $S^2 = \iota$, 在有限维弱 Hopf 代数时, 对极被证明是双射的 (见文献 [82] 中命题 2.3.1 和文献 [6] 的命题 2.10).

前面两节已经假设 S 将 A 到自身的双射, 例如命题 5.2.10 和 5.3 节的注. 做这些假设是有一定动机的. 这里的不同之处在于我们认为它是真正的假设, 而且所得到的结果对于一个正则的弱乘子 Hopf 代数来说是自然的.

首先来看关于乘子 E, F_1 和 F_2 有什么结论, 得到了下面的期望的性质:

命题 5.4.7 设 (A, Δ) 是一个正则弱乘子 Hopf 代数, 那么 $(S \otimes S)E = \sigma E$, 这里 σ 是换位映射 (flip map), 被扩充到 $M(A \otimes A)$. 类似地, $(S \otimes S)F_2 = \sigma F_1$.

证明可参见文献 [129].

前面命题中的公式可以用上面证明它们的方法来理解. 用已知的技巧, 将 $S \otimes S$ 扩充到乘子 $M(A \otimes A)$ 也是可能的. 稍后就将这用于第一个公式. 类似地, $S \otimes S$ 也可以被扩充到 $M(A^{\mathrm{op}} \otimes A)$ 并且将这用于第二个公式.

对极将映射 T_1 转变成 T_2, 这是一个简单的事实, 而上面的两个公式就是这一事实的自然结论. 然而, 对极也可能用来得到映射 R_1 和 R_2, T_3 和 T_4 之间的关系. 命题 5.2.11 和命题 5.2.12 及注 5.3.13 中已经考虑了这种关系. 事实上, 有

$$R_1(\iota \otimes S) = (\iota \otimes S)T_3, \quad R_2(S \otimes \iota) = (S \otimes \iota)T_4.$$

因此, 就 E 而言, 考虑到 F_1 和 F_2, 有下面的结论, 证明参考文献 [129].

命题 5.4.8 设 (A, Δ) 是一个正则弱乘子 Hopf 代数, 那么

$$F_1 = (\iota \otimes S)E \quad 和 \quad F_2 = (S \otimes \iota)E.$$

注意到命题 5.4.8 的公式完全与命题 5.4.7 中的一致.

例如, 为了正确理解公式 $F_1 = (\iota \otimes S)E$, 可以将公式写成

$$(a \otimes 1)F_1(1 \otimes S(b)) = (\iota \otimes S)(E(a \otimes b)).$$

对于所有的 $a, b \in A$. 另一种解释是先将映射 $\iota \otimes S$ 扩充成 $M(A \otimes A)$, 但是实质上这和上面是相同的.

其他的公式也可以用类似的方法.

从命题 5.4.7 和命题 5.4.8 的公式完全可以表述其他两个典范映射 T_3 和 T_4 的公式. 首先有下面的结果.

命题 5.4.9 设 (A, Δ) 是一个正则弱乘子 Hopf 代数, 余积也是正则的 (如定义 5.1.3), 则映射 T_3 和 T_4 的广义逆映射 R_3 和 R_4 分别由下面的公式给出:

$$R_3 = (\iota \otimes S^{-1})T_1(\iota \otimes S) \quad \text{和} \quad R_4 = (S^{-1} \otimes \iota)T_2(S \otimes \iota).$$

相关的 (逆) 对极 S_3 和 S_4 存在并且满足 $S_3 = S_4 = S^{-1}$.

证明 证明过程是十分直接的. 例如, 将 R_3 用于 $a \otimes b$, 其中 $a, b \in A$, 并且用上面的公式, 得到

$$R_3(a \otimes b) = \sum_{(a)} a_{(1)} \otimes bS^{-1}(a_{(2)}),$$

同时, 由 S_3 的定义可知 $S_3 = S^{-1}$. 类似地, 由 5.2 节中给出的 R_4 的定义可得 $S_4 = S^{-1}$. □

对于相关的投影映射, 得到了下面的公式.

命题 5.4.10 考虑 R_3 和 R_4 的选择, 得到

$$T_3R_3(a \otimes b) = (a \otimes b)E \quad \text{和} \quad T_4R_4(a \otimes b) = E(a \otimes b)$$

对于所有 $a, b \in A$ 成立. 还能得到

$$R_3T_3(a \otimes b) = (1 \otimes b)F_3(a \otimes 1) \quad \text{和} \quad R_4T_4(a \otimes b) = (1 \otimes b)F_4(a \otimes 1),$$

这里, F_3 是 $A \otimes A^{\mathrm{op}}$ 的左乘子, 由 $F_3 = (\iota \otimes S^{-1})E$ 给出, 并且 F_4 是 $A^{\mathrm{op}} \otimes A$ 的右乘子, 可以表示为 $F_4 = (S^{-1} \otimes \iota)E$.

证明 这四个公式的证明立刻就能从给定的 (T_3, T_4) 和 (R_1, R_2) 与 (T_1, T_2) 和 (R_3, R_4) 之间的关系得出来. □

注 在 5.3 节中, 确实用了上面关于 T_3R_3 和 T_4R_4 的公式作为深入研究的起点 (见说明 5.3.12). 由这个假设可得到命题 5.4.8 给出的关于 F_1 和 F_2 的公式.

将得到的结果综合考虑, 就能得到下面的公式.

首先, 可以用 E 表示幂等元 F_1, F_2, F_3 和 F_4:

$$F_1 = (\iota \otimes S)E, \quad F_3 = (\iota \otimes S^{-1})E, \tag{5.5}$$

$$F_2 = (S \otimes \iota)E, \quad F_4 = (S^{-1} \otimes \iota)E. \tag{5.6}$$

另一方面, 还能得到下面的公式:

$$E_{13}(F_1 \otimes 1) = E_{13}(1 \otimes E), \quad (F_3 \otimes 1)E_{13} = (1 \otimes E)E_{13}, \tag{5.7}$$

$$(1 \otimes F_2)E_{13} = (E \otimes 1)E_{13}, \quad E_{13}(1 \otimes F_4) = E_{13}(E \otimes 1). \tag{5.8}$$

带有 F_1 和 F_2 的公式是定义的一部分, 而带有 F_3 和 F_4 的公式则是运用了对极和上面的各种关系得到的.

在由此推出弱乘子 Hopf 代数的一个等价定义之前, 首先做一些关于对称性的重要说明.

注 5.4.11 (i) 假设 (A, Δ) 是正则弱乘子 Hopf 代数. 考虑新的对 $(A^{\mathrm{op}}, \Delta)$, 这里 A^{op} 是代数 A 带有相反的乘积和相同的余积. 这一过程中, 原始的映射 T_3, T_4 被 T_1, T_2 所取代. 首先, 乘子 E 不变. 进一步, 如果考虑公式 (5.7) 和 (5.8), 那么由 A 到 A^{op} 的转变会使 (5.7) 和 (5.8) 中的公式互换.

另一方面, 如果考虑公式 (5.5) 和 (5.6), 那么必须用 S^{-1} 来代替 S. 这也和预想的一样.

(ii) 现在考虑 (A, Δ) 到 $(A, \Delta^{\mathrm{cop}})$ 的变换, 它的复杂程度稍微有所增加. 原始的映射 T_3 和 T_4 分别被 $\sigma T_2 \sigma$ 和 $\sigma T_1 \sigma$ 所替代, 这表明 E 将会变为 σE. 进一步, 考虑公式 (5.7) 和 (5.8), 例如, 如果将 σ_{13} 运用到等式 $E_{13}(1 \otimes F_4) = E_{13}(E \otimes 1)$, 那么 $(\sigma E)_{13}((\sigma F_4) \otimes 1) = (\sigma E)_{13}(1 \otimes (\sigma E))$. 这种变化与应该发生的情况完全相同, 因为 E 由 σE 代替, 而 F_4 由 σF_1 代替. 类似地, 关于 F_3 的公式也是一样.

如果观察公式 (5.5) 和 (5.6), 那么必须用 S^{-1} 代替 S.

也可能证明从 (A, Δ) 到 $(A^{\mathrm{op}}, \Delta^{\mathrm{cop}})$ 的变换, 这时 (T_1, T_2) 由 (T_2, T_1) 所代替, 但是这没有什么新意.

从所有的观察可以看出, 问题的各个部分能够很好地吻合. 这也展示出正则弱乘子 Hopf 代数的如下等价刻画.

命题 5.4.12 设 (A, Δ) 是一个弱乘子 Hopf 代数, 那么它是正则的当且仅当 $(A^{\mathrm{op}}, \Delta)$(或者与之等价的 $(A, \Delta^{\mathrm{cop}})$) 是一个弱乘子 Hopf 代数.

从所得到的结果, 一个方向的证明是清晰的, 相反方向的证明由文献 [129] 给出. 实际上是要证明如果 $(A^{\mathrm{op}}, \Delta)$(或者与之等价的 $(A, \Delta^{\mathrm{cop}})$) 是一个弱乘子 Hopf 代数, 那么相应的对极是从 A 到其自身的一个双射.

作为一个显然的结果, 如果 (A, Δ) 是一个弱乘子 Hopf 代数, 并且 A 是可交换的, 或者 Δ 是余交换的, 那么 (A, Δ) 就是正则的. 在这两种情形中, 都有 $S = S^{-1}$.

现在考虑对合的情形, 因为这与正则情形直接相关. 如果 (A, Δ) 是一个弱乘子 Hopf 代数, 并且 A 是一个 $*$ 代数, Δ 是一个 $*$ 同态, 那么就有 $E = E^*$, 和 5.3 节中相同. 接下来的定义就有意义了.

定义 5.4.13 设 (A, Δ) 是一个弱乘子 Hopf 代数, 假设 A 是一个 $*$ 代数, Δ 是一个 $*$ 同态, 那么称 (A, Δ) 是一个弱乘子 Hopf$*$ 代数.

命题 5.4.14 如果 (A, Δ) 是一个弱乘子 Hopf$*$ 代数, 那么它是正则的. 对极满足 $S(S(a)^*)^* = a$, 对于所有 $a \in A$ 成立. 并且, 不仅有 $E^* = E$, 而且有

$$F_1^* = F_3, \quad F_2^* = F_4.$$

证明 余积是正则的, 并且有

$$T_3(a^* \otimes b^*) = T_1(a \otimes b)^*, \quad T_4(a^* \otimes b^*) = T_2(a \otimes b)^*.$$

由此容易知道, $(A^{\mathrm{op}}, \Delta)$ 也是一个弱乘子 Hopf 代数, 同时, 幂等元 E 对于 (A, Δ) 和 $(A^{\mathrm{op}}, \Delta)$ 来说是相同的 (也是因为 $E^* = E$). 因此, (A, Δ) 也是一个正则弱乘子 Hopf 代数. $(A^{\mathrm{op}}, \Delta)$ 的对极是 S^{-1}, 并由 $a \longmapsto S(a^*)^*$ 给出 (参见命题 5.2.9). 这就表明了 S 在命题的公式中的性质. 最后, 等式 $F_1^* = F_3$ 和 $F_2^* = F_4$ 可以由下面的公式

$$R_3(a^* \otimes b^*) = R_1(a \otimes b)^* \quad \text{和} \quad R_4(a^* \otimes b^*) = R_2(a \otimes b)^*$$

和这些幂等元的定义得出. □

由命题 5.4.3 和命题 5.4.5 中的群胚得到的弱乘子 Hopf 代数都是弱乘子 Hopf$*$ 代数, 同时也容易验证余积是 $*$ 同态.

注 本节一步步发展了"弱乘子 Hopf 代数"的定义, 并在定义 5.4.1 中给出结果, 也给出了正则弱乘子 Hopf 代数的定义 (见定义 5.4.6).

一些证明说明这些定义自然而且比较合理. 我们也一直试着让成对出现的条件都自然的满足自对偶关系, 当然, 从群胚中得到的基本例子, 就是所谓的弱乘子 Hopf 代数, 都适合我们的理论.

本章理论基本有两方面. 首先, 有一个对极用来描述典范映射的广义逆映射 R_1 和 R_2. 这是由这些逆映射唯一确定的. 另一方面则关于选择这些逆映射的幂等性质. 这些幂等元素的性质在不同的范围表现出来, 粗略地说, 幂等元素 E 起到了 $\Delta(1)$ 的作用. 后面的内容是弱 (乘子)Hopf 代数的典型内容, 而 (乘子)Hopf 代数却没有这样的性质.

注 有关 Hopf 代数方面的文献见 [2,13,14,57–58,71,73,79,108]; 有关弱 Hopf 代数方面的参考文献见 [6,7,82], 有关群胚方面的文献见 [8,47,48,56,86–88,90,95,98].

参 考 文 献

[1] Abd El-hafez A T, Delvaux L, van Daele A. Group-cograded multiplier Hopf (*) algebra. Alg. Represent. Theory, 2007, 10: 77-95.

[2] Abe E. Hopf Algebras. Cambridge: Cambridge University Press, 1977.

[3] Baaj S, Skandalis G. Unitaires multiplicatifs et dualite pour les produits croises de C^*-algebres. Ann. Sci. Ecole Norm. Sup, 1993, 26(4): 425-488.

[4] Beattie M, Bulacu D, Torrecillas B. Radford's S^4 formula for co-Frobenius Hopf algebras. J. Algebra, 2007, 307: 330-342.

[5] Beattie M, Dascalescu S, Grunenfelder L, Nastasescu C. Finiteness conditions, co-Frobenius Hopf algebras and quantum groups. J. Algebra, 1998, 200: 312-333.

[6] Bohm G, Nill F, Szlachanyi K. Weak Hopf algebras I. Integral theory and C^*-structure. J. Algebra, 1999, 221: 385-438.

[7] Bohm G, Szlachanyi K. Weak Hopf algebras II. Representation theory, dimensions and the Markov trace. J. Algebra, 2000, 233: 156-212.

[8] Brown R. From groups to groupoids: a brief survey. Bull. London Math. Soc., 1987, 19: 113-134.

[9] Caenepeel S, De Lombaerde M. A categorical approach to Turaev's Hopf group-coalgebras. Comm. Algebra, 2006, 34(7): 2631-2657.

[10] Caenepeel S, Janssen K, Wang S H. Group coring. Appl. Categor. Struct., 2008, 16(1-2): 65-96.

[11] Caenepeel S, Militaru G, Zhu S. Frobenius and separable functors generalized module categories and nonlinear equations. Lecture Notes in Mathematics 1787. Berlin: Springer-Verlag, 2002.

[12] Chapovsky Y A, Vainerman L I. Compact quantum hypergroups. J. Operator Theory, 1999, 41: 261-289.

[13] Chari V, Pressley A. A guide to quantum groups. Cambridge: Cambridge University Press, 2010.

[14] Dauns J. Multiplier rings and primitive ideals. Trans. Amer. Math. Soc., 1969, 145: 125-158.

[15] De Commer K. Galois objects for algebraic quantum groups. J. Algebra, 2009. DOI:10.1016/j.jalgebra.2008.11.039.

[16] De Commer K. Galois coactions for algebraic and locally compact quantum groups. Katholieke Univ. Leuven, Ph.D. thesis, 2009.

[17] De Commer K, van Daele A. Multiplier Hopf algebras imbedded in C^*-algebraic quantum groups, 2006, preprint K. U. Leuven.

[18] Delvaux L. Paring and Drinfel'd-Double of Ore-extensions. Comm. Algebra, 2001, 29(7): 3167-3177.

[19] Delvaux L. Semi-direct products of multiplier Hopf algebras: smash products. Comm. Algebra, 2002, 30(12): 5961-5977.

[20] Delvaux L. Semi-direct products of multiplier Hopf algebras: smash coproducts. Comm. Algebra, 2002, 30(12): 5979-5997.

[21] Delvaux L. The size of intrinsic group of multiplier Hopf algebra. Comm. Algebra, 2003, 31(3): 1499-1514.

[22] Delvaux L. Twisted tensor product of multiplier Hopf (*) algebras. J. Algebra, 2003, 269: 285-316.

[23] Delvaux L. On the modules of a Drinfel'd double multiplier Hopf (*) algebras. Comm. Algebra, 2005, 33(8): 2771-2787.

[24] Delvaux L. Multiplier Hopf algebras in categories and the biproduct construction. Alg. Represent. Theory, 2007, 10(6): 533-554.

[25] Delvaux L. Yetter-Drinfel'd modules for group-cograded multiplier Hopf algebras. Comm. Algebra, 2008, 36: 2872-2882.

[26] Delvaux L. Semi-invariants of actions of multiplier Hopf algebras. Comm. Algebra, 2000, 28(4): 1701-1716.

[27] Delvaux L, van Daele A. The Drinfel'd double versus the Heisenberg double for an algebraic quantum group. J. Pure and Appl. Algbera, 2004, 190: 59-84.

[28] Delvaux L, van Daele A. The Drinfe'l double of multiplier Hopf algebras. J. Algebra, 2004, 272: 273-291.

[29] Delvaux L, van Daele A. Traces on (group-cograded) multiplier Hopf algebras. University of Hasselt and University of Leuven, 2006, preprint.

[30] Delvaux L, van Daele A. The Drinfel'd Double for group-cograded multiplier Hopf algebras. Alg. Represent. Theory, 2007, 10(3): 197-221.

[31] Delvaux L, van Daele A. Algebraic quantum hypergroup. Adv. Math., 2010.

[32] Delvaux L, van Daele A. Algebraic quantum hypergroups II. Constructions and examples. University of Hasselt and University of Leuven, arXiv:1002.3751v1 [math.RA], preprint.

[33] Delvaux L, van Daele A, Wang S H. Quasitriangular (G-cograded) multiplier Hopf algebras. J. Algebra, 2005, 289: 484-514.

[34] Delvaux L, van Daele A, Wang S H. A note on Radford's S^4 formula. To appear in Cana. Math. Bull., 2010.

[35] Delvaux L, van Daele A, Wang S H. Bicrossproducts of multiplier Hopf algebras, 2007, preprint.

[36] Dijkhuizen M, Koornwinder T. CQG algebras: A direct algebraic approach to compact quantum group. Lett. Math. Phys., 1994, 32: 315-330.

[37] Doi Y. Substructures of bi-Frobenius algebras. J. Algebra, 2002, 256: 568-582.

[38] Doi Y, Takeuchi M. Bi-Frobenius algebras // Andruskiewitsch N, Ferrer Sàntos W, Schneider H J (Eds.). Contemp. Math., Vol 267. Amer. Math. Soc., 67-97.

[39] Drabant B, van Daele A. Pairing and quantum double of multiplier Hopf algebras. Alg. Represent. Theory, 2001, 4: 109-132.

[40] Drabant B, van Daele A, Zhang Y. Actions of multiplier Hopf algebras. Comm. Algebra, 1999, 27(9): 4117-4127.

[41] Drinfel'd V G. Quantum Groups. Proc. ICM Berkeley, 1986: 798-820.

[42] Effros E, Ruan Z J. Discrete quantum groups. I. The Haar measure. Internat. J. Math., 1994, 5: 681-723.

[43] Elliott G A, Natsume T, Nest R. Cyclic cohomology for one-parameter smooth crossed products. Acta Math., 1988, 160(3-4): 285-305.

[44] Enock M, Schwartz J M. Kac Algebras and the Duality of Locally Compact Group. Berlin: Springer-Verlag, 1992.

[45] Etingof P, Nikshych D, Ostrik V. An analogue of Radford's formula for finite tensor categories. Int. Math. Res. Not., 2004, 54: 2915-2933.

[46] Ferrer Santos W, Haim M. Radford's formula for bi-Frobenius algebras and applications. Comm. in Algebra, 2008, 36(4): 1301-1310.

[47] Goodearl K R. Von Neumann Regular Rings. London: Pitman, 1979.

[48] Higgins P J. Notes on Categories and Groupoids. London: Van Nostrand Reinhold, 1971.

[49] Hogbe-Nlend H. Completion, tenseurs et nuclearite en bornologie. J. Math. Pures Appl., 1970, 49(9): 193-288.

[50] Hogbe-Nlend H. Bornologies and functional analysis. Notas de Matematica 62. Amsterdam: North-Holland, 1977.

[51] Janssen K, Vercruysse J. Multiplier Hopf and bi-algebras, 2009, preprint.

[52] Johnson B E. An introduction to the theory of centralizers. Proc. London Math. Soc., 1964, 14(3): 299-320.

[53] Kac G I. Generalization of the group principle of duality. Soviet Math. Dokl., 1961, 2: 581-584.

[54] Kac G I. Ring groups and the principle of duality, I. Trans. Moscow Math. Soc., 1963: 291-339.

[55] Kac G I. Ring groups and the principle of duality, II. Trans. Moscow Math. Soc., 1965: 94-126.

[56] Kalyuzhnyi A A. Conditional expectations on quantum groups and new examples of quantum hypergroups. Methods of Funct. Anal. Topol., 2001, 7: 49-68.

[57] Kan H, Wang S H. A categorical interpretation of Yetter-Drinfel'd modules. Chinese Science Bulletin, 1999, 44(9): 771-778.

[58] Kassel C. Quantum Groups. Springer-Verlag, 1995.

[59] Kustermans J. The analytic structure of algebraic quantum groups. J. Algebra, 2003, 259: 415-450.

[60] Kustermans J. The analytic structure of algebraic quantum groups. J. Algebra, 2003, 259: 415-450.

[61] Kustermans J. Locally compact quantum groups. Lect. Notes Math., 2005, 1865: 99-180.

[62] Kustermans J. Induced corepresentation of locally compact quantum groups. J. Funct. Anal., 2002, 194: 410-459.

[63] Kustermans J, Vaes S. A simple definition for locally compact quantum groups. C. R. Acad. Sci. Paris Ser. I, 1999, 328(10): 871-876.

[64] Kustermans J, Vaes S. Locally compact quantum groups. Ann. Sci. Ecole Norm. Sup., 2000, 33(4): 837-934.

[65] Kustermans J, Vaes S. Locally compact quantum groups in the von Neumann algebra setting. Math. Scand., 2003, 92: 68-92.

[66] Kustermans J, van Daele A. C^*-algebraic quantum groups arising from algebraic quantum groups. Internat. J. Math., 1997, 8: 1067-1139.

[67] Lanstad M B, van Daele A. Compact and discrete subgroups of algebraic quantum groups. University of Trondheim and University of Leuven, 2006, preprint.

[68] Landstad M B, van Daele A. Multiplier Hopf $*$-algebras and groups with compact open subgroups. University of Trondheim and University of Leuven, 2006, preprint.

[69] Landstad M B, van Daele A. Groups with compact open subgroups and multiplier Hopf C^*-algebras, 2007, preprint.

[70] Liu L, Wang S H. Constructing new braided T-categories over weak Hopf algebras. Appl. Category Struct., 2010, 18: 431-59.

[71] Lu J H. On the Drinfel'd double and the Heisenberg double of a Hopf algebra. Duke Math. J., 1994, 74: 763-776.

[72] Maes A, van Daele A. Notes on compact quantum groups. Nieuw Archief voor Wiskunde, 1998, 16: 73-112.

[73] Majid S. Foundations of Quantum Group Theory. Cambridge: Cambridge Univ. Press, 1995.

[74] Masuda T, Nakagami Y. A Von Neumann algebra framework for the duality of quantum groups. Publ. RIMS, Kyoti Univ., 1994, 30: 799-850.

[75] Meyer R. Analytic cyclic homology. Ph.D. thesis, Universitat Munster, 1999.

[76] Meyer R. Bornological versus topological analysis in metrizable spaces. Banach algebras and their application. Contemp. Math., 363. Amer. Math. Soc., Providence, RI,

2004: 249-278.

[77] Meyer R. Smooth group representations on bornological vector spaces. Bull. Sci. Math., 2004, 128(2): 127-166.

[78] Meyer R. Combable groups have group cohomology of polynomial growth. Q. J. Math., 2006, 57(2): 241-261.

[79] Montgomery S. Hopf algebras and their actions on rings. American Mathematical Society, 1992.

[80] Natsume T, Nest R. The local structure of the cyclic cohomology of Heisenberg Lie groups. J. Funct. Anal., 1994, 119(2): 481-498.

[81] Nikshych D. On the structure of weak Hopf algebras. Adv. Math., 2002, 170: 257-286.

[82] Nikshych D, Vainerman L. Algebraic versions of a finite dimensional quantum groupoid. Lecture Notes in Pure and Applied Mathematics, 2000, 209: 189-221.

[83] Nikshych D, Vainerman L. Finite quantum groupiods and their applications. New Directions in Hopf algebras. MSRI Publications, 2002, 43: 211-262.

[84] Panaite F, Staic Mihai D. Generalized (anti) Yetter-Drinfel'd modules as components of a braided T-category. Isr. J. Math., 2007, 158: 349-365.

[85] Panaite F, van Oystaeyen F. Quasi-elementary H-Azumaya algebras arising from generalzed (anti) Yetter-Drinfel'd modules. Appl. Categor. Struct., 2009, DOI 10.1007/s10485-009-9213-4.

[86] Paterson A. Groupoids, Inverse Semi-groups and Their Operator Algebras. Boston: Birkhauser, 1999.

[87] Pedersen G K. C^*-algebras and Their Automorphism Groups. London: Academic Press, 1979.

[88] Podles P, Woronowicz S L. Quantum deformation of Lorentz group. Comm. Math. Phys., 1990, 130: 381-431.

[89] Radford D. The order of the antipode of a finite dimensional Hopf algebra is finite. Amer. J. Math., 1976, 98: 333-355.

[90] Renault J. A groupoid approach to C^*-algebras. Lecture Notes in Mathematics 793. Springer-Verlag.

[91] Rieffel M. Deformation quantization for actions of $\mathbb{R}^d$. Memoirs Amer. Math. Soc. 506. Providence: American Math. Society, 1993.

[92] Rieffel M A. Compact quantum groups associated with toral subgroups. Representation theory of groups and algebras, Contemp. Math. 145. Amer. Math. Soc., Providence, RI, 1993: 465-491.

[93] Rieffel M A. Non-compact quantum groups associated with abelian subgroups. Comm. Math. Phys., 1995, 171(1): 181-201.

[94] Shen B L, Wang S H. Blattner-Cohen-Montgomery's duality theorem for (weak) group smash products. Comm. Algebra, 2008, 36 (6): 2387-2409.

[95] Soltan P M. Compactifications of discrete quantum groups. Alg. Represent. Theory, 2006, 9(6).

[96] Staic Mihai D. A note on anti-Yetter-Drinfeld modules. Contemp. Math., 2007, 441: 149-153.

[97] Sweedler E M. Hopf Algebras. New York: Benjamin, 1969.

[98] Takesaki M. Theory of Operator Algebras I. Science Press, 2002.

[99] Turaev V G. Homotopy field theory in dimension 3 and crossed group-categories, 2000, preprint GT/0005291.

[100] Turaev V G. Quantum Invariants of Knots and 3-Manifolds // de Gruyter Stud. Math. Vol. 18, de Gruyter, Berlin, 1994.

[101] Turaev V G. Crossed group-categories. Arab. J. Sci. Eng. Sect. C Theme Issues, 2008, 33(2): 483-503.

[102] Turaev V G. Homotopy Quantum Field Theory, with appendices by Müger M and Virelizier A. Tracts in Math. 10, European Mathematical Society, 2010.

[103] Vaes S. Locally compact quantum groups. Ph.D. thesis, 2001.

[104] Vaes S, van Daele A. Hopf C^*-algebras. Proc. London Math. Soc., 2001, 82: 337-384.

[105] Vainerman L I. Gel'fand pair associated with the quantum groups of motions of the plane and q-Bessel functions. Reports on Mathematical Physics, 1995, 35: 303-326.

[106] Vainerman L. Locally compact quantum groups and groupoids. IRMA Lectures in Mathematics and Theoretical Physics 2, Proceedings of a meeting in Strasbourg, de Gruyter, 2002.

[107] van Daele A. Dual pairs of Hopf $*$-algebras. Bull. London Math. Soc., 1993, 25: 917-932.

[108] van Daele A. The Yang-Baxter and pentagon equation. Compositio Mathematica, 1994, 91(2): 201-221.

[109] van Daele A. Multiplier Hopf algebras. Trans. Amer. Math. Soc., 1994, 342: 917-932.

[110] van Daele A. The Haar measure on compact quantum groups. Proc. Amer. Math. Soc., 1995, 123: 3125-3128.

[111] van Daele A. Discrete quantum groups. J. Algebra, 1996, 180: 431-444.

[112] van Daele A. The Haar measure on finite quantum groups. Proc. Amer. Math. Soc., 1997, 125: 3489-3500.

[113] van Daele A. Multiplier Hopf algebras and duality. Quantum groups and quantum spaces. Banach Center Publications, 1997, 40: 51-58.

[114] van Daele A. An algebraic framework for group duality. Adv. Math., 1998, 140: 323-366.

[115] van Daele A. Quantum groups with invariant integrals. Proc. Nat. Ac. Science, 2000, 97(2): 541-546.

[116] van Daele A. Multiplier Hopf $*$-algebras with positive integrals: a laboratory for

locally compact quantum groups. Irma Lectures in Mathematical and Theoretical Physics 2: Locally compact Quantum Groups and Groupoids. Proceedings of the meeting in Strasbourg on Hopf algebras, quantum groups and their applications, 2002. Ed. Turaev V, Vainerman L. Walter de Gruyter, 2003: 229-247.

[117] van Daele A. Locally compact quantum groups. A von Neumann algebra approach. K.U. Leuven, 2006, preprint.

[118] van Daele A. Locally compact quantum group. Radfor'd S^4 formula, 2007, preprint.

[119] van Daele A. The Fourier transform in quantum group theory. New Techniques in Hopf Algebras and Graded Ring Theory, 2007: 187-196.

[120] van Daele A. Tools for working with multiplier Hopf algebras. Arab. J. Sci. Eng., 2008, 33(2C): 505-527.

[121] van Daele A, Wang S H. New braided crossed categories and Drinfeld quantum double for weak Hopf group coalgebras. Comm. Algebra, 2008, 36 (6): 2341-2386.

[122] van Daele A, Wang S H. Larson-Sweedler theorem and some properties of discrete type in (G-cograded) multiplier Hopf algebras. Comm. Algebra, 2006, 34(6): 2235-2249.

[123] van Daele A, Wang S H. The Larson-Sweedler theorem for multiplier Hopf algebras. J. Algebra, 2006, 296: 75-95.

[124] van Daele A, Wang S H. On the twisting and Drinfel'd double multiplier Hopf algebras. Comm. Algebra, 2006, 34(8): 2811-2842.

[125] van Daele A, Wang S H. A class of multiplier Hopf algebras. Alg. Represent. Theory, 2007, 10: 441-461.

[126] van Daele A, Wang S H. Multiplier Unifying Hopf Algebras. K.U.Leuven and Southeast University of Nanjing, 2008, preprint.

[127] van Daele A, Wang S H. Pontryagin duality for bornological quantum hypergroups. Manuscripta Math., 2010, 131: 247-263.

[128] van Daele A, Wang S H. Weak multiplier Hopf algebras I. Theory and examples. K.U. Leuven and Southeast University of Nanjing (in preparation), preprint.

[129] van Daele A, Wang S H. Weak multiplier Hopf algebras II. Integrals and duality. K.U. Leuven and Southeast University of Nanjing (in preparation), preprint.

[130] van Daele A, Zhang Y. Multiplier Hopf algebras of discrete type. J. Algebra, 1999, 214: 400-417.

[131] van Daele A, Zhang Y. Galois theory for multiplier Hopf algebras with integrals. Alg. Represent. Theory, 1999, 2: 83-106.

[132] van Daele A, Zhang Y. Correpresentation theory of multiplier Hopf algebras I. Intern. J. Math., 1999, 10(4): 503-539.

[133] van Daele A, Zhang Y. Correpresentation theory of multiplier Hopf algebras II. Intern. J. Math., 2000, 11(2): 233-278.

[134] van Daele A, Zhang Y. A survey on multiplier Hopf algebras. Hopf algebras and

quantum groups, Proceedings of the meeting on Hopf algebras, 1998: 269-309.

[135] Virelizier A. Hopf group-coalgebras. J. Pure Applied Algebra, 2002, 171: 75-122.

[136] Virelizier A. Alg èbres de Hopf graduées et fibrés plats sur les 3-variétés. Ph.D. thesis, Université Louis Pasteur, Strasbourg, 2001.

[137] Voigt C. Equivariant periodic cyclic homology. J. Inst. Math. Jussieu, 2007, 6(4): 689-763.

[138] Voigt C. Bornological quantum groups. Pacific J. Math., 2008, 235(1): 93-135.

[139] Wang S H. New Turaev braided group categories over entwinning structures. Comm. Algebra, 2010, 38(3): 1019-1049.

[140] Wang S H. Coquasitriangular Hopf group algebras and Drinfeld co-doubles. Comm. Algebra, 2007, 35(1): 77-101.

[141] Wang S H. Morita contexts, π-Galois extensions for Hopf π-coalgebras. Comm. Algebra, 2006, 34 (2), 521-546.

[142] Wang S H. Turaev group coalgebras and twisted Drinfeld double. Indiana Univ. Math. J., 2009, 58(3): 1395-1417.

[143] Wang S H. Algebraic quantum hypergroups of discrete type. To appear in Math. Scand, 2011

[144] Wang S H. Nakayama automorphism of generalized co-Frobenius algebras. To appear in Comm. Algebra, 2011

[145] Wang S H. More examples of algebraic quantum hypergroups. Submitted.

[146] Wang S H. Hopf-type algebras. To appear in Comm. ALgebra, 2010, 38(12).

[147] Wang S H, van Daele A, Zhang Y H. Constructing quasitriangular multiplier Hopf algenras by twisted tensor coproducts. Comm. Algebra, 2009, 37(9): 3171-3199.

[148] Wang S H, Zhu H X. On corepresentations of multiplier Hopf algebras. Acta Math. Sin. (Engl. Ser.), 2010, 26(6): 1087-1114.

[149] Woronowicz S L. Compact matrix pseudogroups. Comm. Math. Phys., 1987, 111: 613-665.

[150] Woronowicz S L. Compact quantum groups. University of Warsaw, 1992, preprint.

[151] Woronowicz S L. Compact quantum groups. Quantum symmetries/Symmetries quantiques. Proceedings of the Les Houches summer school, 1995. Amsterdam: North-Holland, 1998: 845-884.

[152] Woronowicz S L, Pusz W. Analysis on the quantum plane: a step towards Schwartz space for the Eq(2) group, 1999. Available at http://www.fuw.edu.pl/psoltan/prace/rgdr1999.pdf.

[153] Yang T, Wang S H. Constructing Quasitriangular Group-cograded multiplier Hopf algebras, preprint.

[154] Yang T, Wang S H. π-quasitriangular group-cograded multiplier Hopf algebras. Journal of Southeast University(Engliah Edition), 2009, 25(4): 552-556.

[155] Yang T, Wang S H. Constructing new braided T-categories over regular multiplier Hopf algebras. Comm. Algebra, to appear.

[156] Yang T, Wang S H. Galois objects for group-cograded algebraic quantum groups, preprint.

[157] Zhang Y. The quantum double of a coFrobenius Hopf algebra. Comm. Algebra, 1999, 27(3): 1413-1427.

[158] Zunino M. Double construction for crossed Hopf coalgebras. J. Algebra, 2004, 278: 43-75.

[159] Zunino M. Yetter-Drinfeld modules for crossed structures. J. Pure and Appl. Algebra, 2004, 193: 313-343.

[160] 王栓宏, 陈建龙. Galois 余环理论. 北京: 科学出版社, 2009.

附 录

这里给出了代数同态的非退化扩张和余乘的扩张, 这两个扩张在本书中有重要的作用.

A.1 非退化扩张

设 A 是 $\mathbb{C}$ 上的代数, 存在或不存在单位元.

定义 A.1.1 A 的一个左乘子是一个线性映射: $\rho : A \to A$, 使得对所有的 $a, b \in A$ 有 $\rho(ab) = \rho(a)b$. A 的一个右乘子也是一个线性映射 $\rho : A \to A$, 使得对所有的 $a, b \in A$ 有 $\rho(ab) = a\rho(b)$. A 的一个乘子是左乘子和右乘子构成的映射对 (ρ_1, ρ_2), 使得对所有的 $a, b \in A$ 有 $\rho_2(a)b = a\rho_1(b)$.

如果用 $L(A), R(A)$ 和 $M(A)$ 分别表示 A 的左乘子、右乘子和乘子的集合，那么明显地, 映射的合成运算使得这些线性空间成为代数.

如果 A 中的乘积是非退化的, 即对所有的 b, $ab = 0$, 则 $a = 0$, 且对所有的 a, $ab = 0$, 则 $b = 0$. 这样 A 中乘法就给出了 A 到 $L(A), R(A)$ 和 $M(A)$ 的嵌入映射. 当然, 如果 A 含有单位元, 则乘积是自动非退化的且有 $L(A) = R(A) = M(A) = A$. 如果乘积是非退化的, 则当 $a \in L(A), b \in A$ 时, 可以用 ab 来代替 $a(b)$, 如果 $b \in R(A), a \in A$, 那么可以用 ab 来代替 $(b)a$, 当 $a = (a_1, a_2) \in M(A), b \in A$ 时, 还可以用 ab 代替 a_1b 和用 ba 代替 a_2b.

如果 A 是 $*$ 代数, 定义 $ab^* = (ba^*)^*$, 其中 $a \in A$, b 是左乘子. 明显地, b^* 是右乘子. 如果 b 是一个乘子, 那么用同样的形式来定义 b 的伴随 b^*, 它仍然是一个乘子. 可以看到, $M(A)$ 是一个 $*$ 代数而 A 是一个 $*$ 子代数.

现在, 令 A 和 B 是两个非退化代数. 考虑其张量积 $A \otimes B$ 具有一般张量积代数结构.

引理 A.1.2 $A \otimes B$ 上的乘积也是非退化的.

证明 考虑 $A \otimes B$ 中的 $x = \sum a_i \otimes b_i$ 且设对所有的 $c \in A$ 和 $d \in B$, 有 $(c \otimes d)x = 0$. 那么, 对每一个线性函数 $\varphi \in B'$, 对所有的 c, 有

$$c\sum a_i\varphi(db_i) = 0.$$

又因为 A 上的积是非退化的, 有

$$\sum a_i\varphi(db_i) = 0.$$

由于这对所有的 φ 成立, 有

$$\sum a_i \otimes db_i = 0.$$

通过一个类似的结论, 使用 B 中乘积的非退化性质, 有 $x = 0$. 类似可证右乘子. □

命题 A.1.3 有自然嵌入: $L(A) \otimes L(B) \hookrightarrow L(A \otimes B)$, $R(A) \otimes R(B) \hookrightarrow R(A \otimes B)$ 和 $M(A) \otimes M(B) \hookrightarrow M(A \otimes B)$.

证明 只证左乘子的情况. 设 $c \in L(A), d \in L(B)$, 定义

$$\varphi(c \otimes d)(a \otimes b) = ca \otimes db.$$

明显地, $\varphi(c \otimes d)$ 给出了一个左乘子且使得 φ 扩张成 $L(A) \otimes L(B)$ 到 $L(A \otimes B)$ 的线性映射. φ 的单射性质可以与引理 A.1.2 相同的理论证得. □

考虑同态 $\varphi : A \to M(B)$.

定义 A.1.4 称 φ 是非退化的, 如果 B 是由向量 $\varphi(a)b$ 或 $b\varphi(a)$ 生成的.

这种同态有一个唯一扩张.

命题 A.1.5 设 φ 是 A 到 $M(B)$ 的非退化的同态, 则 φ 有一个唯一的扩张到同态: $M(A) \to M(B)$.

证明 设 φ_1 就是这个扩张, 则当 $c \in M(A), a \in A, b \in B$ 时, 必有

$$\varphi(ca)b = \varphi_1(c)\varphi(a)b.$$

又因为 $\varphi(a)b$ 扩张成 B, 则得到唯一地 φ_1. 现在可以用上面的式子来定义 φ_1, 首先有对所有的 $c \in M(A)$, 有

$$\sum \varphi(a_i)b_i = 0 \ \Rightarrow \ \sum \varphi(ca_i)b_i = 0,$$

所以假设 $\sum \varphi(a_i)b_i = 0$. 接着, 对所有的 $c \in M(A)$ 和 $d \in A, e \in B$, 有

$$e\varphi(d) \sum \varphi(ca_i)b_i = e \sum \varphi(dca_i)b_i = e\varphi(dc) \sum \varphi(a_i)b_i = 0.$$

因为同样的有 B 是由 $e\varphi(d)$ 生成的, 得

$$\sum \varphi(ca_i)b_i = 0,$$

则可以定义 $M(A)$ 上的 φ_1 如下:

$$\varphi_1(c)\varphi(a)b = \varphi(ca)b.$$

易知 φ_1 仍然是一个同态, 它是 φ 的扩张. □

再考虑 $*$ 代数的情况.

命题 A.1.6　如果 $\varphi : A \to M(B)$ 是一个非退化的 $*$ 同态. 则它有一个唯一的扩张到一个 $*$ 同态: $M(A) \to M(B)$.

证明　令 φ_1 是这个唯一的扩张. 则当 $c \in M(A), a \in A, b \in B$ 时,

$$\varphi(ca)b = \varphi_1(c)\varphi(a)b.$$

取其伴随且乘上 $\varphi(a_1^*)b_1^*$, 其中 $a_1 \in A, b_1 \in B$, 得

$$\begin{aligned} b^*\varphi(a^*)\varphi_1(c)^*\varphi(a_1^*)b_1^* &= b^*\varphi(a^*c^*)\varphi(a_1^*)b_1^* = b^*\varphi(a^*c^*a_1^*)b_1^* \\ &= b^*\varphi(a^*)\varphi_1(c^*)\varphi(a_1^*)b_1^*, \end{aligned}$$

这说明 $\varphi_1(c)^* = \varphi_1(c^*)$. □

A.2　余积到乘子代数的扩张

本节假设 (A, Δ) 是非退化的代数 A 和余积 Δ, 如定义 5.1.1 所述, 还假设 $A^2 = A$.

如果余积是非退化的 (像弱乘子 Hopf 代数的情形一样), 那么由 A.1 节的理论, Δ 就会唯一确定一个 A 的乘子代数 $M(A)$ 上的扩张. 然而, 在本节所考虑的情况中, 不假设余积是非退化的, 所以不能应用这一结果. 本节将讨论这一问题, 而且得到一些对研究弱乘子 Hopf 代数有用的广义结论.

我们需要余积比非退化更弱的条件.

假设 A.2.1　假设在 $M(A \otimes A)$ 中有幂等元 E, 使得

$$E(A \otimes A) = \Delta(A)(A \otimes A), \quad (A \otimes A)E = (A \otimes A)\Delta(A).$$

在引理 5.3.3 中已经看到, 如果这样一个幂等元存在, 那么它就是唯一的. 所以这个假设事实上是关于余积的一个条件. 如命题 5.3.6, 此处同样得到 $E\Delta(a) = \Delta(a)$ 和 $\Delta(a)E = \Delta(a)$, 对于所有 $a \in A$ 成立, 且 E 是 $M(A \otimes A)$ 中具有这种性质的最小幂等元.

在 5.3 节, 假设

$$E(A \otimes A) = \Delta(A)(1 \otimes A), \quad (A \otimes A)E = (A \otimes 1)\Delta(A),$$

但是, 当 $A^2 = A$ 时, 假设 A.2.1 中的假设也会满足. 于是假设 A.2.1 中的条件就比 5.3 节中的条件弱.

假设 (A, Δ) 满足假设 5.3.1 中的假设, 而且 E 是 $M(A \otimes A)$ 中具有这种性质的唯一幂等元.

命题 A.2.2 存在唯一代数同态 $\Delta_1 : M(A) \to M(A \otimes A)$, 将 Δ 由 A 扩张到 $M(A)$, 并且满足 $\Delta_1(1) = E$.

首先得到一个更一般的结论, 由此得到我们想要的结果. 这个更一般的结论不仅给出了命题 A.2.2 的性质, 而且提供了后面需要的 $\Delta \otimes \iota$ 和 $\iota \otimes \Delta$ 的扩张.

引理 A.2.3 设 A 和 B 是非退化的代数, 并且 $\gamma : A \to M(B)$ 是代数同态. 假设有一幂等元 $e \in M(B)$, 使得

$$\gamma(A)B = eB \quad 和 \quad B\gamma(A) = Be.$$

那么, 对所有 $a \in A$, 有

$$e\gamma(a) = \gamma(a), \quad \gamma(a)e = \gamma(a).$$

证明 任取 $a \in A$. 对于所有 $b \in B$, 有 $\gamma(a)b \in eB$, 所以 $e\gamma(a)b = \gamma(a)b$. 因为对所有 $b \in B$ 都满足, 所以有 $e\gamma(a) = \gamma(a)$. 类似地, 可以得到 $\gamma(a)e = \gamma(a)$. □

如命题 5.3.6 的证明, 这里也有 e 是具有这种性质的最小幂等元.

命题 A.2.4 设 A 和 B 是非退化的代数, 并且 $\gamma : A \to M(B)$ 是代数同态. 假设有一幂等元 $e \in M(B)$, 使得

$$\gamma(A)B = eB \quad 和 \quad B\gamma(A) = Be.$$

那么 γ 有唯一的代数同态扩张 $\gamma_1 : M(A) \to M(B)$, 并且使得 $\gamma_1(1) = e$.

证明 首先假设 γ_1 是这样的扩充. 任取 $m \in M(A)$ 和 $x, y \in B$. 那么

$$\gamma_1(m)x = \gamma_1(m)\gamma_1(1)x = \gamma_1(m)ex.$$

由假设, 可以将 ex 写为关于 $a_i \in A, b_i \in B$ 并对所有 i 的有限和形式 $\sum_i \gamma(a_i)b_i$, 那么用 γ_1 来扩充 γ, 有

$$\gamma_1(m)x = \sum_i \gamma(ma_i)b_i. \tag{A.1}$$

类似地, 还有

$$y\gamma_1(m) = \sum_j c_j\gamma(d_jm). \tag{A.2}$$

如果将 ye 写为关于 $c_j \in B, d_j \in A$ 的有限和形式 $\sum_j c_j\gamma(d_j)$.

这就证明了如果存在这样的扩张的话, 一定是唯一的. 同时也表明如何来定义这种扩张. 为了证明对于任意乘子 $m \in M(A)$ 上面的公式 (A.1) 和 (A.2) 真正定义了一个乘子 $\gamma_1(m)$, 还必须证明当 $\sum_i \gamma(a_i)b_i = 0$ 时, 有

$$\sum_i \gamma(ma_i)b_i = 0,$$

对于任意有限个元素 $a_i \in A, b_i \in B$ 成立.

为了证明这一点, 任取 $c \in B, d \in A$. 那么

$$c\gamma(d)\sum_i \gamma(ma_i)b_i = \sum_i c\gamma(dma_i)b_i = c\gamma(dm)\sum_i \gamma(a_i)b_i,$$

并且当假设 $\sum_i \gamma(a_i)b_i = 0$ 时, 这也为 0. 假设 $B\gamma(A) = Be$, 那么对于所有 $y \in B$, 就有

$$ye\sum_i \gamma(ma_i)b_i = 0.$$

由于 $e\gamma(a) = \gamma(a)$ 对于所有 $a \in A$ 成立, 所以从 B 中乘积的非退化性可以得到 $\sum_i \gamma(ma_i)b_i$.

这说明可以通过公式 (A.1) 来定义 $\gamma_1(m)x$. 类似地, 可以用公式 (A.2) 来定义 $y\gamma_1(m)$. 不仅如此, 上面的证明也给出了关系 $y(\gamma_1(m)x) = (y\gamma_1 m)x$, 从而对于所有 $m \in M(A)$, $\gamma_1(m)$ 确实是良定义的 $M(B)$ 中的元素.

最后不难证明 γ_1 是同态, 而且是 γ 的扩张, 且满足 $\gamma_1(1) = e$. 这就完成了证明. □

如果 A 和 B 是 $*$ 代数, γ 是 $*$ 同态, 那么这种扩张仍然是 $*$ 同态, 在假设 $M(B)$ 中 $e^* = e$ 的前提下. 这个额外的条件似乎不是自动的. 如果有 $e = 1$, 那么就回到原始的关于扩张非退化同态的结果 (见 A.1 节).

如果用 $(A \otimes A)$ 来代替 B, 并且针对 γ 考虑 Δ, 那么用 E 去代替 e 以后, 就得到了命题 A.2.2 中的结果.

大部分情况下, 都用相同的符合表示扩张后的同态. 所以, 特别地, 用 Δ 表示在命题 A.2.2 中得到的扩张的映射 Δ_1.

如果用 $A \otimes A$ 代替 A, 用 $A \otimes A \otimes A$ 代替 B, 并且考虑映射 $\Delta \otimes \iota$ 和 $\iota \otimes \Delta$, 那么可以得到下面的结果:

命题 A.2.5　如果 $(\Delta \otimes \iota)(1) = E \otimes 1$ 和 $(\iota \otimes \Delta)(1) = 1 \otimes E$ 成立, 这里用 1 表示 $M(A)$ 和 $M(A \otimes A)$ 中的单位元. 那么同态 $\Delta \otimes \iota$ 和 $\iota \otimes \Delta$ 有唯一的从 $M(A \otimes A)$ 到 $M(A \otimes A \otimes A)$ 上的扩张映射, 仍然分别用 $\Delta \otimes \iota$ 和 $\iota \otimes \Delta$ 来表示.

这个结果是命题 A.2.3 的直接应用. 只要证明

$$((\Delta(A) \otimes A)(A \otimes A \otimes A) = (E \otimes 1)(A \otimes A \otimes A),$$

且类似地证另一个式子, 对 $\iota \otimes \Delta$ 的情形也类似. 当然, 这立即由假设 $\Delta(A)(A \otimes A) = E(A \otimes A)$ 和 $(A \otimes A)\Delta(A) = (A \otimes A)E$, 还有 $A^2 = A$ 可得, 对于另一个等式也是类似的.

通过命题 A.2.5 中的扩张映射 $\Delta \otimes \iota$ 和 $\iota \otimes \Delta$, 得到下面期望的余结合性公式.

命题 A.2.6 有

$$(\Delta\otimes\iota)\Delta(a)=(\iota\otimes\Delta)\Delta(a),$$

对于所有 $a\in A$ 成立.

证明 用 $\widetilde{\Delta}\otimes\iota$ 和 $\iota\otimes\widetilde{\Delta}$ 表示由 $\Delta\otimes\iota$ 和 $\iota\otimes\Delta$ 扩张到乘子代数 $M(A\otimes A)$ 的映射.

令 $a\in A$. 只需证明

$$((\widetilde{\Delta}\otimes\iota)\Delta(a))(1\otimes 1\otimes b)=(\Delta\otimes\iota)(\Delta(a)(1\otimes b)),$$

对于所有 $b\in A$ 成立. 类似地, 有

$$(c\otimes 1\otimes 1)((\iota\otimes\widetilde{\Delta})\Delta(a))=(\iota\otimes\Delta)((c\otimes 1)\Delta(a)),$$

对于所有 $c\in A$ 成立, 并且结果可以由定义 5.1.1 中的余结合性公式得出.

为此, 令 $b\in A$, $z\in A\otimes A\otimes A$. 写出关系式

$$z(E\otimes 1)=\sum_i u_i(\Delta\otimes\iota)(v_i),$$

其中 $u_i\in A\otimes A\otimes A, v_i\in A\otimes A$. 那么直接得到

$$\begin{aligned}
z((\widetilde{\Delta}\otimes\iota)\Delta(a))(1\otimes 1\otimes b)&=z(E\otimes 1)((\widetilde{\Delta}\otimes\iota)\Delta(a))(1\otimes 1\otimes b)\\
&=\sum_i u_i(\Delta\otimes\iota)(v_i)((\widetilde{\Delta}\otimes\iota)\Delta(a))(1\otimes 1\otimes b)\\
&=\sum_i u_i((\Delta\otimes\iota)(v_i\Delta(a)))(1\otimes 1\otimes b)\\
&=\sum_i u_i(\Delta\otimes\iota)(v_i\Delta(a)(1\otimes b))\\
&=\sum_i u_i(\Delta\otimes\iota)(v_i)(\Delta\otimes\iota)(\Delta(a)(1\otimes b))\\
&=z(E\otimes 1)(\Delta\otimes\iota)(\Delta(a)(1\otimes b))\\
&=z(\Delta\otimes\iota)(\Delta(a)(1\otimes b)).
\end{aligned}$$

这就证明了结论. □

现在把这个结果进一步推广并且证明下面的结果.

命题 A.2.7 有

$$(\Delta\otimes\iota)\Delta(m)=(\iota\otimes\Delta)\Delta(m),$$

对于所有 $m\in M(A)$ 成立.

注意到从这个结果, 可以随之得到 $(\Delta\otimes\iota)(E)=(\iota\otimes\Delta)(E)$, 因为 $E=\Delta(1)$. 另一方面, 若用 A 上 $(\Delta\otimes\iota)\Delta$ 和 $(\iota\otimes\Delta)\Delta$ 扩充的唯一性证明这个命题, 则可以用前面的结论证明. 然而, 为了获得这种唯一性, 需要 $m=1$ 的等式, 也就是 $(\Delta\otimes\iota)(E)=(\iota\otimes\Delta)(E)$.

因此, 首先证明这个等式.

命题 A.2.8 $(\Delta\otimes\iota)(E)=(\iota\otimes\Delta)(E)$.

证明 在证明过程中, 分别用 F 和 F' 代替 $(\Delta\otimes\iota)(E)$ 和 $(\iota\otimes\Delta)(E)$. 于是, 有

$$
\begin{aligned}
F(A\otimes A\otimes A) &= ((\Delta\otimes\iota)(E))(A\otimes A\otimes A)\\
&= ((\Delta\otimes\iota)(E))(E\otimes 1)(A\otimes A\otimes A)\\
&= ((\Delta\otimes\iota)(E))(\Delta(A)(A\otimes A)\otimes A)\\
&= ((\Delta\otimes\iota)(E(A\otimes A)))(A\otimes A\otimes A)\\
&= ((\Delta\otimes\iota)(\Delta(A)))(A\otimes A\otimes A).
\end{aligned}
$$

类似地, 有

$$F'(A\otimes A\otimes a)=((\iota\otimes\Delta)(\Delta(A)))(A\otimes A\otimes A)$$

并且因为由命题 5.4.6 知

$$(\Delta\otimes\iota)(\Delta(A))=(\iota\otimes\Delta)(\Delta(A)),$$

所以 $F(A\otimes A\otimes A)=F'(A\otimes A\otimes A)$. 类似地, 可以证明 $(A\otimes A\otimes A)F=(A\otimes A\otimes A)F'$, 并且像前面一样, 这就表明 $F=F'$. □

现在, 命题 A.2.7 中的结果可以由命题 A.2.3 中的唯一性得出.

下面是一个重要的说明.

注 A.2.9 (1) 因为通过定义, 有 $(\Delta\otimes\iota)(1)=E\otimes 1$, 所以同样可以得到

$$(\Delta\otimes\iota)(E)=(E\otimes 1)(\Delta\otimes\iota)(E)=(\Delta\otimes\iota)(E)(E\otimes 1).$$

这意味着

$$(\Delta\otimes\iota)(E)\leqslant E\otimes 1.$$

类似地, 有

$$(\iota\otimes\Delta)(E)=(1\otimes E)(\iota\otimes\Delta)(E)=(\iota\otimes\Delta)(E)(1\otimes E),$$

而这意味着

$$(\iota\otimes\Delta)(E)\leqslant 1\otimes E.$$

因为左边是相同的, 所以得到了一个比 $E \otimes 1$ 和 $1 \otimes E$ 都小的幂等元.

(2) 由第 5 章发展的理论可知, 两个幂等元 $E \otimes 1$ 和 $1 \otimes E$ 可交换, 并且

$$(\iota \otimes \Delta)(E) = (1 \otimes E)(E \otimes 1).$$

这表明, $E \otimes 1$ 和 $1 \otimes E$ 的积也是 $M(A \otimes A \otimes A)$ 中的一个幂等元, 并且 $(\iota \otimes \Delta)(E)$ 是 $M(A \otimes A \otimes A)$ 中最大的幂等元, 同时比 $E \otimes 1$ 和 $1 \otimes E$ 都小.

例 A.2.10　假设 A.2.1 的假设在目前考虑的所有例子中都满足. 在例 5.3.6 的两个群胚例子和之后关于弱 Hopf 代数的说明都表现出来了.

当然, 对于弱 Hopf 代数不用再多说什么. 在另外两种情况下, 容易明白什么是扩张映射, 还能知道它们满足附录中公式的结果.

最后, 考察所有的例子, 两个幂等元 $E \otimes 1$ 和 $1 \otimes E$ 可交换, 并且

$$(\iota \otimes \Delta)(E) = (1 \otimes E)(E \otimes 1).$$

这在 5.3 节也被证明过.

没有列举 $E \otimes 1$ 和 $1 \otimes E$ 不可交换的例子, 也没列举 $(\Delta \otimes \iota)(E)$ 不等于 $(1 \otimes E)(E \otimes 1)$ 或者不等于 $(E \otimes 1)(1 \otimes E)$ 的例子. 另一方面, 似乎没有理由说明这些性质应该自然就是这种情形.